多维不平衡与家庭资产配置
——来自风险金融资产投资的解释

刘渝琳　张　敏　许新哲　著

本书是国家社会科学基金重大项目、国家自然科学基金面上项目的
阶段性研究成果

科学出版社

北　京

内 容 简 介

本书以不平衡为研究缘起，以风险金融资产为研究对象，从性别、健康的资源禀赋差异及户籍制度、数字的社会资源分配不平衡视角，通过自然属性、社会身份、机会差异及可行能力等多维不平衡，对家庭金融资产配置进行了微观解释，从而揭示了社会不平衡影响家庭金融投资行为的理论机制与实证检验。从推进户籍制度改革、促进性别平等与数字平等、改善全面健康等方面提出鼓励家庭参与风险金融投资的政策建议，为促进居民家庭的金融投资有限参与及社会福利提升提供来自中国的科学证据。

本书观点新颖，论证充分，注重理论与实践结合，可供从事相关学术研究的学者、专家及学生使用；同时也适合政府部门、金融部门的工作者参阅。

图书在版编目（CIP）数据

多维不平衡与家庭资产配置：来自风险金融资产投资的解释 / 刘渝琳，张敏，许新哲著. —北京：科学出版社，2024.4

ISBN 978-7-03-071913-3

Ⅰ. ①多… Ⅱ. ①刘… ②张… ③许… Ⅲ. ①家庭—金融资产—配置—研究—中国 Ⅳ. ①TS976.15

中国版本图书馆 CIP 数据核字（2022）第 046430 号

责任编辑：陶 璇 / 责任校对：姜丽策
责任印制：张 伟 / 封面设计：有道设计

科学出版社 出版

北京东黄城根北街 16 号
邮政编码：100717
http://www.sciencep.com

北京中科印刷有限公司印刷
科学出版社发行 各地新华书店经销

*

2024 年 4 月第 一 版 开本：720 × 1000 1/16
2024 年 4 月第一次印刷 印张：15 1/2
字数：311 000

定价：168.00 元

（如有印装质量问题，我社负责调换）

前　　言

"天之道，损有余而补不足。人之道，则不然，损不足以奉有余。"摘自《老子·德经·第七十七章》，其含义为天之道法是减少有剩余的来补给不足的，而人类的法则却不是这样，是减少不足的来奉养有剩余的。老子以"天之道"和"人之道"作对比，主张"人之道"要效仿"天之道"，政府应该将自然规律运用到社会中来，如收入分配问题。如何减少贫富悬殊，缩小收入差距成为学术界一直没有停止过的重要议题。

本书从财产性收入出发进行了深入研究。如何提高居民财产性收入从而改善居民生活水平、缓解收入不平等、实现共同富裕，是一个受到社会和学术界广泛关注的现实问题和理论课题。金融产品投资是居民财产性收入的重要来源，然而，目前我国居民家庭的金融投资仍然存在有限参与、结构单一的问题，这既不利于家庭资产的保值增值，阻碍家庭分享金融市场发展红利，还会降低社会福利水平和经济活力。针对家庭风险金融投资这一家庭金融领域中的重要问题，本书基于社会资源在人群之间的不均等分配的现实背景，从人口的户籍、性别、信息技术和健康特征出发，从理论和实证上分析了社会不平衡对家庭风险金融投资参与的影响。同时深入剖析社会不平衡影响家庭金融投资行为的微观机制，尝试从社会资源禀赋差异和社会资源分配不均所塑造的社会不平衡环境压力角度为居民家庭的风险金融投资行为提供一个可能的解释。

本书首先全面梳理国内外相关文献和理论，并在现有文献基础上，将社会不平衡分解为资源分配的不均和由此形塑的不平衡环境，以风险金融资产作为研究对象分别从来自社会身份差异的不平衡（户籍身份差异）、来自自然属性差异的不平衡（性别差异）、来自机会差异的不平衡（数字不对等）、来自可行能力差异的不平衡（健康不均等）探讨社会不平衡对家庭金融投资决策的作用机理。①在劳动力市场上，农业户口身份居民多从事依靠自己耕地辛勤耕耘生产农作物的工作，收入具有不确定性，相较于城市居民的教育资源，农村家庭的教育资源相对不足，特别是接受金融知识的来源相对有限，从而增加农业户口身份居民参与股市的信息成本。此外，农业户口身份居民参与城镇社会医疗保障体系难度高，由于社会医疗保险采取属地化管理模式且农村社会医疗保险报销比例相对较低，在城镇务工的农业户口身份居民医疗支出成本和风险高于非农业户口身份居民。户籍身份差异导致与农业户口身份居民相比,非农业户口身份居民的医疗成本和股市参与信息成本更低,从而风险金融投资参与概率更高。②以性别差异研究来自自然属性差异的不平衡。③以数字不对等研究来自机会差异的不平衡。伴随着信息技术和互联网金融的快速发展,多种形式的"数字鸿沟"逐渐在我国开始显现,家庭对于信息技术的利用差异从传统接入差异向应用差异转变。由于年龄、文化程度、经济水平等因素限制,家庭投资者间存在的差异性的数字接入及应用水平即数字不对等将带来异质性家庭风险金融资产投资决策。④以健康不均等研究来自可行能力差异的不平衡,社会资源在不同社会经济地位的人群间分配不均,社会经济地位越高的人健康状况越佳,形成亲富人的健康不均等环境。出于利他动机和利己动机,亲富人健康不均等地区的居民家庭会增加子代教育人力资本投资,从而提高对未来子代收入以及自身收入的预期,增加居民家庭对风险金融资产的需求。

　　本书利用中国家庭追踪调查(China family panel studies, CFPS)数据和中国家庭金融调查数据对理论机理和相关研究假设进行了微观层面的经验检验与揭示,得到如下研究结论。

　　户籍身份差异影响家庭风险金融投资参与的经验分析结果显示:①相较于农业户口户主家庭,非农业户口户主家庭投资风险金融资产的可能性和对风险金融资产的配置比例更高。②在户籍身份差异影响家庭风险金融投资参与的过程中,二元医疗保险制度和工作时长发挥了部分中介作用。③基于户籍属性的婚姻匹配模式对户籍身份差异的影响具有乘数效应,夫妻双方都为非农业户口的居民家庭对风险金融资产的需求远大于夫妻双方至少一方为农业户口的居民家庭。同时,只有夫妻双方都为非农业户口的婚姻结合才具有促进风险金融投资的作用。

　　性别差异影响家庭风险金融投资参与的经验分析结果显示:①区县层面的性别差异程度提高对家庭风险金融投资参与具有负向影响。分别从高中入学率差异和劳动参与率差异衡量的性别差异研究揭示了当地居民家庭股市投资参与概率与广义风险金融投资参与概率分别下降了 1.8 个百分点和 2.5 个百分点。②性别差异对北方地区和中西部地区居民家庭金融投资行为的影响分别大于南方地区和东部地区。③社会互动(社会资本)在一定程度上解释了性别差异对家庭金融投资决策的影响。④地区性别结构失衡对于家庭风险金融投资参与具有显著的抑制作用;地区性别结构失衡改变了家庭对于具有"地位性商品"特征的房产的偏好水平,使得家庭较少参与风险金融市场。⑤性别差异导致未婚男性子女数量对于家庭房产投资意愿具有显著正向影响。

　　数字不对等影响家庭风险金融投资参与的经验分析结果显示:①数字接入水平对于家庭风险金融投资参与概率具有显著的正向作用;②从应用能力、应用目的和应用设备方面衡量的数字应用水平对于家庭风险金融投资（股票投资）参与概率均具有显著的正向作用；③户主年龄增长对于家庭数字接入水平和总体的数字应用水平具有负向作用；④户主文化程度对于家庭数字接入水平和家庭数字应用水平具有显著的正向作用；⑤地区受教育水平对于家庭数字接入水平具有显著的正向作用。

健康不均等影响家庭风险金融投资参与的经验分析结果显示：①区县层面的亲富人健康不均等程度降低对家庭风险金融投资参与具有负效应；②家庭教育人力资本支出在一定程度上解释了亲富人健康不均等对家庭金融投资决策的影响；③亲富人健康不均等对家庭风险金融投资参与的负效应在有儿子的家庭、低收入水平家庭、低学历水平家庭和中西部地区家庭更显著。

本书根据以上研究结论，分别从普及金融知识、强化居民理财意识、提高居民对社会不平衡和金融市场的认知、加快金融创新、建设理财顾问队伍、提高社会信任水平、推进互联网普及、加强数字教育和促进教育公平等方面提出优化家庭风险金融投资参与的可行路径。

当然，我们也清楚地认识到，伴随着经济的发展，无论是发达国家还是发展中国家，多维不平衡的问题始终存在。基于中国经济改革的深入与金融创新的推进，如何促进家庭金融资产有效配置以缓解收入不平等问题的研究是一个系统的、复杂的社会工程。目前国内外还没有对这个问题的相关讨论达成共识。因此，写一本有关问题正讨论激烈又具有现实性的学术专著是一件十分困难的任务。本书依托刘渝琳教授主持的国家社会科学基金重大项目（项目编号：23&ZD174）以及国家自然科学基金面上项目（项目编号：72173012）的经费支持。开始从事这一工作时，我们唯一需要探讨的问题就是从不平衡与风险金融资产投资内在机理中找到性别、健康、户籍制度、数字能力等多重维度，以此为研究切入点，并从自然属性、社会资源、机会差异等方面进行剖析。本书得到了重庆大学许新哲博士、张敏博士和四川外国语大学李舟博士的倾力参与，他们对本书的研究做了大量的文献梳理、理论分析与实证研究工作，为本书的顺利完成付出了大量心血。

由于数据可得性的局限及认识得不够深入全面，本书还有待于进一步完善。当然，本书旨在抛砖引玉，在研究过程中难免存在不妥之处，真诚期待专家学者和广大读者批评指正。

刘渝琳

2024 年 1 月

目　　录

1 绪 论

1.1 研究背景与研究意义

1.1.1 研究背景

"有国有家者,不患寡而患不均,不患贫而患不安。盖均无贫,和无寡,安无倾。"作为一种价值理想,平等一直是人类社会的一项重要追求(谭宏泽和杜胜臣,2020)。然而,社会不平衡古已有之,伴随着生产和交换的发展,主要表现为社会阶层的不平衡,其实质内涵是社会资源分配不均,包括商品、财富、机会等的结构性和重复性分配不均(Neckerman,2004;Goldthorpe,2010;Stiglitz,2012)。从平等的实现过程来看,社会不平衡可分为机会不平衡、结果不平衡和条件不平衡。机会不平衡是指社会成员在获取社会资源的机会方面存在不公平的差异;结果不平衡是指在资源禀赋相似的人群中由于各方面因素导致资源禀赋经过加工后出现最终状态的差异性;条件不平衡是指虽然拥有同等机会,但实现结果的路径存在差异(Inoue et al.,2015)。人口作为经济活动的主体,其发展状况对微观家庭生活和宏观经济运行有着深刻影响。目前,我国人口发展正处于从数量压力向结构性失衡挑战的转变中,只有通过建设人口均衡型社会,才能达到控制人口数量、提高人口素质、优化人口结构以及调整人口分布的目标,从而推进人口发展实现全面转型。人口的均衡发展不仅包括人口数量、人口质量和人口结构的内部均衡,还包括人口系统本身与经济、社会、资源和环境协调发展的外部均衡。人口的户籍结构和性别结构是人口结构性的重要方面,人口健康问题关系人口质量提升和人力资本积累,而社会的平衡对人口结构和人口质量的全面优化与提升有着重要影响。因此,本书从人口发展角度出发,关注来自人的社会身份差异的不平衡即户籍身份差异、来自人的自然属性差异的不平衡即性别差异、来自机会差异的不平衡即数字不对等以及来自人的可行能力差异的不平衡即健康不均等。

1958年1月9日,第一部户籍制度《中华人民共和国户口登记条例》经全国人大常委会讨论颁布,确立了严格的户口登记制度,这标志着我国以"农业户口"和"非农业户口"为特征的户籍制度正式建立。20世纪70年代开始,随着经济的发展,以城市为中心的经济建设对劳动力的需求增大,农村居民被允许进入城市参与城市生产,但是在劳动力市场的户籍差异影响下,乡—城流动人口大多就业于工作性质危险且艰难、工作环境差的行业企业，更无法获得与当地居民同等的医疗救助、社会保障、义务教育、住房等权利。20世纪80年代以来，城镇人口比例与非农业户口持有者比例之间的差距持续扩大（图1.1），这揭示了二元结构不仅是在城乡之间，在城市内部也逐渐形成（王小章，2009）。20世纪90年代起，国家开始尝试改革户籍制度，包括下放财政和行政权力，将人口管理从中央转移到地方政府。这一变化允许城市向那些达到一定财富水平和学历层次的人口提供当地城镇户口。同时，在土地城镇化过程中一些农民通过放弃土地使用权也得到了城市户口。2014年7月，《国务院关于进一步推进户籍制度改革的意见》发布，正式取消农业户口与非农业户口性质区分和由此衍生的蓝印户口等户口类型，我国开始建立城市和农村统一的户口登记制度。2016年9月，在《国务院关于进一步推进户籍制度改革的意见》的指导下，全国各省区市相继出台户籍制度改革方案，这标志着实行近60年的农业与非农业的二元户籍管理模式正式退出历史舞台。2015年12月12日，国务院正式发布《居住证暂行条例》，该条例于2016年1月1日起施行，为流动人口享有居住地基本公共服务和便利提供了制度框架。具体来看，该条例规定满足特定条件的公民可申领居住证，居住证持有人享有在当地接受各项公共服务的权利，并可享受相关事务办理便利。这不仅标志着我国从制度层面消除农业户口与非农业户口的身份差异，更预示着我国户籍制度的改革已开始深入到挂靠在户籍之上的社会福利与公共服务。然而，制度改革并不是一蹴而就的，与户籍身份相关的资源分配不可能在一朝一夕之间彻底与户口剥离，城乡居民权利差异也不会立刻消失。由户籍身份差异引起的权利差异可能影响居民经济决策，同时我们可以预见，随着时间推移和户籍制度改革的深入，居民决策也会发生转变。

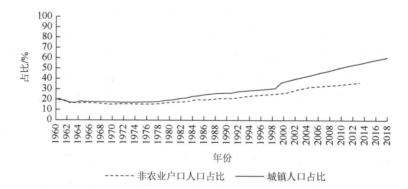

图1.1　1960～2018年城镇人口占比与非农业户口人口占比的变化趋势

资料来源：作者根据《中国人口和就业统计年鉴》计算得到

平等体现社会的公正和进步，而性别平等是平等的重要方面（黄少安和郭俊艳，2019）。两性平等和谐的发展是构建和谐社会的关键，"在任何社会中，妇女解放的程度是衡量普遍解放的天然尺度"（恩格斯，2005）。伴随着"保障男女享有平等的权利和机会、促进性别平等和赋予妇女权能"被确立为联合国千年发展的重要目标之一，性别不平等问题日益受到各个国家、地区的政府、组织和个人的高度重视，性别不平等是所有国家最持久的不平等形式之一（World Health Organization，2013）。

互联网技术目前已成为我国经济社会运行所不可或缺的重要组成部分，对我国经济社会发展和居民家庭生活产生了全面和深远的影响。伴随着我国互联网信息技术与基础设施建设的快速发展，原有存在的与经济发展水平密切相关的数字技术接入不对等现象在我国目前已经得到了充分缓解。根据《第47次中国互联网发展状况统计报告》数据，截至2020年12月，我国网民规模已达9.89亿人，互联网普及率达70.4%，农村地区互联网普及率达55.9%，贫困村光纤覆盖率达98%，传统的地理因素和经济发展水平已不再是困扰我国居民家庭数字接入的主要因素。然而，受限于使用技能、文化程度、年龄等多种因素，数字接入不对等现象仍困扰着部分居民家庭的经济生活，其中主要以60岁以上的老龄群体、低文化程度群体和低收入水平群体为主。此外，伴随着信息技术迭代升级，不同人群在对于数字技术的利用能力上存在着显著的异质性，这也导致了另一种新型机会不平衡即数字应用不对等的产生（Hargittai，2001；赫国胜和柳如眉，2015；Bonfadelli，2002；邱泽奇等，2016）。除对于数字技术的使用能力与使用设备差异外，相较于受教育程度高和收入水平高的网络用户，低教育水平和低收入水平的网络用户也更多地利用互联网进行娱乐，而非获取经济收益（DiMaggio and Hargittai，2001；Bonfadelli，2002；DiMaggio and Bonikowski，2008）。随着信息技术向社会和经济的进一步渗透，数字不对等势必成为影响我国居民家庭收入水平增长和家庭财富积累的重要因素。

健康是人类的普遍愿望和基本需要（Marmot，2007），是人类发展的终极目标之一（袁迎春，2016）。健康不均等的存在是对人类健康这一基本可行能力的区别对待。早在20世纪80年代，Black（1981）便在英国数据的基础上提出健康不均等概念，并指出虽然从社会的平均健康水平上来看，英国有所进步，但是就健康不均等状况而言，不仅没有得到改善，反而表现出恶化趋势。事实上，健康不均等是一个全球普遍现象，无论是在低收入、中等收入还是高收入国家都广泛存在（Victora et al.，2003）。2015年10月，党的十八届五中全会首次提出"健康中国"理念，这一理念在2016年10月由中共中央政治局会议审议通过的《"健康中国2030"规划纲要》中被提升为我国的国家战略。《"健康中国2030"规划纲要》指出，推进健康中国建设要遵循公平公正原则，逐步缩小城乡、地区、人群间基本健康服务和健康水平的差异，突出解决好妇女儿童、老年人、残疾人、低收入人群等重点人群的健康问题。随着经济的发展和生产力水平的提高，我国人民的基本物质需求已基本得到满足，"我国社会主要矛盾是人民日益增长的美好生活需要和不平衡不充分的发展之间的矛盾"[①]，不同人群之间的健康状况差异便是这种"不平衡不充分的发展"的突出表现之一。20 世纪末以来，中国人口平均期望寿命由 67.77 岁增长到 2018 年的 77 岁，平均孕产妇死亡率由 1991 年的 80/10 万降低到 2018 年的 10.9/10 万，平均婴儿死亡率也由 1991 年的 50.2‰降低到 6.1‰，这表明中国总体国民健康水平在不断改善[②]。以 2003~2013 年居民两周患病率为例（图 1.2），从职业划分来看，离退休人群的两周患病率最高，其次是无业、失业、半失业人群，而学生两周患病率最低。从学历划分来看，居民两周患病率同样表现出随着学历层次提高患病率降低的趋势。这表明我国存在教育不平衡带来的健康不均等。健康不均等不仅影响个人和家庭状况，也严重损害经济发展和社会福利（高梦滔，2002）。

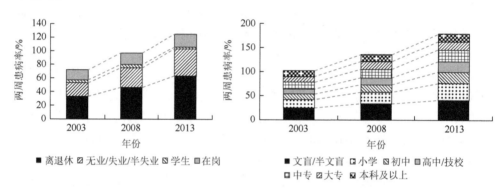

图 1.2 2003~2013 年居民两周患病率

资料来源：作者根据《中国卫生健康统计年鉴》计算得到

不平等阻碍社会的可持续发展（Liu and Li，2017；Cheng et al.，2019），其根源在于机会和资源在社会群体间分配不均（Elenbaas et al.，2016）。从家庭层面来讲，如果居民处于十分不平衡的社会环境中，可能无法做出保障家庭跨期生活质量最优的经济决策。以往研究更多是将不平衡作为一种现象或结果来分析造成不平衡的影响因素（郭凯明和颜色，2015；郑莉和曾旭晖，2016；吕玉红和彭浩然，2017；彭晓博和王天宇，2017；孙猛和芦晓珊，2019；石智雷等，2020），或从宏观层面研究不平衡对其他方面的影响（赵颖和石智雷，2017；周文等，2017；杨谱等，2018；宋扬，2019），而基于微观家庭探讨社会不平衡的经济影响的研究较为欠缺。

---

① 《习近平：高举中国特色社会主义伟大旗帜 为全面建设社会主义现代化国家而团结奋斗——在中国共产党第二十次全国代表大会上的报告》，https://www.gov.cn/xinwen/2022-10/25/content_5721685.htm[2022-10-35]。

② 资料来源于历年的《中国卫生健康统计年鉴》。

在社会不平衡存量对于微观家庭决策产生冲击的同时，我国目前也面临着人口老龄化进程加速、人口性别结构失衡和教育不平衡等社会现实背景。这些因素的变动是否将对我国目前多维社会不平衡产生相互影响，并进而推动家庭资产配置决策改变，也成为本书研究所关注的重点之一。根据《2020 中国统计年鉴》数据，2019 年，我国 65 岁以上人口占总人口比重为 12.6%，相较于 2010 年人口普查结果上升 3.73 个百分点，老龄群体规模逐年上升。与此同时，出生率的下降也进一步加速了我国的老龄化进程。虽然为应对人口老龄化带来的经济社会问题，我国生育政策展开了一系列重大调整。从"双独二孩"政策、"单独二孩"政策、"全面二孩"政策再到一对夫妻可以生育三个子女政策，我国生育政策逐步放开，但人口出生率的总体下降趋势仍未得到缓解。根据《2020 中国统计年鉴》的人口抽样调查推算数据，2019 年我国人口出生率为 1.048%，相较于 2010 年人口普查结果 1.190%显著下滑。我国人口老龄化问题逐渐展现出老龄人口规模庞大、高龄老龄化和老龄化进程加速等多方面趋势，而其在家庭层面最直接的体现是户主年龄的高龄化。伴随着信息技术和互联网金融的快速发展，不同人群在信息技术接入和应用上存在的差异导致了另一种新型机会不平衡"数字鸿沟"的产生（Bonfadelli，2002；邱泽奇等，2016），而学界目前鲜有研究探讨户主年龄增长是否会通过影响家庭数字接入不对等与应用不对等，改变家庭风险金融市场参与决策。

我国存在着人口性别结构失衡与性别差异的伴生关系。伴随着社会经济发展和生育政策的放开，人口性别结构失衡状况虽然得到了一定程度的缓解，但仍体现出年轻人口性别失衡严重、地区差异明显的特征。根据《2020 中国统计年鉴》数据，2019 年我国人口男女性别比（以女性为 100）为 104.46，相较于 2010 年人口普查结果的 105.20 小幅下降。但是，2019 年，我国 0～4 岁男女性别比为 113.62，5～9 岁男女性别比为 116.85，10～14 岁男女性别比为 119.10，15～19 岁男女性别比为 118.39，20～24 岁男女性别比为 114.61，我国年轻群体中仍存在着广泛的性别结构失衡。针对性别结构失衡对于家庭的冲击，学界从储蓄率、住房和婚姻等多角度展开探讨。学者认为性别结构失衡加剧了婚姻市场竞争，导致家庭对于住房这一"地位性商品"的需求上升，并产生了为结婚而储蓄的现象（周俊山和尹银，2011；Wei and Zhang，2011；张安全等，2017）。然而，目前鲜有研究直接涉及性别结构失衡对于家庭风险金融市场参与的影响机制探讨，仅有文献探讨了年轻群体性别结构对于核心家庭资产选择的影响（魏下海和万江滔，2020）。因此，与性别差异现象伴生的性别结构失衡变动对于家庭风险金融市场参与的影响及其作用机制也成为本书进一步探讨的内容。

随着义务教育普及和高等教育扩招，我国人口教育水平逐年上升。按照《2020 中国统计年鉴》提供的 2019 年全国人口变动情况抽样调查数据，我国 6 岁以上人口中，接受过高等教育的居民占比已达 14.6%。虽然，这一数据较发达国家仍存在一定差距，但相较于 2010 年第六次人口普查得到的 9.5%比重结果已有明显改善。伴随着我国高等教育的不断发展，可以预见的是，未来一段时间，我国人口教育水平仍将保持上升态势。学界目前关于人口教育结构对于家庭风险金融市场参与的影响主要围绕户主文化程度对于家庭风险金融市场参与的影响展开，部分研究认为文化程度通过影响投资者的金融认知水平和收入稳定性，进而改变家庭风险金融市场参与决策（Campbell，2006；吴卫星和沈涛，2015）。然而，正如本章在人口年龄结构部分所述，伴随着信息技术和互联网金融的快速发展，数字不对等在群体间逐渐显现。而鲜有文献探讨数字不对等是否也是户主文化程度影响家庭风险金融市场参与的传导路径，也鲜有文献分析地区受教育水平提升带来的正向数字接入水平扩散能否影响家庭风险金融市场参与决策。因此，本书也针对人口教育结构通过数字不对等渠道对于家庭风险金融市场参与的影响展开补充探讨，以充分揭示社会不平衡与人口结构间、多维社会不平衡间存在的极为紧密的关联性，以及其对于我国微观家庭投资决策的影响机理。

从家庭投资决策研究的现实紧迫性而言，根据瑞信研究院 2020 年发布的《全球财富报告》，我国家庭财富总额目前居世界第二位，大量家庭财富亟待进行合理配置。在传统投资理论中，无论投资者的风险偏好和财富水平如何，其均应该参与到风险金融市场投资活动之中，通过市场投资组合实现收益最大化或风险最小化。但是，由于参与能力和背景风险等多方面因素的限制，我国居民家庭实际金融资产配置与传统理论产生了较大出入。一方面，我国家庭总体上存在着广泛的风险金融市场有限参与现象，多数家庭仅支持银行存款而排斥参与以股票为代表的风险金融市场投资活动；另一方面，不同群体间对于金融市场的利用能力也存在普遍差异，高文化程度、高金融知识水平的人群更能够充分利用我国金融市场发展带来的红利。此外，与欧美国家以机构投资者为主体不同，我国市场参与者主要由家庭和个人等散户构成。根据《中国证券登记结算统计年鉴》，截至 2017 年末，我国结算登记的投资者数量为 13 398.30 万人，其中自然投资者数量为 13 362.21 万人，占比高达 99.7%。自然投资者在证券市场的高比例参与强化了关注个人和家庭金融投资行为的重要性。家庭金融投资不仅能够分散居民家庭风险，促进资产保值与增值，而且也能够活跃资本市场交易、推动金融体系改进与完善、维护宏观经济平稳运行。《中国家庭财富调查报告 2021》显示，虽然我国家庭人均财产表现出不断增加的趋势，财富配置结构单一，居民家庭住房资产占比较高，在全国家庭人均金融资产中，房产净值占比高达 65.61%。根据《中国家庭金融资产配置风险报告》，中国家庭所持有的各项金融产品占家庭金融资产总额的比重远低于同期欧盟、美国和日本家庭的配置比例，如股票市值占比为 11.4%，基金市值占比为 2.7%，债券占比甚至低至 0.4%。以上分析表明我国居民对金融资产的投资特别是风险金融的投资十分有限。家庭金融资产的合理配置不仅对于家庭财富进一步积累与实现居民终身消费效用最大化具有重要作用，同时也影响着我国金融市场的发展规模与活跃程度。因此，如何进一步实现我国家庭风险金融市场参与合理化，引导居民家庭的风险金融市场活动，成为亟待解决的重要现实问题。以家庭金融资产组合为着眼点，研究社会不平衡与家庭金融投资行为的关系有助于更加深入和全面地理解社会不平衡的影响，同时可以丰富家庭金融研究。

根据上述分析，本书提出以下问题：从社会不平衡影响家庭金融投资决策的角度，社会不平衡的含义如何？在面临不同程度的社会不平衡压力下，中国家庭是否会调整金融资产组合？社会不平衡通过怎样的机制渠道影响居民的投资行为？社会不平衡是否能为决策层引导家庭参与金融市场投资提供新的视角？以及能否实现缓解社会不平衡和优化家庭资产配置的双赢目标？

为了解答上述问题，本书从户籍身份差异、性别差异、数字不对等及健康不均等四个层面分析社会不平衡对家庭风险金融投资参与的影响，以期为居民家庭实现家庭资产的合理配置，为决策层引导家庭参与金融市场投资和缓解社会不平衡，进一步完善政策制度提供思路和路径。

1.1.2　研究意义

在理论层面，现有关于家庭金融投资行为的影响因素研究大多着眼于微观个体和家庭的特征，本书从社会不平衡这一宏观社会环境视角切入，基于社会不平衡的四个来源包括来自社会身份差异的不平衡（户籍身份差异）、来自自然属性差异的不平衡（性别差异）、来自机会差异的不平衡（数字不对等）及来自可行能力差异的不平衡（健康不均等），将以社会资源分配不均为本质内涵的社会不平衡纳入家庭资产组合的整体理论分析框架中，在机制研究中强调不平衡导致居民家庭在社会保障、劳动力市场、社会资本、教育人力资本投资等方面的差异对家庭风险金融投资参与决策的影响。本书将宏观社会不平衡引入家庭金融领域，有助于丰富和深化当前家庭资产组合领域的研究。另外，落脚于社会不平衡与家庭金融投资决策的研究，对社会不平衡的理论研究颇具意义。现有文献更多从社会学视角，将社会不平衡视作一种结果进行因素分析，而对社会不平衡带来的社会经济影响，特别是微观层面的影响研究欠缺。本书从基于社会身份差异的不平衡、基于自然属性差异的不平衡、基于机会差异的不平衡以及基于可行能力差异的不平衡四个方面将社会不平衡与家庭金融资产投资行为相结合，研究家庭在资源分配不均、所处社会环境不平衡时的金融决策行为，拓展了社会不平衡的研究视域。不平衡阻碍社会的可持续发展（Liu and Li，2017；Cheng et al.，2019），其根源在于机会和资源在社会群体间分配不均（Elenbaas et al.，2016）。从家庭层面来讲，如果居民处于十分不平衡的社会环境中，可能无法做出保障家庭跨期生活质量最优的经济决策。以往研究更多的是将不平衡作为一种现象或结果来分析造成不平衡的影响因素（郭凯明和颜色，2015；郑莉和曾旭晖，2016；吕玉红和彭浩然，2017；彭晓博和王天宇，2017；孙猛和芦晓珊，2019；石智雷等，2020），或从宏观层面研究不平衡对其他方面的影响（赵颖和石智雷，2017；周文等，2017；杨谱等，2018；宋扬，2019），而基于微观家庭探讨社会不平衡的经济影响的研究较为欠缺。此外，本书还立足于人口结构变动的社会背景现实，深入分析人口结构变动与社会不平衡的联动作用对于家庭风险金融市场参与决策的影响。首先，本书结合人口老龄化加速和互联网金融发展的现实背景，深入分析了数字接入不对等和数字应用不对等路径下，户主年龄增长对于家庭风险金融市场参与的冲击，为人口年龄结构变动通过数字不对等路径对家庭风险金融市场参与的影响提供了新的分析视角。其次，本书基于"婚姻市场竞争"的相关研究，详尽探讨了性别差异下人口性别结构变动对家庭风险金融市场参与决策的影响，厘清了房产偏好和家庭冲突在人口性别结构对于家庭风险金融市场参与影响中发挥的传导路径作用，为性别差异与人口性别结构变动对家庭风险金融市场参与的冲击提供新的传导机理。最后，本书系统考察了数字不对等路径下，户主文化程度和地区受教育水平对于家庭风险金融市场参与的作用，为家庭风险金融市场参与决策提供相应微观机理与经验证据，丰富了学界相关研究。

现实意义：随着经济发展，居民家庭收入增加，金融理财产品日渐丰富，然而中国股市的有限参与现象仍普遍存在。财产性收入对切实保障和改善居民生活具有重要意义。党的十七大报告首次提出"创造条件让更多群众拥有财产性收入"①，党的十八大报告再次重申"多渠道增加居民财产性收入"②，家庭金融资产投资是家庭获取财产性收入的重要渠道之一。在社会不平衡影响下，居民家庭如何配置金融资产，社会不平衡通过怎样的机制影响家庭投资决策，不仅对于研究微观居民家庭的资产配置行为至关重要，而且对于更加全面、深入地理解社会不平衡的微观影响意义重大。一方面，对于居民家庭而言，本书将为社会不平衡视角下微观家庭的金融投资行为提供理论分析和经验证据，从而帮助居民家庭在面临多维度社会不平衡环境时灵活调整资产配置模式，有效管理风险，提高金融决策水平。另一方面，对于决策层而言，社会不平衡是一直以来面临的重要社会问题，本书将微观家庭投资决策和宏观社会制度以及地区社会环境相结合，探讨不同维度的社会不平衡如何影响家庭资产配置以及影响机制，不仅可以为全面评价社会制度改革和减缓社会不平衡的政策措施提供微观依据，还能为决策层推进金融体系改革、实现缓解社会不平衡和促进居民家庭金融参与的双赢提供政策借鉴。本书关于人口年龄结构通过数

---

① 《胡锦涛在中共第十七次全国代表大会上的报告全文》，https://www.gov.cn/ldhd/2007-10/24/content_785431_8.htm[2023-10-12]。

② 《胡锦涛在中国共产党第十八次全国代表大会上的报告》，https://www.gov.cn/ldhd/2012-11/17/content_2268826_5.htm[2023-10-12]。

字不对等渠道影响家庭风险金融市场参与的相关研究能够帮助我们全面了解老龄化背景下我国居民家庭的投资决策行为。其中，关于数字接入及应用水平的机制讨论，为相关部门通过互联网普及、应用便利化与正规信息传递等方式，引导我国居民风险金融投资行为，活跃与发展金融市场，提供了理论与实践借鉴。本书关于性别差异下人口性别结构与家庭风险金融市场参与的相关研究，发现了性别结构失衡下，家庭由于住房压力和房产偏好，挤出家庭风险金融市场参与。这为有关部门引导居民形成合理性别观念与理性住房投资态度，改善家庭投资组合，稳定风险金融资产投资市场的相应政策提供理论与实践经验。本书关于人口教育结构在数字不对等路径下对于家庭风险金融市场参与影响的相关探讨，发现文化程度因素导致的数字接入及应用水平差异可能带来二次机会不平衡，而地区受教育水平提升对于区域内的家庭数字接入水平具有正向作用。这为全面认识教育公平重要性和通过改善低教育水平群体"数字鸿沟"现象以促进社会公平的有关政策提供相应参考。

1.2　研究框架与研究内容

1.2.1　研究框架

在经济发展而资源分配不均的背景下，本书试图构建一个新的研究框架，探讨居民家庭面临不同程度、不同维度的社会不平衡，为实现跨期消费效用最大化，调整家庭资产配置的行为模式，深入剖析宏观社会不平衡对微观家庭金融资产投资决策的影响。同时探索社会不平衡作用于家庭金融投资决策的微观机制，从社会保障、劳动力市场歧视、社会互动、婚姻市场竞争、数字水平和教育人力资本投资的角度为家庭资产配置的异质性提供一个可能的解释。本书以家庭资产中风险资产的代表性资产——股票和基金作为研究对象，研究家庭的风险金融投资参与决策。

本书遵循从理论研究到实证研究、从一般影响分析到作用机制分析的研究思路。具体而言：首先，基于研究背景，回顾梳理家庭资产组合经典理论、拓展理论、家庭资产配置决策的影响因素以及社会不平衡相关研究，并据此进一步明晰本书的研究问题；其次，通过理论分析，分层次构建户籍身份差异与风险金融投资参与、性别差异与风险金融投资参与、数字不对等与风险金融投资参与、健康不均等与风险金融投资参与的理论模型，探究其作用机理，并提出研究假设；再次，利用家庭微观调查数据检验社会不平衡对家庭风险金融资产投资可能性和配置比例的影响，并检验微观作用机制，为社会不平衡通过影响社会保障可及性和待遇差异、劳动力市场歧视、家庭社会互动（社会资本）、婚姻市场竞争、数字水平以及教育人力资本投资，进而对居民家庭风险金融投资参与产生影响的理论机制提供经验证据；最后，基于理论分析和实证检验的结果得到本书的研究结论与隐含的政策启示，为居民家庭合理配置金融资产并为决策层实现缓解社会不平衡、促进金融市场发展的双赢提供理论和经验支撑，并提出政策建议，之后指出本书的研究局限，并提出未来的研究方向。本书的研究框架与技术路线如图 1.3 所示。

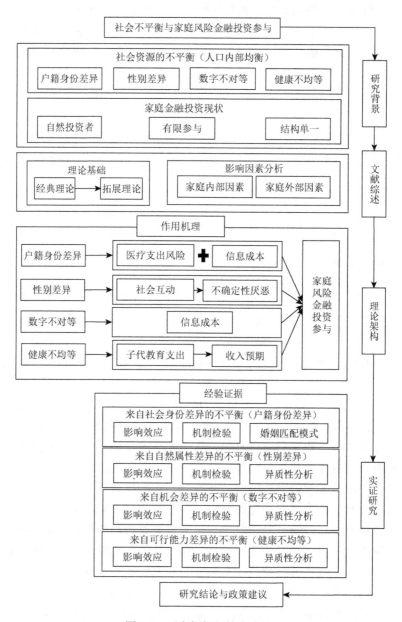

图 1.3　研究框架与技术路线

1.2.2 研究内容

本书共分为九个章节，每章研究的具体内容如下。

第 1 章为绪论。首先介绍本书的研究背景，并在此基础上提出本书的研究问题，总结本书的研究价值和意义；其次介绍本书的整体研究框架、技术路线以及各章节的具体研究内容，同时对相关概念进行界定；最后阐述本书的研究方法、可能的创新点和边际贡献。

第 2 章为文献综述。该章节系统地对社会不平衡影响家庭风险金融投资参与的相关文献进行梳理、总结和评述。包括三部分内容：首先，梳理了家庭资产组合的相关理论和影响因素；其次，基于社会不平衡的来源和内涵，从户籍身份差异、性别差异、数字不对等和健康不均等四个维度综述社会不平衡的相关研究；最后，针对现有研究的不足展开评述，并提出可能突破的方向。

第 3 章为中国家庭金融投资参与状况。首先，该章利用 2017 年中国家庭金融调查相关数据，对我国家庭资产结构在省区市特征、东中西区域特征、南北区域特征和城乡特征上存在的差异展开现状描述。其次，该章针对我国家庭资产结构在户主年龄、教育、收入和金融知识等人口特征上存在的差异展开现状描述。最后，该章针对我国家庭金融市场参与在区域上存在的差异展开现状描述与分析。

第 4 章为多维不平衡对家庭风险金融投资参与的作用机理。在文献回顾的基础上，尝试构建一个理论框架来分析社会不平衡与家庭风险金融投资参与的关系，按照户籍身份差异与风险金融投资参与、性别差异与风险金融投资参与、数字不对等与风险金融投资参与、健康不均等与风险金融投资参与的顺序，分别构建理论模型、分析作用机制并提出对应的研究假设，为接下来的实证研究提供理论依据。

第 5 章为户籍身份差异对家庭风险金融资产投资的影响：来自社会身份差异的不平衡。采用 2010 年中国家庭追踪调查数据，就户籍身份差异对家庭风险金融投资参与概率和参与深度的影响进行检验。以中国具有代表性的二元户籍制度衡量户籍身份差异。实证研究包括基准回归、稳健性检验、引入社会保障和工作时长的机制检验、基于户籍制度的婚姻匹配的进一步研究。

第 6 章为性别差异对家庭风险金融资产投资的影响：来自自然属性差异的不平衡。利用 2010~2014 年的中国家庭追踪调查数据和 2017 年的中国家庭金融调查数据，分别通过性别结构失衡对家庭风险金融投资决策以及未婚男性子女数量对风险金融投资参与概率的影响进行微观检验。以区县层面男女高中入学率差异和男女劳动力市场参与率差异作为性别差异的衡量指标，以区县层面男女性别比例作为性别结构失衡的衡量指标。实证研究包括基准回归、异质性检验、稳健性检验及基于社会资本（社会互动）和房产偏好的机制检验。

第 7 章为数字不对等对家庭风险金融资产投资的影响：来自机会差异的不平衡。利用 2017 年中国家庭金融调查数据，针对两种形式的数字不对等（接入不对等和应用不对等）对于家庭风险金融投资参与的影响展开系统检验。以互联网接入衡量家庭数字接入水平，以应用能力、应用目的和应用设备衡量家庭数字应用水平。首先实证检验了家庭数字接入水平和数字应用水平对于家庭风险金融投资参与决策的直接影响；其次从子样本检验、内生性处理和异质性探讨等角度出发进行了稳健性检验；最后针对年龄、文化程度、地区受教育水平对于家庭数字接入水平和数字应用水平影响展开进一步讨论，以综合探讨数字不对等成因及其对于家庭风险金融投资参与的传递影响。

第 8 章为健康不均等对家庭风险金融资产投资的影响：来自可行能力差异的不平衡。利用 2012～2014 年的中国家庭追踪调查数据，就健康不均等对家庭风险金融投资参与概率的影响进行检验。以区县层面与收入相关的健康集中指数作为健康不均等的衡量指标。首先实证检验了区县层面的健康不均等对家庭风险金融投资参与的影响；其次从变量替换、样本剔除、极端值处理、遗漏变量问题处理以及内生性问题处理角度进行了稳健性检验；最后基于教育人力资本投资进行了作用机制检验，并从子代性别、收入水平、学历水平以及地区分布进行了异质性检验。

第 9 章为研究结论与政策启示。首先，对本书的理论分析和实证检验结果进行总结，并提炼出主要的研究结论。其次，基于已有研究和本书的研究结论，为优化家庭风险金融资产投资提供可行路径和政策建议。最后，指出本书的研究不足和缺陷，并提出未来研究的改进方向。

1.3　研　究　方　法

本书综合运用文献研究法、理论研究法、实证研究法等研究分析方法。

（1）文献研究法。全面回顾和梳理国内外有关家庭资产组合的文献，包括家庭资产组合的相关理论和基于现实的实证研究，社会不平衡的四个方面包括户籍身份差异、性别差异、数字不对等、健康不均等的相关研究等。通过文献回顾，总结相关研究的最新进展，为本书在现有研究基础上进行拓展和创新，确定本书的研究思路和研究内容奠定了基础。

（2）理论研究法。在理论研究方面，本书将社会不平衡纳入家庭的最优化决策，并基于社会不平衡的本质内涵——社会资源分配的不均等，以及由此导致的社会不平衡环境，分四个层次对户籍身份差异、性别差异、数字不对等、健康不均等影响家庭风险金融资产投资的理论机制进行探讨，分别构建了户籍身份差异与风险金融投资参与、性别差异与风险金融投资参与、数字不对等与风险金融投资参与、健康不均等与风险金融投资参与的理论模型，并依据理论模型得出的结果为后续的实证检验总结出相关研究假说。

（3）实证研究法。本书首先搜集了2010～2014年的中国家庭追踪调查数据和2017年中国家庭金融调查数据。第4～8章分别采用截面数据和混合截面数据对社会不平衡与家庭风险金融投资参与的关系进行实证检验。第5章基于2010年的中国家庭追踪调查数据，分别构建Probit模型和Tobit模型，研究户籍身份差异对家庭风险金融投资参与广度和参与深度的影响，并采用样本剔除、考虑可能的遗漏变量、滞后效应处理、倾向评分匹配（propensity score matching，PSM）等方法进行稳健性检验。采用中介效应方法对社会保障和工作时长是否在户籍身份差异对家庭风险金融投资参与的影响中发挥作用进行检验。此外，本书还基于户籍属性检验不同婚姻匹配模式对家庭参与风险金融投资的影响。第6章首先基于2010～2014年的中国家庭追踪调查数据构建Probit模型，考察性别差异对家庭风险金融投资参与的影响，并将样本按照性别、南北区位和东中西部区位进行分组，检验性别差异对家庭风险金融投资参与的异质性影响。本书还通过变量再定义、极端值的排除、考虑可能的遗漏变量、处理自选择问题和内生性问题进行稳健性检验。此外，本书还针对性别差异影响下，地区长期存在的性别结构失衡对于家庭风险金融投资决策的影响以及未婚男性子女数量对于家庭置业意愿的影响进行进一步讨论，利用2017年中国家庭金融调查数据，采用Probit模型、Tobit模型、Bootstrap（自助法）等方法，针对地区性别结构失衡对于家庭风险金融投资参与的影响及其传导机制展开检验，并展开分析未婚男性子女数量对于家庭房产投资意愿的影响。第7章利用2017年中国家庭金融调查数据，使用Probit模型、Tobit模型等方法，针对来自机会差异的不平衡（数字不对等）对于家庭风险金融投资参与的影响进行深入分析，并利用工具变量法，子样本检验法等方式，针对研究结论稳健性进行探讨并展开差异性群体异质性分析。此外，还将利用分类变量中介效应检验法，Bootstrap等方法，针对文化程度和地区受教育水平通过家庭数字水平（数字接入水平和数字应用水平）影响家庭风险金融投资参与这一传导机制进行进一步探讨。第8章基于2012～2014年的中国家庭追踪调查数据，构建Probit模型，研究来自可行能力差异的不平衡（与社会经济地位相关的健康不均等）对家庭风险金融投资参与的影响，并采用健康集中指数再测度、风险金融资产投资再定义、样本剔除、极端值处理、考虑遗漏变量的影响、内生性问题的处理（滞后效应和工具变量法）进行稳健性检验。考察教育人力资本对健康不均等影响家庭风险金融投资参与的机制作用。分样本检验健康不均等对家庭风险金融投资参与的子代性别异质性影响、收入水平异质性影响、学历水平异质性影响和地区异质性影响。

1.4　概　念　界　定

1.4.1　多维不平衡

社会不平衡本质上是一个多维度的概念，包括性别、种族等由人的自然属性决定的不平衡（Schrover et al.，2007）；教育、户籍等由社会身份差异决定的不平衡（Albiston，2009）；数字技术使用等由机会差异决定的不平衡，也包括收入（Atkinson，1999；陈斌开和曹文举，2013）、财富（Cagetti and de Nardi，2008）、消费（Deaton and Paxson，1994）、健康（Marmot and Wilkinson，1999）以及住房等可行能力差异方面的不平衡（Morris and Winn，1990；潘静和杨扬，2020）等。社会不平衡的实质是社会资源在社会成员中的不均等分配（卢梭，2015）。关于社会不平衡的具体细分维度见表 1.1。

表 1.1　社会不平衡细分维度

来源	细分维度	含义
来自自然属性差异的不平衡	性别差异	个体因为性别这一单一因素而丧失某种机会、被错判或接受不公正的对待的一种情境
	种族不平等	个体因为种族这一单一因素而丧失某种机会、被错判或接受不公正的对待的一种情境
来自社会身份差异的不平衡	户籍身份差异	由构成市场、家庭和国家等主要元素的结构性条件所造成，体现了特定的、历史决定的身份差异
来自机会差异的不平衡	数字不对等	由年龄、文化程度等因素导致的对于新兴信息技术接入、利用及信息红利享受差异
来自可行能力差异的不平衡	收入不平等	个体或群体间的收入差距，由家庭背景等先赋性因素或个人努力、受教育等自致性因素导致
	消费不平等	个体、群体或地区间的消费水平差异，比收入不平等更能够全面地刻画经济不平等
	财富不平等	个体或群体间在某一时点拥有的各项资产的货币净值总额差距
	住房不平等	由住房产权、住房空间、住房财富等反映的个体居住状况水平及其在总体分布不均或在不同群体之间存在差距的社会经济现象
	健康不均等	在不同地区/国家之间、同一地区/国家的不同社会群体之间、同一地区/国家的不同经济特征人群之间的系统的、可避免的、不公平的健康结果差异
⋮	⋮	⋮

1.4.1.1 来自社会身份差异的不平衡：户籍身份差异

作为过去六十年来中国最具影响力的制度之一，户籍制度塑造了中国公民的生活机会、经济福祉和社会经济地位，划定并维持着城市和农村居民之间的社会边界。户籍又称为户口，主要记载自然人口的姓名、性别、民族、出生与死亡、家庭成员关系、婚姻状态、迁移经历、居住地址等基本信息，是代表公民身份并确认其作为民事主体法律地位的基本法律文书。户籍制度是指依据户籍由国家行政机关对其辖区内的居民进行调查、登记、统计、立户和管理的制度。除了人口登记和管理职能，中国的户籍制度还兼具分配资源和利益的功能（陆益龙，2008）。这一制度安排使得不同户籍身份的居民享有的福利待遇不均衡。因此，本书的户籍身份差异是指相较于农业户口身份居民，非农业户口身份居民在教育、就业、住房、社会保障等社会福利和公共服务方面往往能够获得更多的利益（王美艳和蔡昉，2008）。由于户籍身份是由人所制定的法律所赋予的，反映了人与人之间的一种社会关系，因此本书界定户籍身份差异是基于人的社会属性的一种不平衡。

1.4.1.2 来自自然属性差异的不平衡：性别差异

态度、行为和偏好等方面的性别差异与激素水平、睾酮素、皮质醇等生物因素有关（Bateup et al.，2002；Vuoksimaa et al.，2010；Valla and Ceci，2011；Auyeung et al.，2013；Chen et al.，2013），但更取决于社会赋予的男性和女性的社会角色（Heinz et al.，2020）。性别有生理性别（sex）和社会性别（性别）之分，生理性别由生物差异所塑造，而社会性别由社会和文化差异所塑造（Money，1955）。不同于生理性别由基因、染色体、性腺、生殖器等进行区分（佟新，2011），社会性别由社会规范和社会期待的男性特质（masculinity）与女性特质（feminity）进行区分，在特定的社会文化背景下，男性和女性应符合相应的社会角色、行为、活动、属性和机会。因此，本书的性别差异是基于社会性别的差异。两性不平等的根本在于男女在获得社会稀缺资源过程中的不平等（Chafetz，1984）。依据 Woo 和 Eagly（2002）、Klasen（2020）的定义，本书的性别差异是基于生物性别载体的社会性别层面的差异，在教育、劳动力市场机会、政治赋权和社会生活的其他方面，男性的地位和权力高于女性。由于社会性别以生物性别为基础，因此本书的性别差异是基于人的自然属性的差异。现有研究中关于金融投资行为的性别差异的文献不胜枚举，并多从性别的生理差异上给出了相应的解释，如男性比女性更加偏好风险（Jianakoplos and Bernasek，1998），更加自信（Barber and Odean，2001），更加乐观（Harris and Jenkins，2006）。本书则主要从男性和女性在家庭、社会上的资源获得差异和权利享有差异上分析性别差异，这事实上是性别的社会差异。

1.4.1.3 来自机会差异的不平衡：数字不对等

Attewell（2001）认为数字不对等按照发展阶段可区分为互联网接入机会差异和应用差异两个维度。邱泽奇等（2016）则将群体间数字应用差异定义为技能、设备、应用方式和应用目的等四个方面，并认为这导致了一种新型的机会不平衡。DiMaggio 和 Hargittai（2001）也认为群体间的数字应用差异主要体现在应用设备、应用主动性、应用能力、应用目的和支持条件等五个方面。本书在研究相关定义基础之上，参照研究数据，从应用能力、应用目的和应用设备三个维度综合衡量数字应用水平。在具体的实证研究中，应用能力、应用目的和应用设备三个维度将分别通过是否有过网络交易经历、是否使用财经类 App（application，应用软件）或网页浏览作为关注经济信息的主要渠道以及使用互联网的主要设备是否为电脑来衡量。

1.4.1.4 来自可行能力差异的不平衡：健康不均等

Lowe 和 Sen（1996）最早提出健康不均等概念，他认为健康不均等是由社会制度、文化环境等因素剥夺了人类基本的可行能力导致的。Wagstaff 和 van Doorslaer（2000）将健康不均等分为纯粹的健康不均等和与社会经济地位相关的健康不均等。其中，纯粹的健康不均等是指在一定时期内，某一国家或地区不同人群的健康状况分布差异，具体考察高健康水平与低健康水平群体间的健康差异，是一种单维度的健康不均等；与社会经济地位相关的健康不均等是指在一定时期内，某一国家或地区不同社会经济特征人群的健康状况差异，具体考察社会经济地位高的群体与社会经济地位低的群体间的健康差异。也有研究依据健康不均等的来源将其分为公平的健康不均等和不公平的健康不均等。公平的健康不均等是指由某些先天性的遗传因素导致的健康水平差异；不公平的健康不均等是指由生活环境包括社会经济因素导致的健康水平差异。从不平衡的覆盖范围来看，健康不均等可以分为狭义上的健康不均等和广义上的健康不均等。狭义上的健康不均等仅指健康结果的不均等，即不同社会经济状况的人群在健康程度上的差异；广义上的健康不均等还包括获得良好健康状态的机会、资源、条件上的不均等。本书从健康不均等与家庭投资决策研究的需要出发，将健康不均等定义为：一定时期内，某一国家或地区不同人群之间由于处于不同的社会经济地位而呈现出的健康状况差异。由于社会经济地位和健康本身是由人的可行能力差异如收入、教育、对医疗卫生资源的可及性等导致的，因此本书认为健康不均等来自可行能力差异的不平衡。

1.4.2 家庭风险金融投资参与

家庭是社会经济活动的微观主体,资产是保障家庭存在和发展的物质基础(杜春越和韩立岩,2013)。根据流动性程度,家庭资产可以分为固定资产和流动资产。固定资产包括生产性固定资产和非生产性住房资产;流动资产包括现金、银行存款、股票、基金、金融理财产品等;从资产形态可分为非金融资产和金融资产。非金融资产包括自用住宅、非自用住宅、商业资产、汽车、耐用消费品、黄金、白银、珠宝、古董和艺术品等;金融资产包括现金、银行存款、股票、基金、债券、外汇、期货、金融理财产品、金融衍生品等。家庭金融资产配置是指家庭通过利用证券投资工具,进行市场参与决策、投资组合分配决策和具体交易决策,实现资产的跨期优化配置,达到长期消费效用最大化(李心丹等,2011)。根据风险程度,家庭金融资产可以分为无风险资产和风险资产。无风险资产通常包括现金、银行存款和国债;风险资产主要包括股票、基金、期货、非政府债券、金融理财产品、外汇、金融衍生品等。McCarthy(2004)则认为风险资产主要包括股票和基金。出于不同数据库数据可得性的原因,在使用中国家庭追踪调查数据展开分析时(本书第 5 章,第 6 章部分内容和第 8 章),本书将参考 McCarthy(2004)的研究经验以股票和基金作为研究对象研究家庭的风险金融投资参与决策。而在使用中国家庭金融调查数据进行研究时(本书第 3 章,第 6 章部分内容和第 7 章),本书则将参考尹志超等(2014)、陈永伟等(2015)和蓝嘉俊等(2018)的研究经验,采用更加广义的风险资产定义(包括股票、基金、期货、非政府债券、金融理财产品、外汇、金融衍生品等)展开相应分析。

1.4.3 其他概念

①户主。户主指家庭经济来源的主要承担者或家庭主事者。在分析家庭投资者个人特征对于家庭风险金融投资参与的影响时,大量研究均以户主特征进行衡量,认为其在家庭风险金融投资参与决策中发挥主要影响作用(尹志超等,2014;张号栋和尹志超,2016;王聪等,2017;蓝嘉俊等,2018)。因此,在本书关于家庭风险金融投资参与的相关探讨中,投资者个人特征部分变量也将使用户主特征进行衡量。②人口结构。本书在萧浩辉等(1995)、何盛明(2013)关于人口结构划分方法的基础之上,将本书研究中人口结构按照自然属性和社会属性重点划分为人口年龄结构、人口性别结构和人口教育结构三个部分,并针对其对于家庭风险金融市场参与的影响及作用机制展开探讨。在具体研究中,关于人口年龄结构、数字不对等与家庭风险金融市场参与的部分将主要探讨数字接入及应用不对等路

径下，户主年龄对于家庭风险金融市场参与的影响及作用机制。关于性别差异下人口性别结构对于家庭风险金融市场参与影响的部分将主要探讨地区性别结构影响家庭风险金融市场参与的房产偏好机制和家庭冲突机制，并就未婚男性子女数量对于家庭置业意愿的影响展开探讨。关于人口教育结构、数字不对等与家庭风险金融市场参与的部分将主要探讨数字接入及应用不对等路径下，户主文化程度通过数字不对等路径对于家庭风险金融市场参与影响的作用机制，并补充地区受教育水平通过数字不对等对于家庭风险金融市场参与的影响探讨。③房产偏好水平。房产偏好水平指家庭对于住房资产的偏好或需求程度。在具体的实证研究中，将使用家庭住房资产现值占家庭总资产现值的比重衡量。

1.5　可能的创新之处

本书可能的创新点和边际贡献在于：从理论研究上探讨了多维度的社会不平衡对居民家庭金融投资决策的影响路径。从经验实证上基于微观调查数据，考察和检验了户籍身份差异、性别差异、数字不对等和健康不均等对居民家庭风险金融投资参与的作用方向、作用机制和在不同群体间的作用差异。

具体创新点主要包括以下几个方面。

（1）揭示了户籍身份差异对家庭风险金融资产投资影响的逻辑机制。以往研究主要关注不同户籍身份群体的投资行为差异，并未明确识别户籍身份差异对投资者行为的作用机制（纪祥裕和卢万青，2017）。本书聚焦于不同户籍身份群体背后的权利差异，基于预防性储蓄动机、信息成本和风险偏好，揭示户籍身份差异通过二元分割的社会保障体系和金融素养两个机制渠道来影响家庭风险金融资产投资，并进一步从签订正式劳动合同和推动市场化进程两个方面，揭示了减轻劳动力市场户籍差别能够降低户籍身份差异对城市社会保障可及性的影响，从而弱化非农业户口身份对家庭风险金融资产投资的促进作用，为进一步推动劳动者的合法权益保护和市场化进程提供来自中国的微观证据。此外，通过考察互联网使用对金融素养机制的调节效应，为减少不同户籍身份群体间的数字不对等提供了家庭金融方面的实证支持。

（2）识别了性别差异对家庭风险金融资产投资的作用机制及影响路径。现有文献主要从风险偏好（Dohmen et al.，2010）、是否乐观（Felton et al.，2003）、是否自信（Barber and Odean，2001）等方面讨论金融投资的性别差异，但忽略了建构的社会性别背后的权利差异对投资者行为的影响。本书着眼于不同性别身份群体背后的权利差异，借鉴国际通用的性别不平等指数（gender inequality index，GII），构造中国微观数据下性别差异的衡量指标，基于金融市场参与成本和不确定性厌恶，识别性别差异通过家庭收入和社会资本两个渠道影响家庭风险金融资产投资。此外，与以往研究处理性别差异内生性问题的方式不同，本书以已婚儿子与父母共同居住比率作为性别差异的工具变量处理潜在的内生性，识别了性别差异与家庭风险金融资产投资的内在联系。

（3）验证了健康不均等对家庭风险金融资产投资的作用机理。与现有文献关注个体健康状况与家庭资产组合的关系不同，本书聚焦于区域一级的与社会经济地位相关的健康不均等如何影响家庭投资决策。借鉴 Thakurata（2021）的研究，本书基于跨期最优投资模型框架，引入父辈对子代的内生人力资本投资，构建家庭最优投资组合模型来考察地区健康不均等对家庭风险金融投资选择的影响。利用全国性微观调查数据，探讨了健康不均等通过影响教育培训支出进而影响家庭风险投资行为的机制，并考察了不同人群在风险金融投资过程中受健康不均等的异质性影响。

（4）学界目前关于数字不对等与家庭风险金融市场参与的探讨主要停留于接入不对等对于家庭风险金融市场参与概率和参与程度的影响分析，鲜有研究涉及数字应用不对等对于家庭风险金融市场参与决策的影响探讨。本书则将数字应用不对等纳入家庭风险金融市场参与的分析框架，利用不确定收益下投资组合模型详尽分析数字应用水平对于家庭资产配置决策的影响及其在人口年龄结构和人口教育结构对于家庭风险金融市场参与决策影响中发挥的传导路径作用，并从应用能力、应用目的和应用设备三个方向综合衡量家庭数字应用不对等，将其与数字接入不对等一道纳入家庭风险资产投资参与的实证机制检验中，为家庭风险金融市场参与决策影响因素这一研究领域提供了有益补充。

（5）学界目前关于人口年龄结构与家庭风险金融市场参与的研究主要关注了户主年龄通过劳动收入、健康风险和认知能力等渠道影响家庭风险金融市场参与决策，鲜有文献考察数字不对等在户主年龄对于家庭风险金融市场参与影响中发挥的传导渠道作用。本书则深入分析了户主年龄通过数字不对等渠道，影响家庭风险金融市场参与决策这一机制。相关研究为人口年龄结构通过数字不对等路径对于家庭风险金融市场参与决策产生影响提供了新的分析视角与经验证据。

（6）目前国内鲜有文献考察性别差异下人口性别结构与家庭风险金融市场参与的关系，仅有文献针对年轻群体性别比对于城镇核心家庭的风险金融市场参与决策的影响进行探讨，但未针对其影响机制进行系统分析与检验。本书则将研究对象由核心家庭放宽至全部家庭，并进一步针对人口性别结构通过提升家庭房产偏好水平影响家庭风险金融市场参与决策的机制展开理论模型分析和实证研究检验。相关探讨丰富了性别差异下人口性别结构对于家庭风险金融市场参与决策影响这一研究视角。

（7）学界目前关于人口教育结构与家庭风险金融市场参与的研究聚焦于户主文化程度通过收入水平和金融认知渠道影响家庭风险金融市场参与决策，鲜有文献考察数字不对等是否也是文化程度对于家庭风险金融市场参与影响的传导路径。本书则深入考察了数字接入不对等和数字应用不对等在户主文化程度对于家庭风险金融市场参与决策影响中发挥的传导渠道作用，并在此基础上，进一步针对地区受教育水平通过数字接入水平的正向扩散，影响家庭风险金融市场参与这一传导路径展开检验。本书关于户主文化程度和地区受教育水平通过数字不对等渠道对家庭风险金融市场参与决策产生影响的机制探讨，为家庭金融行为相关研究提供了有益补充。

2 文献综述

家庭金融是金融研究的一个新兴领域，Campbell（2006）在美国金融学年会上发表题为 Household finance 的演讲，首次正式提出家庭金融的概念，国内外学者从家庭资产配置、风险金融资产投资以及投资效率等方面做出了大量研究。本章主要围绕家庭风险金融投资决策的影响因素，对现有研究进行了回顾和梳理，主要包括以下四部分内容：首先，梳理了家庭资产组合理论的发展脉络，理论假设从理性经济人发展为"有限理性"（bounded rationality）投资者，分析框架从单期静态分析到跨期动态分析，再到行为研究分析；其次，回顾和总结了有关家庭投资行为影响因素的实证研究；再次，分别就户籍身份差异、性别差异、数字不对等、健康不均等的相关研究进行了文献梳理；最后，对文献进行评述，提出进一步研究内容。

2.1 家庭资产组合理论研究脉络

从以亚当·斯密的理性经济人假设为研究基础到以西蒙的"有限理性"假说为研究前提，资产组合理论经历了由单期静态分析，包括 Markowitz（1952）的均值-方差理论，Tobin（1958）的两基金分离定理，Sharpe（1964）、Lintner（1965）、Mossin（1966）的资本资产定价模型（capital asset pricing model，CAPM），到跨期动态研究，包括 Samuelson（1969）和 Merton（1969，1971），再到行为组合理论（behavioral portfolio theory，BPT）（Shefrin and Statman，1994）的转变。这一转变将家庭金融研究从理论层面推进到了实证层面。

2.1.1 经典资产组合理论

在 1952 年发表的 Portfolio selection 一文中，Markowitz 对资产组合理论做出了开创性的贡献，他分别利用资产的期望收益率（均值）和收益率的方差来衡量投资收益和风险，解决了一直以来金融风险无法量化的困境。Markowitz 通过均值-方差模型构建了单期投资组合分析框架，奠定了现代资产选择理论的基础。在这一分析框架下，市场是假设有效的，而投资者是完全理性并且风险厌恶的。一个理性的投资者可以获取所有资产的期望收益率和方差，并在给定风险水平下，以投资收益最大化为目标，或在给定预期收益下，以投资风险最小化为目标，通过有效配置各类资产，获得最大化的期望效用。根据均值-方差原则构造的投资组合问题可以表述为如下形式：

$$\min \sigma_p^2 = \sum_{i=1}^{n} \sum_{j=1}^{n} \sigma_{ij} \omega_i \omega_j \qquad (2.1)$$

$$\text{s.t. } \sum_{i=1}^{n} \omega_i E(r_i) = E(r) \qquad (2.2)$$

$$\sum_{i=1}^{n} \omega_i = 1, \ 0 \leqslant \omega_i \leqslant 1 \qquad (2.3)$$

其中，σ_p^2 为资产组合的方差；σ_{ij} 为资产 i 和资产 j 的协方差；ω_i 和 ω_j 分别为资产 i 和资产 j 在总资产中占据的权重；$E(r_i)$ 为资产 i 的期望收益率。

Markowitz 的均值-方差理论创造性地运用均值来衡量资产收益，运用资产收益的方差衡量风险，并将相关系数引入资产组合模型，提出资产风险分散的关键不在于持有资产的种类，而在于资产之间的相关性。同时，Markowitz 对投资的有效边界进行了分析，认为投资者可以根据自身的风险偏好选择有效边界。

Tobin（1958）将无风险资产纳入均值-方差理论中，并提出著名的两基金分离定理。按照对待风险的态度，投资者可以分为风险规避者、风险喜好者以及风险中立者，Tobin（1958）认为现实中风险中立者居多，因此两基金分离定理主要以风险中立者为研究对象。当市场达到均衡后，投资者可以在有效边界上选择任意两个分离的点（不同的投资组合）来构造一个线性函数组合表征其有效投资组合。与 Markowitz 不同，Tobin 认为投资者的最优资产组合与其对待风险的态度无关。

在均值-方差理论和有效市场假说（efficient market hypothesis，EMH）的基础上，Sharpe（1964）、Lintner（1965）、Mossin（1966）将个体投资者的局部均衡分析拓展到对整体金融市场的一般均衡分析，建立了资本资产定价模型。该模型将均值-方差理论中的资产风险按照来源细分为系统性风险和非系统性风险。系统性风险是指由投资者无法控制的宏观层面的政治、经济、社会等因素所引起的市场风险。所有投资者的所有资产组合都面临着系统性风险，无法通过分散投资的方式来降低。承担系统风险的回报是可以获得风险溢价收益。非系统性风险是指由企业管理、市场销售、财务状况等特殊因素引起的单项投资的收益发生变动的风险，与特定资产自身有关。投资者可以通过对相关性较低的资产进行组合投资，从而达到分散和降低风险的目的。资本资产定价模型首次将资产的超额收益率与市场资产组合的收益率联系起来：

$$E(r_i) = r_f + (r_m - r_f)\beta_i \qquad (2.4)$$

其中，$E(r_i)$ 为资产 i 的期望收益率；r_f 为无风险利率；r_m 为市场收益率；β_i 为资产相对于市场的风险系数，且 $\beta_i = \text{cov}(\sigma_i, \sigma_m) / \sigma_m^2$，$\sigma_i$ 为资产 i 的收益率标准差，σ_m 为市场收益率标准差。$(r_m - r_f)\beta_i > 0$ 为某一资产或资产组合的风险溢价，风

险资产的收益率大于无风险利率，这是与现实相符的。资本资产定价理论依赖于严格的理性人和有效市场假设，因此利用资本资产定价模型公式计算得到的资产价格与资产的实际价格往往不同，这部分差值记作 α，代表经风险调整后的残值，$\alpha > 0$ 表示资产或资产组合获得超额收益。资本资产定价模型转化为

$$E(r_i) = r_f + (r_m - r_f)\beta_i + \alpha \tag{2.5}$$

进一步地，Ross（1976）通过放松资本资产定价模型的假设条件，假设资本市场上任何资产收益都由 n 个因素决定，提出了套利定价（arbitrage pricing theory，APT）模型：

$$r_i = E(r_i) + \beta_{i1}F_1 + \beta_{i2}F_2 + \cdots + \beta_{in}F_n + \varepsilon_i \tag{2.6}$$

其中，r_i 为资产 i 的实际收益率；$E(r_i)$ 为资产 i 的期望收益率；F 为公共风险因子，表示系统性风险；β_{in} 为资产 i 对第 n 种公共风险因子的敏感度；ε_i 为随机误差项，表示非系统性风险。套利定价模型的实质是，如果一个市场是完全竞争市场，那么理性人假设下的投资者可以通过买进或卖出资产的操作以套取金融市场的利益，直至套取利益的机会消失，市场达到均衡。由于在资本资产定价模型框架下，资产价格仅仅与市场因素相关，而在套利定价模型中，除了市场因素，资产价格还可以由其他因素决定，并且套利定价理论不限制资产收益必须服从正态分布，因此，套利定价模型是资本资产定价模型更一般化的形式，而后者是前者的一个特例。

以上模型虽然较好地刻画了个体资产组合，但在单期静态环境下的分析忽视了长期中其他因素如消费对当前这一期的投资行为的影响。Samuelson（1969）和Merton（1969）分别基于离散时间和连续时间视角，分析投资者的跨期消费和投资决策行为，首次将家庭资产配置研究拓展到多期。

2.1.2 有限参与之谜与资产组合理论的扩展

有效市场和完全理性人假设下的经典资产组合理论并不能完全刻画现实。首先，在现实的市场中，信息并非公开透明，并且不具有完全流动性；其次，投资者受时间、个体知识、精力和能力的限制，不能无成本地即时获得市场中的所有信息；最后，个体投资者存在认知偏差，受客观环境和机会成本等因素的影响，投资者并不总是以效用最大化为目标（赵翠霞，2015）。因此，现实中许多居民家庭的资产组合中资产种类很少且不包含风险资产（Guiso et al.，2000）。

Haliassos 和 Bertaut（1995）研究发现，有75%以上的美国家庭没有持有股票，即使在美国财富金字塔顶的富裕人群中，也只有93%的人参与了股票市场（Guo，2001）。利用美国消费金融调查（survey of consumer finances，SCF）数据，Guiso

和 Sodini（2012）发现直至 2007 年，仍然有 50%的美国家庭远离股票市场。Gentry 和 Hubbard（2004）根据美国的数据发现，家庭并不如理论所预期的那样采取分散投资的方式来降低风险，家庭平均持有公开交易的股票的中位数仅为 1 只。其他高收入国家也同样存在有限参与问题，英国在 1999 年只有 26.2%的家庭持有股票（Banks et al.，2004），同年日本仅有 25.2%的家庭参与股市（Iwaisako，2009）；意大利在 1998 年的相应数据为 8.9%（Guiso and Jappelli，2005），而瑞典在 2002 年前的股市参与率仅为 6%左右（Calvet et al.，2007）。发展中国家的情况则更为糟糕，印度的交易所调查报告显示，2005 年持有股票的居民家庭仅占 2%。在中国居民家庭的财富中，储蓄一直占据重要地位，2006 年以来高于 50%的平均储蓄率远大于世界平均水平（刘铠豪和刘渝琳，2015），然而中国居民在风险资产市场的参与率却极低且比重失衡（甘犁等，2013）。《中国家庭财富调查报告（2018）》显示，2017 年我国家庭人均财富超过 19 万元，然而金融资产占比却仅为 16.26%，其中股市直接投资比例为 7.0%（路晓蒙等，2017）。

有限参与之谜、投资过度集中、本地股票偏好等金融异象的出现冲击了以理性经济人假设和有效市场假说为基础的传统金融理论（Korniotis and Kumar，2013）。赫伯特·西蒙（Herbert Simon）首次采用行为实验的方法对完全理性假定做出了批判和质疑，并提出"有限理性"假说。西蒙认为，由于人的知识的不完备性和行为的局限性，在现实生活中，人们对信息的掌握、对未来事物预测的准确性及对决策提出的备选方案数量都是有限的。人们不可能如新古典经济学提出的那样充分收集并分析市场信息，按照最有利于自身利益的原则获得最大效用。只能在与自身计算分析能力相容的条件下，利用可获得信息，达到满意的结果。

在"有限理性"假设的基础上，Kahneman 和 Tversky（1979）提出了前景理论（prospect theory），这一理论对决策领域的研究具有重大影响。传统的期望效用理论认为投资者以最终财富量的最大化为目标，而前景理论并不关注财富水平的绝对值，而是聚焦于某一参照点基础上财富的损失（loss）和收益（gain）这一相对变化。参照点的选择具有很大的主观性，不同投资者设置的参照点可能不同，决策者对价值的判断和评估具有不确定性。在决策过程中，人们首先设置一个参照点，然后将各种可能的结果与预设参照点作比较，从而做出最终的决定。价值函数（value function）是前景理论中的一个重要概念，不同于效用函数是一条平滑的曲线，价值函数是一条折线，参照点为其折点。如果投资者的财富水平大于他所设定的参照点的值，那么他的价值函数就是向下凹的（concave）；如果投资者的财富水平小于他所设定的参照点的值，那么他的价值函数就是向上凸的（convex）。这揭示了一种损失厌恶（loss aversion）效应，预期投资营利带给决策者的快乐程度并不能抵消预期投资亏损带来的沮丧，从而导致人们在决策时尽量回避损失。Lopes（1987）提出的风险选择两因素理论与参照点的性质具有异曲同工之妙。该理论被用来分析在不确定性的情况下，决策者的目标和选择之间的关系。首先是目标与安全性之间的关系，厌恶风险的行为个体追求安全系数更高的决策方案，而偏好风险的行为个体则以更具潜力的结果为目标；其次是目标与期望水平之间的关系。不同的投资者的期望水平也是不同的，以变得富有为例，虽然大多数人都想要成为富人，但是每个人对富有的概念和定义与自己的生活环境与生活阶层相关，具有差异性。这里的期望水平实质上就是前景理论中的参照点。从行为心理学角度出发，前景理论和风险两因素理论充分考虑了心理因素在人的决策判断行为过程中的作用，为解释不确定条件下现实世界投资者的决策行为提供了理论依据。

基于前景理论和风险两因素理论，Shefrin 和 Statman（2000）进一步提出行为组合理论，将投资者的投资组合描绘为金字塔似的分层结构。在经典投资组合理论中，研究者通常将各类资产的组合看作一个整体来评估其风险和收益，而在行为框架下，研究者认为投资者并不会从整体层面来看待他们的投资组合，而是分层管理和评价，同时他们对资产的每一层设定不同的目标和风险。以两层金字塔形式的投资组合为例，下层的投资目标在于保障财富水平，避免金融灾难（安全层），而上层的投资则试图进行风险投资获取更大收益（风险层）。证券的收益分布形式不同，为下层保护层设计的证券的最优收益形式不同于为上层设计的最优收益形式。安全层的投资对象多为风险较小的短期国债、大额转让存单、货币市场基金等，风险层的投资对象通常是高风险高收益的股票、彩票等（赵翠霞，2015）。行为组合理论下的投资关心每一层的整体收益形式，但忽视层与层之间的关系。这一分析框架认为投资者的资产组合形式受到如下五个方面因素的影响：第一，投资目标。金字塔各层的投资目标不同，对应的资产配置也不同，随着上行潜力目标权重的增加，分配给风险层的财富占比也会随之增加。第二，投资组合各层的参照点。投资者为每一资产层设定了不同的投资目标，即他为每一层设置的参照点不尽相同，每一资产层的参照点水平越高意味着该层的资产组合为更具增长性和风险性的证券。第三，价值函数的形状。如果某一资产层的价值函数的凹度很大，说明投资者设定的对应收益目标很低，那么相应证券只要稍有获益，投资者就会得到满足，从而将更大比例的预算投资于该类证券。第四，信息的掌握程度。这里的掌握程度包含自信的含义，是指如果投资者主观地认为自己对某些证券信息的了解优于其他投资者，那么他将对此类证券配置更高的财富比重。第五，损失厌恶程度。越害怕投资损失的投资者持有高流动性资产的可能性越大，并且更重视通过投资更多种类的资产达到分散风险的目的。

2.2　家庭投资决策的影响因素

2.2.1　个人及家庭内部因素

2.2.1.1　个人及家庭特征

个人及家庭属性是区分微观投资主体的最基本的也是最直观的特征，是检验自然投资者的金融决策异质性的重要变量。性别作为最基本的个体特征之一，在投资决策中扮演着重要角色（Halko et al.，2012），女性被认为在风险资产投资的概率和持有份额上普遍低于男性（Bajtelsmit et al.，1999；Felton et al.，2003；Almenberg and Dreber，2015）。利用 1989 年美国消费者金融调查数据，Bajtelsmit 等（1999）研究发现，女性在分配固定缴款养老金资产方面更为保守。许多后来的研究得出了类似的结论，如 Charness 和 Gneezy（2012）、Bollen 和 Posavac（2018）。大多数研究将性别对家庭资产配置的影响归结为男女风险态度的差异，认为女性比男性更加厌恶风险（Jianakoplos and Bernasek，1998；Hallahan et al.，2004）。也有研究认为相较于男性，女性不太自信（Barber and Odean，2001），而且更加悲观（Felton et al.，2003；Jacobsen et al.，2014），因此持有风险资产的可能性和投资份额都更低。

经典的生命周期理论认为，在时间可加、效用可分离、收益相同且独立分布和完全市场的假设下，家庭的投资行为只依赖于风险厌恶程度，而具有恒定不变的相对风险厌恶的投资者不会随着投资期限的变动改变其投资组合（Samuelson，1969）。然而，现实中投资者的风险厌恶程度并不是恒定不变的，Morin 和 Suarez（1983）发现随着年龄的增长，家庭的风险厌恶程度不断增加。Bodie 等（1992）在投资组合与消费选择模型中纳入劳动收入弹性，研究发现，年轻人具有更强的劳动收入弹性，能够灵活安排劳动休闲时间，增强了年轻投资者承担风险的能力并降低了风险厌恶程度。因此，与老年人相比，年轻人更有可能投资风险资产。Yoo（1994）利用 1962 年、1983 年、1986 年美国消费者金融调查数据研究了个人一生中的投资组合风险敞口的变化趋势，发现年龄与风险资产配置之间的关系并不是线性的，而是呈倒"U"形分布。一般来说，年轻家庭由于原始积累和工作经验等因素，收入较低，投资风险资产的概率和投资比例都较低；中年家庭拥有长期较高的收入水平，对风险金融市场的投资会越来越多；而随着年龄进一步增大，个体风险厌恶程度增加，加之人力资本逐渐消失，未来预期收入降低，老年家庭更偏好投资于低风险或无风险资产。Fan 和 Zhao（2009）则从健康状况方面解释了年龄对家庭风险资产投资的影响。他们提出，随着年龄的增长，负面健康冲击概率增加，在预防性储蓄动机下，家庭减少风险资产投资，而转向持有更多安全性较高的金融资产。Guiso 等（2000）、McCarthy（2004）、Shum 和 Faig（2006）、Fagereng 等（2017）也发现，家庭对风险资产的持有随年龄变化而呈现"钟"形或"驼峰"形的变动趋势。利用中国数据，李涛（2006）、吴卫星等（2010）、王聪等（2017）也得出了类似的结论。然而，也有文献认为并没有充分的证据表明在家庭投资过程中存在生命周期效应，如 Iwaisako（2009）、吴卫星和齐天翔（2007）。蓝嘉俊等（2018）利用 2013 年中国家庭金融调查数据研究了基于年龄的家庭人口结构对风险资产选择的影响。他们发现，在赡养压力下，老年人口占家庭成员总数的比重上升会降低家庭参与金融市场的概率和所持风险金融资产的比例。

婚姻本身就是一种安全资产（Bertocchi et al.，2011），婚姻不仅有助于个人获得更多的经济资源，而且具有分担劳动收入风险的功能（Haliassos and Bertaut，1995）。有关婚姻对家庭资产配置的影响通常是与性别共同研究的。Lupton 和 Smith（2003）发现单身人士比已婚人士更加厌恶风险，特别是单身女性在分配资产时表现出更为谨慎的态度。根据意大利银行的家庭收入和财富调查数据，Bertocchi 等（2011）分别研究了婚姻对女性和男性的影响，研究发现，相对于单身女性，已婚女性投资风险资产的意愿更强；由于男性的背景风险较低，男性的投资选择则不会因为婚姻状况的改变而有所差别。利用 1997～2003 年的丹麦随机抽样人口数据，Christiansen 等（2015）研究了婚姻状况的变化如何影响男性和女性的经济决策。结果表明，结婚期间的规模经济释放了经济资源，使投资者更有可能支付股票市场的参与成本。女性在婚后投资股票的概率显著增加，离婚后则降低，而男性则表现出相反的投资行为。Love（2010）则从丧偶和离婚这一事件反向研究了婚姻状况对家庭投资决策的影响。他们的研究发现，丧偶导致家庭风险资产投资份额急剧减少。离婚后，男性倾向于持有风险更大的投资组合，而女性则会选择更安全的投资组合。

参与成本被认为是对股市参与之谜的一个重要解释（Vissing-Jørgensen，2003）。Bertaut（1998）重点关注了家庭股票投资所耗费的信息成本。教育恰恰能够降低风险资产投资的信息成本。与受教育水平较低的投资者相比，受教育水平较高的投资者拥有更强的信息收集和信息分析能力，这有利于克服金融信息障碍，降低风险厌恶程度和投资成本（Calvet et al.，2007；肖作平和张欣哲，2012），从而促进风险资产投资。Campbell（2006）、Cole 等（2014）、尹志超等（2014）的研究结果均表明受教育程度与家庭风险资产投资之间具有正相关关系。金融素养作为教育的一个具体层面，近年来成为家庭金融关注的重点。拥有更多金融知识的人风险厌恶程度更低（Dohmen et al.，2010）。早在 2005 年，Guiso 和 Jappelli

（2005）就发现缺乏金融知识是意大利家庭金融市场参与有限的主要原因。丹麦、荷兰、美国、法国、中国等的证据也表明提高金融素养有利于促进家庭投资风险资产（van Rooij et al.，2011；Yoong，2011；Behrman et al.，2012；尹志超等，2015）。Calvet 等（2007）还发现，金融知识水平越高的投资者不仅更有可能参与股市，而且投资方式更高效。同样，认知能力下降也会导致参与成本上升（Christelis et al.，2010），从而影响财务决策。认知能力是指在获取信息后，人的大脑具有对其进行分析加工与储存，并在需要的时候将其提取出来的能力，这反映了人所具备的内在能力（孟亦佳，2014）。除参与成本外，Pak 和 Babiarz（2018）认为认知能力还会通过个体偏好影响家庭资产配置。认知能力降低可能导致异常偏好，如缺乏耐心和损失厌恶，从而扭曲对风险收益的预期，降低风险承担意愿（Browning and Finke，2015）。Grinblatt 等（2011）认为智商在一定程度上能够代表人的认知能力，因此他利用 1982～2001 年居民的智商测试数据和股票登记数据进行研究，发现与智商水平较低的投资者相比，智商水平较高的投资者更倾向于投资股票和基金等风险资产。Bonsang 和 Dohmen（2015）研究发现，年龄增长带来的认知老化能够解释大约 85%的生命末期风险厌恶的增加。

2.2.1.2　背景风险

个人无法控制的并且不能通过金融资产组合配置进行分散的风险称为背景风险。背景风险包括劳动收入风险（Bodie et al.，1992）、企业家收入风险（Heaton and Lucas，2000）、健康风险（Rosen and Wu，2004）、住房风险（Flavin and Yamashita，2002）等。Eichner（2008）重新定义了背景风险在均值-方差框架下的作用，Eichner 和 Wagener（2009）进一步考察了背景风险下投资者的风险承受能力，他们得出结论认为背景风险越大，投资者的风险厌恶程度越高。

人力资本是家庭拥有的一项重要的不可交易资产，人力资本所产生的收入现金流、初期财富、投资收益是影响家庭消费与投资决策的关键因素之一。通过对不同职业性质家庭的分析，Arrondel 和 Masson（2002）发现由于私人部门工资高于公共部门，相较于在公共部门工作的投资者，法国在私人部门工作的投资者更倾向于持有风险资产。进一步地，诸多文献将劳动收入风险按照影响时间的长短分为暂时性收入风险和持久性收入风险，并认为家庭资产配置只会受到持久性收入风险的影响，而不会受到暂时性收入风险的影响（Campbell and Viceira，1998）。通过构造投资选择的动态模型，Viceira（2001）从理论层面检验了持久性劳动收入风险对投资者股市参与的影响。模拟结果表明，随着劳动收入风险的增加，投资者持有风险资产的可能性降低，因此相对于工作期的投资者而言，处于退休期的投资者更不可能进行风险资产投资。Benzoni 和 Chyruk（2009）认为工作期的投资者面临长期劳动收入风险的可能性更大，预期劳动收入现值具有股票的性质，因此工作期的投资者将较少的财富投资于股票；而退休期的投资者不太可能面临长期劳动收入风险，基于人力资本的预期劳动收入现值的股票属性减弱，由于总体风险敞口降低，退休期的投资者反而更愿意并且将更多财富投资于股市。Chen 等（2020）检验了非自愿提前退休所带来的劳动收入风险的影响，被迫提前退休意味着确切的收入损失，接近退休年龄的家庭在人力资本方面面临着巨大的风险。因此，并非如传统研究结论认为所有工作期投资者都比退休期投资者持有更多风险资产，仍在工作但即将退休的投资者持有的风险资产的比重往往低于已退休投资者。也有很多研究考虑了劳动收入风险与风险资产的超额金融收益之间的关系，研究发现，如果两者相互独立或存在正相关关系，家庭持有风险金融资产的可能性和投资比例都将下降（Elmendorf and Kimball，2000）；而当两者存在负相关关系时，家庭对风险金融资产的投资反而会随着劳动收入风险的增大而增加。背景风险还包括了企业家收入风险（Heaton and Lucas，2000）。企业投资也是一种风险投资，因此具有企业家收入风险的家庭可能会通过持有更安全的金融资产组合来降低总体风险，保证企业运行所需的现金流（Heaton and Lucas，2000；Shum and Faig，2006）。

作为人力资本的一个方面，投资者的健康状况不仅影响劳动收入，还关系到情绪、未来医疗支出（Atella et al.，2012）、遗赠动机（Feinstein and Lin，2006）。Rosen 和 Wu（2004）首次将健康引入到投资组合研究中，并利用健康与退休研究（health and retirement study，HRS）进行了实证研究。通过将投资者的健康状况分为从很好到很不好五个等级，Rosen 和 Wu（2004）检验了健康状况如何影响安全资产、债券、风险性资产和退休金账户投资。利用退休与健康研究两次调查期间严重的健康问题（心脏问题、中风、癌症、肺部疾病、糖尿病）作为健康冲击的代理变量，Berkowitz 和 Qiu（2006）进一步检验了健康状况影响家庭投资的机制。研究结果发现，虽然健康冲击对金融资产投资和非金融资产投资都有影响，但是对前者的影响大于对后者的影响。由于金融资产相较于非金融资产具有更高的流动性，健康状况的恶化可能通过医疗支出减少金融资产总量，从而降低家庭进入金融市场和持有各类金融资产的可能性及持有量。Fan 和 Zhao（2009）却发现健康冲击并不会影响金融资产总量，但是会促使家庭将投资从风险资产转向其他金融资产。采用来自北京奥尔多投资咨询中心 2009 年的"投资者行为调查"数据，吴卫星等（2011）研究了投资者的健康状况是否会影响家庭的金融决策行为。他们的研究结果表明，家庭是否投资风险金融资产并不受健康因素的影响，但是家庭持有风险金融资产的占比却受到健康状况的正向影响，如果一个家庭的投资者非常健康，那么该家庭会投资更多风险资产，反之则会降低投资概率和投资比例。

雷晓燕和周月刚（2010）利用中国城市居民的调查数据研究了健康状况对家庭资产配置的影响，结果发现，健康水平对风险金融资产投资具有负向影响，健康状况越差的投资者持有风险金融资产的可能性和持有比例越低，而对安全性较高的住房资产和生产性资产的投资越高。Atella 等（2012）基于客观健康状况和主观自评健康状况多方面衡量投资者的健康水平，考察了投资者健康水平对家庭资产配置的影响。他们发现只有在卫生保险系统覆盖不全面的国家，健康风险才会显著影响投资决策。Goldman 和 Maestas（2013）利用来自健康与退休调查的数据分析发现，医疗保险通过抵消健康状况不佳带来的财务支出风险提高了家庭持股可能性。

除了医疗保险外，获得其他保险，如养老保险等，能够有效缓解不确定性事件包括劳动收入不确定性对家庭的冲击，从而增加家庭应对背景风险的能力，促进风险金融资产投资（Ayyagari and He，2017）。利用 2015 年中国家庭金融调查与研究中心数据，卢亚娟等（2019）采用倾向评分匹配方法研究了社会养老保险与家庭资产配置之间的因果关系。研究发现，社会养老保险通过保险金的发放在一定程度上弥补了投资者在未来退休期的劳动收入缺口，降低收入不确定性，从而提高金融市场参与率。吴洪等（2017）进一步发现社会养老保险对家庭风险资产投资的正向影响在净资产较低的家庭中更为强烈；林靖等（2017）则认为社会保险对家庭风险金融资产投资参与的促进作用在不确定性更大、风险承受能力更强的家庭中表现得更为明显。社会养老保险还会导致居民可支配收入下降，出于目标性储蓄动机，居民可能通过减少风险资产投资来保障既定目标的储蓄量（Samwick，1998）。因此，社会养老保险对家庭资产配置具有收入效应和替代效应双重作用。

住房是家庭财富的重要组成部分，根据来自中国、美国、欧盟 20 国、澳大利亚等 23 个发展中国家和发达国家的数据，Lu 等（2020）发现除美国外，几乎所有国家家庭住房资产占家庭总资产比例都超过 60%。住房的低流动性、可抵押性以及住房价格的不确定性波动从多方面影响着家庭金融投资决策（Chen and Ji，2017），然而有关家庭住房财富对金融资产配置的研究并没有得出一致的结论。Flavin 和 Yamashita（2002）、Pelizzon 和 Weber（2009）认为住房所有权造成的流动性限制会阻碍家庭投资风险资产，并且房产价值的波动性也对家庭股市参与概率和参与深度具有负向影响（Kullmann and Siegel，2005）。拥有住房给家庭带来的房价波动风险和确定性支出风险、大量房屋贷款导致的家庭财务杠杆增加也会挤出风险性金融资产的需求（Fratantoni，1998；Iwaisako，2009）。也有研究发现，住房的可抵押性质能够降低家庭面临的流动性约束，从而提高家庭的风险金融投资参与（Cardak and Wilkins，2009）。通过对两万多户家庭的调查，He 等（2019）检验了住房市场繁荣导致的住房资产快速增值对家庭资产配置的影响。研究发现，家庭住房财富的增加显著促进了家庭参与股票市场并持有更多股票；对于拥有多套住房和一、二线城市的家庭而言，这种正效应更加明显，而对于受限于抵押贷款、信贷约束、低收入和缺乏就业保障的家庭而言，这种促进作用则较弱。Heaton和Lucas（2000）、Chetty和Szeidl（2010）、段军山和崔蒙雪（2016）对比了住房正规贷款和民间贷款对家庭投资决策的异质性影响，发现虽然住房贷款总体上抑制了住房本身对家庭风险资产投资的影响，但银行正规贷款和民间贷款对家庭风险金融投资决策具有相反的影响。银行正规贷款的还款周期较长，在通货膨胀和收入增长的预期下，居民还款压力较小，正规贷款的杠杆效应可以促进风险资产投资；民间贷款的短期还款压力较大，因此民间借款并不能促进甚至会阻碍家庭持有风险金融资产。

2.2.1.3 主观因素

股票市场的高风险性和不确定性是阻碍投资者参与股市的关键因素之一。随着风险厌恶程度的降低，投资者参与风险金融投资的可能性越大，同时也会配置更大比例的风险金融资产（Chiappori et al.，2014）。与投资风险高度相关的是投资损失，相应的损失厌恶也会阻碍家庭投资风险资产。相对于具有标准偏好的家庭，厌恶损失的家庭将少部分财富投资股票甚至完全不持有股票（Dimmock and Kouwenberg，2010）。Ellsberg（1961）认为大多数人都是不确定性厌恶者，对不确定厌恶程度越高的投资者参与股市的可能性越低（Bossaerts et al.，2010）。行为金融学进一步放松了理性人假设，并将心理因素纳入投资组合的研究中。过度自信的个人可能低估金融市场中的风险，对自己的投资能力表现出过于乐观的态度（Kinari，2016）。通过构造金融知识的过度自信指标，Xia等（2014）发现过度自信促进了股市参与。利用来自 Cognitive Economics 的数据，Pak 和 Chatterjee（2016）发现投资者对自己金融知识能力的认知表现出的过度自信随着年龄的增长而提高，这在一定程度上解释了老年人持有股票的原因。投资者对金融市场的乐观预期同样会影响他们的风险厌恶程度（Hardeweg et al.，2013），快乐情绪会促进风险资产投资（Rao et al.，2016）。近年来，价值观逐渐进入了家庭金融研究视野。利用1995～2002年的政治投票数据和个人直接持股信息，Kaustia 和 Torstila（2011）研究了政治价值观对金融投资决策的影响，发现左翼政治偏好与股市参与之间有着显著的负相关关系。饶育蕾等（2012）利用中国数据也发现个人主义价值观提高了投资者的风险厌恶程度和对即时收益的偏好。人格特质是一种相对持久的思维、情感和行为模式（Roberts，2009），心理学通常将其分为严谨性、外向性、顺同性、开放性和神经质，简称为"大五"人格特征。Brown 和 Taylor（2014）首次将人格特征引入到家庭金融领域，并发现顺同性特征不利于股市参与，而开放性特征促进股市参与。利用中国家庭追踪调查数据，李涛和张文韬（2015）分析了"大五"维度下14个细分维度的人格特征对家庭风险金融投资决策的影响。结果表明，开放性人格特质有利于促进家庭股票投资。

2.2.1.4　其他因素

个人生活经历会对人格特质的塑造、风险认知、个人偏好和信念产生长期影响（Kendler et al.，2002；Hoff and Stiglitz，2016），从而影响个体的经济决策。利用1964～2004年消费者金融调查数据，Malmendier 和 Nagel（2011）研究了宏观冲击的经历对个体投资决策的影响。他们发现，经历过高股市回报的群体风险厌恶程度较低，更有可能参与股市并且将更大比例的财富投资于股票；而经历过高通胀的人群不太可能持有债券。创伤经历如自然灾害、失去亲人等导致投资者的风险厌恶程度提高，从而阻碍其投资风险资产（陈永伟和陈立中，2016）。江静琳等（2018）认为人的人格特质由早期成长经历所塑造，人格特质具有稳定性，因此会长期影响其决策行为。他们的研究发现，农村成长经历降低了投资者的股市参与概率。周广肃等（2020）检验了上山下乡经历在家庭金融资产选择决策中的作用，他们发现上山下乡经历通过提高个体风险偏好和投资能力促进了风险资产投资。与兄弟姐妹的社会互动、资源竞争以及共同合作有助于提高个人的信任水平和风险偏好程度，因此相对于户主有兄弟姐妹的家庭，户主为独生子女的家庭往往更不可能参与股票投资，并且配置更少的股票资产（Cameron et al.，2013；陈刚，2019）

社会关系和社会互动通过风险共担（Munshi and Rosenzweig，2010）、信息传递（Hong et al.，2004）、减少机会主义等途径影响着家庭资产配置。Hong 等（2004）首次在家庭股市投资行为的研究中考虑社会互动因素的影响，发现随着社会互动程度的提高，家庭参与股市概率也相应提高。社会互动可以划分为内生互动和情景互动。内生互动主要通过三种机制推动风险资产投资：通过口头信息交流或观察性学习降低参与股票市场的信息成本；通过交流有关股票投资的共同话题提高参与股市的积极性；他人行为导致个体产生从众心理和比较心理从而促使个体投资股市（周铭山等，2011）。情景互动则通过示范群体效应影响个体投资决策。利用2011年中国家庭金融调查数据，朱光伟等（2014）研究了中国特有的"关系"对家庭股市投资决策的影响。研究结果表明，"关系"越多的家庭股市参与广度和参与深度越大。利用来自越南的个人金融决策的实地实验数据，Tanaka 等（2010）发现社会关系网络显著降低个体的风险厌恶程度和不确定性规避。与社会互动密切相关的社会信任在家庭投资决策中也发挥着不可忽视的作用。股票实质上是投资者与发行者之间签订的一种金融合同，与非金融合同相比，股票对信任水平的要求更高（Guiso et al.，2004）。信任通过股票投资预期收益的实现概率和实现数额影响家庭股市参与（李涛，2006）。Guiso 等（2004，2008）认为随着信任程度的提高，投资者对与之签订股票合同的其他参与方不会侵夺其未来股票收益的信念也会增强。他们基于意大利与荷兰数据的实证研究同样发现信任水平更高的投资者持有风险资产的概率和持有份额都更高。

2.2.2 外部环境因素

除了个人和家庭特征，家庭金融投资决策还会受到宏观政策、经济发展、金融体系等外部环境中外生变量的影响。

投资者的风险态度随着宏观经济状况和金融市场重大事件的发生而改变（Guiso et al.，2018）。Hoffmann 等（2013）以荷兰为例的研究发现，投资者在金融危机期间的风险认知波动很大，但并不会降低投资组合的总体风险敞口。利用1998~2012 年英国、法国、德国、日本、荷兰、瑞典、挪威、丹麦、意大利、瑞士、加拿大、澳大利亚和新西兰等 13 个发达国家的住户调查数据，Apergis（2015）研究了商业周期对投资决策的影响。结果表明，商业周期对资产配置具有非线性影响，在经济下行阶段，投资者倾向于减少风险资产份额，但在经济上行阶段却不会增加风险资产投资。然而，Nofsinger（2012）认为家庭在经济繁荣期往往增加风险资产投资，在萧条期则倾向于低价出售资产以偿还债务，持有更多安全性更高的资产。

经济预期反映了家庭对于经济走势的基本判断，从而影响家庭的投资意愿，而宏观经济政策是家庭经济预期的基础。扩张性货币政策通过提高货币供应增长速度刺激需求，影响居民的消费决策，从而促进家庭改变投资组合（郭新强等，2013）。利用 2003 年第 1 季度至 2014 年第 1 季度期间的时间序列数据，徐梅和于慧君（2015）通过 GARCH（generalized autoregressive conditional heteroskedasticity，广义自回归条件异方差）模型检验了货币政策对家庭投资决策的影响，发现货币政策的实行会持续影响家庭金融资产投资意愿。Domar 和 Musgrave（1944）首次将个人所得税引入到家庭资产配置研究中，并提出税收在降低投资收益率的同时也降低了投资风险，因为通过向个人征税，政府实际上起到了分担风险的作用。Elmendorf 和 Kimball（2000）也认为，劳动收入风险和金融产品非系统风险之间具有此消彼长的关系，个税制度事实上为劳动收入提供了一种隐式保险，预期税负增加通过减小收入波动、降低收入风险，促进投资者持有更大比例的风险资产。Poterba 和 Samwick（2003）利用美国消费金融调查在 1983 年、1989 年、1992 年、1995 年的调查数据研究发现，边际税率越高的家庭越倾向于投资税收优惠产品，如公开交易股票、免税债券等。Stepheens 和 Ward-Batts（2004）在对 1990 年英国税制改革效果的研究中发现，家庭纳税申报人的可选择性拓宽了家庭金融产品的选择面，夫妻双方选择边际税率较低的一方对投资收益进行申报纳税有利于降低家庭总边际税率。

金融发展有效地缓解了信贷约束、降低了信息成本和交易成本、拓宽了投资渠道。Antzoulatos 和 Tsoumas（2010）基于西班牙、美国和英国的数据研究发现，虽然短期中家庭金融投资决策由资产的收益率决定，而与金融发展无关，但是长期是会受到金融发展的影响的。金融的发展还意味着家庭可以获得更多金融服务。金融可得性是指投资者是否能够获得金融资源和金融服务，尹志超等（2015）认为居住地一定范围内的银行数量可以作为金融可得性的衡量指标，金融可得性越高，家庭参与正规金融市场的概率越大，同时还会降低对非正规金融市场的投资。王燕和高玉强（2018）在以家庭拥有信用卡和活期存款账户的数据衡量家庭享受到的银行类金融服务的研究中也得到了相似结论。作为金融交易的一种新形式，互联网促进了线上金融的发展，降低了金融市场参与成本。Choi 等（2002）发现互联网交易方式显著提高了交易频率。Liang 和 Guo（2015）利用中国家庭样本，考察了社会互动对中国股市参与的信息效应和社会乘数效应。研究结果表明，作为信息搜集和传播渠道，互联网接入显著促进了家庭参与股市，并在一定程度上替代了社会互动的作用。周广肃和梁琪（2018）研究发现互联网在信息传递范围和传递速度上的优势有利于降低股市参与成本、增强社会互动，从而对家庭风险金融资产投资具有积极的促进作用，并且这种正向影响在收入水平较高群体、受教育程度较高群体以及非农业户口群体中更为强烈。

2.3　户籍身份差异的社会影响

2.3.1　劳动力市场户籍歧视

我国的户籍制度经历了从改革开放前严格限制人口自由流动到改革开放后逐步放松人口迁移限制的过程。改革开放以来，随着市场经济的发展，城市劳动力需求增加，农村居民逐渐被允许进入城市，以农民工的身份在城市实现非农就业（孙婧芳，2017）。截至 2018 年，全国农民工总量达到 28 836 万人，超过中国就业人员的 1/3[①]。然而，在二元户籍制度的影响下，城市劳动力市场存在严重分割，包括部门分割（Démurger et al.，2009）、行业分割（陈钊等，2009）、岗位分割（Yang and Guo，1996）等，农村流动人口在城市劳动力市场上受到就业机会、就业待遇以及社会保障方面的差别对待。与城镇职工相比，农村流

---

① 根据《2018 年农民工监测调查报告》和《中国人口和就业统计年鉴 2019》数据计算得到。

动人口更不容易进入高端行业（陈钊等，2009；程诚和边燕杰，2014），更多集中于建筑业、制造业、住宿餐饮业、批发零售业、居民服务以及其他服务行业（李实和邢春冰，2016）。张书博和曹信邦（2017）对城乡就业人员在正规行业与非正规行业的就业差异进行了研究。基于 2013 年度中国综合社会调查数据（Chinese general social survey，CGSS），并利用倾向值匹配法处理人力资本方面差异导致的内生性偏误，研究发现相对于农业户口身份的就业人员，非农业户口身份的就业人员从事正规行业企业工作的可能性高出 13 个百分点（吴贾等，2015；章莉等，2016；Ma，2018）。

工资差别与就业机会差别并存，大部分在城市就业的乡—城流动人口的工资水平较低（孙宁华等，2009）。蔡昉等（2020）认为，城乡工人工资差距的 76% 可由城乡户籍歧视解释。谢嗣胜和姚先国（2006）通过对 2003～2004 年浙江省从业者调查数据的研究发现，城镇职工与农民工收入水平具有较大差异，其中超过50%的差异占比来源于户籍歧视，在邓曲恒（2007）基于中国社会科学院 2002 年的 CHIP①数据的研究中，这一比值提高到 60%。有研究认为户籍歧视导致的收入差异有所下降。赵海涛（2015）基于 2002 年和 2007 年 CHIP 数据的对比研究发现，中国城镇劳动力市场上由户籍歧视导致的收入差异从 26.50%下降到 5.57%，下降幅度超过 20 个百分点。利用 Oaxaca-Blinder 分解、Cotton 分解和 Neumark 分解方法，湛文婷和李昭华（2015）基于 2000～2011 年的中国健康与营养调查（China health and nutrition survey，CHNS）数据考察了户籍制度对居民工资收入水平差异的影响。研究结果显示，由户籍歧视引起的城镇职工和农民工的工资差异在 11 年间下降了 3.62 个百分点。基于 2002 年和 2018 年 CHIP 和 Appleton 分解方法，研究发现，户籍歧视对城镇职工和农民工进入特定行业和特定所有制企业同样具有不平衡的影响，这一影响对二者收入水平差距的贡献分别由 2002 年的 2.96% 和 0.79%上升到了 2008 年的 7.57%和 65.00%。农村流动人口所在行业通常工作时间长、工作强度大且工资水平低（于镇嘉和李实，2018）。

2.3.2 二元社会保障体系

从制度本身来看，户籍制度和社会保障相互独立，不存在交叉和重合，但二元化的社会治理模式使得社会保障附着在户籍制度之上。城乡分割的户籍制度，导致我国社会保障呈现出城乡"剪刀差"和政策"碎片化"特征。Lee（2012）在考察户籍差别对城乡工人工资差距的影响时考虑了奖金和保险因素。他发现，加上奖金和保险后，城镇职工与农民工之间的工资差异将扩大 18%。这一

---

① CHIP 为中国家庭收入调查（Chinese household income project survey）的简称。

研究揭示了我国户籍制度导致社会保障体系的二元分割。二元式社会保障制度主要体现在城市社会保障体系比较健全，包含医疗、养老、工伤、失业、生育、住房等一套完整的保障，而农村社会保障体系的保障项目少、保障水平低，目前主要包括农村养老保险和新型农村合作医疗保险。特别是进城务工的农村人口经常处于社会保障之外。以医疗保险为例，我国目前的医疗保障体系呈现多元分割特征，包括面向城镇就业人员的城镇职工医疗保险、面向未就业人员和学生的城镇居民医疗保险及面向农村居民的新型农村合作医疗保险。城市职工医疗保险的筹资水平和报销比例均高于城乡居民医疗保险和新型农村合作医疗保险（申曙光，2014）。由于农村流动人口人力资本水平低，议价能力弱（van Ginneken，1999），雇主为控制劳动成本从而逃避为其缴纳和提高社会保险费用，同时流动人口本身为获取更高的即时报酬自愿放弃社会保险，从而导致流动人口整体参与城市社会保障体系的比例低。与此同时，由于我国社会保障制度具有属地性、碎片化、地方财政分灶吃饭的特征（杨翠迎和汪润泉，2016），城乡医疗保险制度间转移接续政策缺失，在城务工农村流动人口往往处于社会保障的空白地带。

2.3.3　户籍身份对家庭经济决策的影响

从户籍制度对家庭经济行为的影响来看，张路等（2016）基于 2013 年中国家庭金融调查数据的研究发现，与当地居民相比，外地迁入家庭对产权房的拥有在时间上会更晚，如果这些家庭无法获得当地城市户籍，其对自有住房的需求会显著降低。利用 2012 年和 2013 年中国综合社会调查数据，王慕文和卢二坡（2017）考察了户籍身份对家庭资产配置的影响。研究结果显示，城市户籍居民家庭参与金融投资的意愿显著高于农业户口居民家庭。他们还通过交互项检验发现，拥有城市户籍的居民家庭社会资本积累更高，无论是与亲戚间的"强联系"还是与朋友间的"弱联系"都显著促进了居民家庭特别是持有农业户口的居民家庭参与金融投资的概率。在借贷约束条件下，李伟男（2019）利用 2014 年中国家庭追踪调查数据检验了户籍制度对家庭资产配置决策的影响。结果显示，农业户口身份居民家庭面临更大的借贷约束，从而导致其参与股票等风险金融资产投资和商业保险投资的概率与投资比例都更低。纪祥裕和卢万青（2017）则同时从本地户籍与外地户籍、非农业户口与农业户口两方面共同考察了户籍属性对家庭资产配置决策的影响。从资产的流动性来看，拥有本地户籍的居民家庭更有可能购买自有住房和参与风险金融资产投资；从资产的风险性来看，持有农业户口则会降低家庭风险资产的投资倾向。

2.4 性别差异的产生与影响

2.4.1 性别差异的起源与发展

性别差异起源于生理差异导致的男女两性在家庭和社会中承担不同的角色。利用前工业社会民族志数据资料，Alesina 等（2013）考察了历史上犁耕这一传统农业生产方式对当今世界不同民族、不同国家的男女性别态度及女性劳动参与率的影响。研究发现，犁耕农业生产方式显著扩大了性别差异，同时降低了当地的女性劳动参与率、女性企业主数量以及女性政治参与度。性别差异程度越高，女孩塑造个人生活的机会越少，这反过来又进一步加剧劳动力市场在参与、赋权和生育等方面的结构性不平等（de Looze et al.，2019）。

Seguino（2000）、Oostendorp（2009）、Kis-Katos 等（2018）认为经济发展和全球化有利于加速实现两性平等。然而，事实却是世界在实现性别平等方面的进展正在放缓（联合国开发计划署，2019），发达国家和发展中国家在改善两性平等方面都出现了停滞与倒退（Klasen，2020）。性别差异不仅持续存在，而且由于两性在受教育水平、从事行业和职业岗位方面的差异，性别差异以新的形式出现，如职业和部门隔离（World Bank，2011；Borrowman and Klasen，2019）。过去几十年，虽然经济发展水平不断提高，但是文化创新和政治经济制度改革进展缓慢，发展中国家女性弱势的性别差异问题依然严峻。在印度，女性劳动参与率偏低，男性参与工作的可能性是女性的三倍（Jayachandran，2015）。在撒哈拉沙漠以南的非洲地区、南亚、中东和北非，妇女仍然面临许多限制和不平等待遇（World Bank，2019）。同样，在美国等发达国家，女性劳动参与率的提高并未打破职业和行业壁垒（Blau and Kahn，2017），在劳动力市场中男性往往是职业中心和生产主力，女性一直从事非主流职业，作为辅助劳动力和廉价劳动力而被边缘化，在职位晋升中遭遇"玻璃天花板"问题。

随着一系列制度和社会规范的改革，如 1950 年颁布的《中华人民共和国婚姻法》和后来的独生子女政策，女性的生活处境和福利状况有了显著改善，女性开始走出家门，接受教育并参加劳动，这在一定程度上促进了两性平等。住房资产在中国家庭拥有的财富中占有相当大的份额；然而，大多数家庭中丈夫（男性）为房主（Fincher，2014），只有 37.9%的女性拥有房屋产权（包括与丈夫共同持有房产）（Deng et al.，2019）。财产权的分配不均在一定程度上降低了妇女的家庭地位和社会地位。中国 2019 年性别差距指数为 0.676，在 153 个国家中仅排名第 106。

2.4.2 金融资产投资的性别差异

诸多研究发现，男性和女性在投资决策上表现出明显差异。利用 1989 年消费者金融调查数据，Bajtelsmit 等（1999）发现，妇女在配置固定缴款养老金时表现更为保守。之后的许多研究都得出了与此相似的结论，包括 Charness 和 Gneezy（2012）、Halko 等（2012）、Bollen 和 Posavac（2018）。Barber 和 Odean（2001）认为女性由于缺乏自信投资更为谨慎。Felton 等（2003）与 Jacobsen 等（2014）认为女性对未来股市表现比男性更悲观，从而在进行资产配置时持有更低比例的风险资产。更多的研究则将投资行为的性别差异归因于女性比男性更加厌恶风险。Hallahan 等（2004）提出性别是风险承受能力的重要决定因素，女性在驾驶、体育、职业、健康和个人理财等所有领域的风险承受能力都低于男性（Dohmen et al., 2011）。然而，Grable 和 Joo（1999）认为并没有足够的证据支持性别是金融风险容忍度的显著预测因子，男女风险偏好的差异是男女面临不同约束或社会环境的结果，而不是生物性别差异的反映。Zhao 等（2011）利用中国开放式基金行业数据的研究同样发现，风险倾向不存在显著的性别差异。基于加纳 2010 年的资产和财富调查数据（性别资产差距项目的一部分），Hillesland（2019）以资产配置为着眼点，考察了性别风险偏好差异。研究结果发现，男性和女性之间并不存在系统性风险偏好差异，男性并不一定天生就比女性更愿意冒险。Wang 等（2018）认为金融市场的性别差异可能对文化敏感。在西方，男性比女性更愿意参加竞争（Niederle and Vesterlund，2007），但 Zhang（2018）的研究结果表明，中国汉族女性与男性一样愿意竞争，这表明两性在某些特质上的差异受到社会环境的影响。此外，有证据表明，金融知识、受教育程度可以在很大程度上解释冒险倾向的性别差异（Cupples et al.，2013；Almenberg and Dreber，2015）。Almenberg 和 Dreber（2015）的研究发现，如果考虑社会人口和经济特征，风险承受能力的性别差异将消失。这一研究结论也从一个侧面说明，两性在风险偏好上的差异是由于社会环境导致接受教育、获取金融知识的机会不同，而并非生理意义上原因导致的。

2.4.3 性别差异对家庭经济决策的影响

目前，鲜有文献研究性别差异的社会经济影响。吴晓瑜和李力行（2011）从性别偏好视角研究了中国男孩性别偏好对已婚妇女家庭地位的影响。研究发现，妇女生育男孩能够提高其家庭内部议价能力，从而提高妇女对家庭资源分配的决策力。与性别差异紧密相关的一个概念是性别失衡。男女性别比例的上升导致婚姻市场出现婚姻挤压现象，即适婚男性人数多于女性人数，增大男性搜寻匹配结婚对象的困难。为了在婚姻市场上取得优势地位，男性或养育男孩的家庭往往提前进行储蓄。女性或养育女孩的家庭可能预期未来丈夫的高储蓄而降低自身储蓄，也可能为争取更大的家庭话语权而增加储蓄。因此适婚年龄男女性别失衡越严重，社会整体储蓄率可能上升越大（Wei and Zhang，2011）。Wei 和 Zhang（2011）通过分城乡的研究结论发现，性别失衡对家庭储蓄率提高具有较强的解释力，对农村和城镇家庭储蓄增加的解释力度分别达到68%和18%。在信息不对称的情况下，养育女孩的家庭还通过观察男方家庭的商品住房来判断男方家庭的经济实力，从而做出是否与男方结婚的决策。因此，性别失衡还会导致房价攀升，进一步提高男方家庭的储蓄率。利用 2013～2017 年中国家庭金融调查数据，魏下海和万江滔（2020）研究发现，性别失衡会通过婚姻市场中男女双方受到的婚姻挤压影响家庭的风险偏好。由于住房是一种外显性的地位商品，可以在婚姻市场释放男孩家庭财富水平佳、具有负担住房能力的高质量信号。因此，男孩家庭投资住房资产的可能性随着性别失衡的加剧而提高，在住房的挤出效应下，这类家庭对高风险的金融资产的投资减少。

2.5 数字不对等的相关研究

数字技术发展对于社会经济的各个方向均产生了深远影响，与此同时，不同群体间对于数字技术的利用能力差异及其经济影响也吸引了众多学者的目光，本节将主要梳理数字不对等的界定、数字不对等的影响因素以及数字不对等与家庭风险金融投资参与三个方面的既有研究。

2.5.1 数字不对等的界定

数字不对等简单而言可表现为"一级数字鸿沟"和"二级数字鸿沟"两种形式（Attewell，2001）。其中，"一级数字鸿沟"指互联网接入差异导致的不对等，而"二级数字鸿沟"则主要指不同群体利用互联网能力差异所带来的不对等。DiMaggio 和 Hargittai（2001）将"二级数字鸿沟"进一步拓展为群体间在应用设备、应用主动性、应用能力、应用目的和支持条件等五个方面存在的数字不对等。邱泽奇等（2016）则将群体间数字应用差异定义为技能、设备、应用方式和应用目的等四个方面，并认为这导致了一种新型的机会不平衡。总体而言，关于研究总体上较多按照数字不对等的发展阶段对其进行区分，划分为接入不对等和应用不对等两个方向以探讨数字使用者与未使用者的差异及使用者内部差异（DiMaggio et al.，2001）。

2.5.2　数字不对等的影响因素

研究提出，不同群体对于互联网等新兴技术的接入机会和利用能力具有显著差异，使得互联网等新兴技术的推广给不同群体带来的经济收益并不相同（DiMaggio and Hargittai，2001；Bonfadelli，2002；DiMaggio and Bonikowski，2008；邱泽奇等，2016）。例如，赫国胜和柳如眉（2015）的研究发现人口老龄化的持续推进会使得老龄人口资产占全社会资产的比重不断攀升，但数字应用能力的缺乏使得老龄人口难以利用金融互联网进行投资活动。此外，也有部分研究聚焦于居民受教育水平对于其数字接入水平和数字应用能力的影响。Bonfadelli（2002）的研究发现，教育水平在显著提高了居民接入互联网概率的同时，也提高了其使用互联网搜寻信息的积极性，而低教育水平的居民更多利用互联网进行娱乐活动。李升（2006）的研究发现随着居民学历水平提高，其使用电子邮件、电脑和手机的概率均显著提高。

2.5.3　数字不对等与家庭金融投资参与

目前，学界关于数字不对等与家庭风险金融投资参与的相关研究主要还停留在接入不对等即信息工具接入上存在的差异对于家庭风险金融投资参与决策的影响。Bogan（2008）的研究认为，互联网的出现降低了家庭参与股票市场的交易摩擦，并因此使得使用互联网的家庭较不使用互联网的家庭更多地参与股票市场。周广肃和梁琪（2018）则关注于互联网这一新兴信息传递和投资渠道对我国家庭风险金融投资参与的影响，提出互联网接入有助于降低家庭进行风险金融市场投资活动的市场摩擦，提高家庭对于风险金融市场的参与积极性。

2.6　健康不均等的相关研究

健康是人类的基本可行能力，是人类自由的基础（Sen，2002）。与社会经济地位相关的健康不均等是指具有不同社会经济特征的群体在健康状况方面的差异，几乎所有社会都普遍存在亲富人的健康分层现象，即社会经济地位较高的群体的平均健康状况要好于社会经济地位较低的群体（van Doorslaer et al.，1997；解垩，2009；黄潇，2012）。目前关于健康不均等的研究领域主要集中在社会学领域，关于健康不均等的研究内容主要集中在测度分析和影响因素分析上。

2.6.1 健康不均等的测度

健康的衡量指标主要包括出生率、死亡率、患病率、预期寿命、生活质量、自评健康等。现有研究根据以上指标利用洛伦兹曲线法、基尼系数法、健康集中指数法、对数标准差法、达尔顿法、阿特金森法、Erreygers 指数法、熵指数法、主成分分析法等对个体间、群体间、区域间的健康不均等进行测度（黄潇，2012），而目前用得比较多的是健康集中指数法。通过对国家层面的健康不均等的测度，van Doorslaer 等（1997）发现样本国家都存在亲富人的健康不均等。同样，基于中国数据的研究也得到同样的结论。胡琳琳（2005）利用 2003 年第三次国家卫生服务调查数据计算了全国各区县的健康集中指数，计算结果表明，中国的健康不均等现象比较严重，在世界各国中处于中高水平，并且各地区之间存在较大差异。解垩（2009）、陈东和张郁杨（2015）认为健康不均等程度在城市地区、沿海地区更加严重。

2.6.2 健康不均等的影响因素

现有文献关于健康不均等的影响因素分析更多是将健康状况作为被解释变量，从个体特征和社会经济因素方面进行研究。孙猛和芦晓珊（2019）的研究结果表明收入是影响健康水平的重要因素，收入差距扩大不仅会导致不同收入人群对健康投资差异，还会影响公共医疗资源的供给，从而加剧健康不均等。医疗保险制度通过降低低收入人群未来支出的不确定性、增加其对医疗资源和医疗服务的利用（Bai and Wu，2014），提高低收入人群的健康水平从而降低健康不均等程度，但同时，在医疗保险制度不完善、医疗卫生资源分布不均的情况下，医疗保险制度也可能由于"穷人补贴富人"效应而提高健康不均等程度（Wagstaff et al.，2009）。教育水平提高既可能降低健康不均等程度（Conti et al.，2010），也可能强化健康不均等（Yiengprugsawan et al.，2010）。不同社会经济地位人群面临的社会压力以及应对能力差异也会加剧健康不均等。社会压力源在低社会经济地位人群中暴露程度较高，且这一群体缺乏有效应对社会压力的资源和措施，从而健康受到的不利影响更大（Pearlin，1999）。

从时间动态变化来看，健康不均等既可能存在收敛趋势也可能存在累积优势导致的发散趋势。一般而言，健康是一个累积过程，即初始健康状况好的人会越来越好，而初始健康状况差的人会越来越差，这种现象被称为累积优势假定（Lowry and Xie，2009）。但有研究发现，随着年龄的增长，健康不均等程度降低，即收敛假定（郑莉和曾旭晖，2016）。究其原因，一方面是在生存选择效应的作用下，健康状况差的人首先被淘汰，存活下来的个体健康状况差异不大；另一方面是步入老年期，人们在心理支持缺失方面差异较小，从而降低健康不均等程度。也有研究基于健康不均等指标，利用 Shapley 值分解、Oaxaca 分解、线性分解等方法测量各因素对健康不均等的贡献度。王洪亮等（2018）通过对衡量健康不均等的 Erreygers 指数的分解发现，收入增长效应、收入分布效应以及收入流动效应能够显著减弱健康不均等程度。

关于社会经济地位影响健康状况还是健康状况影响社会经济地位的问题，目前学术界主要存在两种解释理论：社会因果论和健康选择论，但关于这两种理论的探讨并未得出一致结论。一些学者认为处于更高社会经济地位的人能够获得更多社会资源、更良好的生活环境和工作环境，因此获得良好健康水平的概率更大（社会因果论）；而另一些学者则认为健康是人们进行工作、学习以及其他社会活动的基本条件，良好的健康状况有利于促进个人向上流动以获得更高的社会经济地位（健康选择论）（Dahl，1996）。

2.7　文献述评

本章从风险金融投资参与角度对家庭资产组合的经典理论和发展，以及基于影响投资者金融市场参与和金融资产配置决策因素的实证研究进行了全面梳理，并概述了户籍身份差异、性别差异、数字不对等、健康不均等的相关研究。通过逐步放松理论假设，家庭风险金融投资相关研究已形成以跨期消费效用最大化为目标，在生命周期模型下进行风险资产投资决策的研究范式。随着股市有限参与之谜的提出，相关文献从理论研究全面转向实证研究，致力于从微观个体和家庭特征以及宏观经济、金融环境角度破解有限参与之谜。相较于经济相关的宏观层面的分析，社会相关特别是基于不同群体在社会属性差异方面的宏观研究较为缺乏。针对现有研究的不足以及可能的研究方向，本书主要归纳出以下几个方面。

国内外现有文献在关于家庭投资决策的异质性的解释上更偏重微观研究，而基于宏观视角的分析比较缺乏。微观层面主要从个人的性别、年龄、婚姻、种族、受教育程度、工作状态以及家庭的人均收入、财富、内部人口结构等对自然人投资者的决策行为进行翔实的分析；宏观层面的研究还局限于与经济相关的经济周期、金融危机、金融发展、通货膨胀、货币政策、财政政策等。单一的微观因素研究难以从政策层面提出解决存在的有限参与及投资结构单一问题，将宏观因素与微观行为相结合的研究有助于为政府相关部门提供政策依据，基于对宏观问题的解决能够有效促进家庭资产配置的优化。此外，我国幅员辽阔，地区之间在社会、经济、文化甚至制度方面存在不同程度的差异，大多数研究忽视了地区特征对行为主体的投资决策的影响。对此，本书以多维不平衡这一与社会相关的宏观因素为切入点，从群体资源占有差异以及由此导致的地区不平衡环境两方面，深入剖析社会不平衡，包括户籍身份差异、性别差异、健康不均等，对家庭风险金融投资参与的影响及其作用机制。

关于社会不平衡的研究，现有文献主要集中于对资源占有不平衡的个体之间的差异的分析，缺乏从宏观全局视角探究社会不平衡这一客观事实对微观经济活动主体的影响。

第一，就户籍制度的相关研究而言，部分学者已经关注到户籍身份差异的经济影响，目前的相关研究更多关注的是劳动力市场、社会保障等方面的户籍歧视，以及教育等公共资源依据户籍制度的差别化分配，但鲜有关注户籍身份差异在家庭金融投资行为中的作用。仅有的少数文献也仅仅是将投资者的户籍身份简单作为一个控制变量纳入资产组合的分析，尤其缺乏对户籍身份差异影响家庭金融投资行为背后的机制渠道的深入探讨。户籍身份差异是否对投资者的资产选择行为存在影响？如果存在影响，那么户籍身份差异居民资产配置的内在传导机制是什么？在长期的户籍隔离管理模式下，传统的婚姻"门当户对"要求又会对居民的资产配置产生怎样的影响？新一轮以剥离附着于户籍之上的社会福利与公共服务为目标的户籍制度改革又将怎样影响投资者行为？针对现有研究不足以及上述问题的提出，本书依托现有中国家庭调查数据分析户籍身份差异对家庭风险金融资产配置的微观经济效应。

第二，就性别差异的研究而言，现有文献倾向于将两性在受教育程度、劳动力市场中的表现以及其他方面的差异作为一种结果进行研究，分析现象的存在性以及造成这一现象的原因，鲜有研究将性别差异作为一个已知事实，探讨其社会经济影响。此外，在少数考察性别差异对居民家庭经济行为的影响研究中，已有文献偏重研究性别失衡对家庭储蓄行为的影响，以及研究两性投资行为差异，缺乏对性别差异影响家庭资产配置的相关探讨。因此，有必要从文化层面而不是个体层面研究性别差异对家庭风险金融资产投资的影响，并深入探讨其作用渠道，以及不同群体面临性别差异的投资行为差异。

第三，学界目前关于数字不对等与家庭风险金融投资参与的探讨主要停留于接入不对等的探讨之上，即互联网接入与否对于家庭风险金融投资参与概率和参与深度的影响分析，鲜有研究涉及应用不对等对于家庭风险金融投资参与决策的影响探讨。本书则将数字应用不对等纳入家庭风险金融投资参与的分析框架，利用不确定收益下投资组合模型详尽分析数字应用水平对于家庭风险金融投资参与决策影响机制。同时从应用能力、应用目的和应用设备三个方向综合衡量家庭数字应用水平，将其与数字接入水平一道纳入数字不对等与家庭风险金融投资参与的实证机制检验中，对家庭风险金融投资参与决策影响因素这一研究领域提供了有益补充。

第四，现有对健康不均等的研究，多是从将健康不均等作为一种社会或经济结果这一视角展开的，在社会学领域、医学领域研究较多，重在考察健康不均等在不同区域、不同年龄群体、不同社会经济地位群体中的存在性和差异，以及有关健康不均等的影响因素分析。从经济学角度对健康不均等的宏微观影响展开研究的文献非常少。基于此，本书在前人研究的基础上，从理论层面剖析健康不均等影响家庭风险金融投资参与的作用机理；以中国家庭微观调查数据为依托，以受访者所在区县为样本区域，测度我国不同地区健康不均等现状，就健康不均等与家庭风险金融资产投资之间是否存在因果关系、具体影响渠道以及这一因果影响在不同家庭中的异质性进行系统深入的实证研究。

2.8　本章小结

本章基于理论假设的演化和投资周期的设定变化，首先对经典资产组合理论及其发展进行了回顾和详细介绍，包括均值-方差理论、两基金分离定理、资本资产定价模型、套利定价模型、前景理论、风险选择两因素理论以及行为组合理论。其次，针对家庭资产组合的影响因素，以家庭为中心，系统梳理了家庭内部和家庭外部因素的相关文献，为本书在接下来的理论机制分析提供基础。最后，基于社会不平衡，分别回顾了户籍身份差异、性别差异、数字不对等以及健康不均等的相关研究。通过对现有文献的回顾、梳理与评述，进一步明晰了本书的研究问题和方向。

3 中国家庭金融投资参与状况

本章将利用中国家庭金融调查与研究中心于 2017 年开展的中国家庭金融调查相关数据，从区域特征和家庭特征视角切入，考察与分析我国家庭在资产结构和金融市场参与上的特征差异，初步分析我国家庭风险金融投资参与状况。

3.1 中国家庭资产结构状况描述

3.1.1 中国家庭资产结构的区域特征

本节将利用 2017 年中国家庭金融调查相关数据，从省区市分布、城乡分布、东中西区域分布与南北区域分布等角度，对我国家庭资产结构的空间特征展开状况描述。在进行总体描述时，本书按照其家庭权重进行了调整处理。此外，在具体计算特征分组的平均金融资产占比时，将使用特征分组中每户样本家庭的金融资产占比，按照其家庭权重加权平均得到，而非直接使用家庭金融资产加权平均得到的特征分组金融资产均值除以加权平均得到的总资产均值，其他资产占比计算也将应用此方式。如 1.4.2 节关于风险资产的概念界定中所述，参考尹志超等（2014）、陈永伟等（2015）和蓝嘉俊等（2018）的研究经验，本章的金融资产将包括现金、银行存款、股票、基金、债券、金融理财产品、金融衍生品、黄金、非人民币资产和其他金融资产，其中风险资产包括股票、基金、金融理财产品、非政府债券、金融衍生品、黄金、非人民币资产和其他金融资产。此外，本章中需要针对城乡特征差异展开现状描述，因此，与实证部分差异的是，本章分析中并未剔除农村家庭样本，也并未删除本章不讨论的、控制变量存在数据缺失的样本。

表 3.1 报告了中国家庭资产结构的区域特征状况。总体而言，我国家庭资产结构体现出了省区市差异大、东中西区域差异大、城乡差异大和住房资产比重过高等特点。从中国家庭总资产的省区市分布特征来看，我国家庭总资产在各省区市间差异悬殊。家庭总资产均值最高的五个省市分别为北京市（385.79 万元）、上海市（315.42 万元）、天津市（208.18 万元）、浙江省（156.84 万元）和福建省（136.20 万元），家庭总资产均值最低的五个省区为黑龙江省（32.99 万元）、吉林省（40.77 万元）、广西壮族自治区（42.48 万元）、安徽省（43.95 万元）和贵州省（44.20 万元）。其中家庭总资产均值最高的北京市的总资产均值约为黑龙

江省家庭总资产均值的 11.7 倍。相较于总资产，住房资产的省区市分布差异显得更为巨大，家庭住房资产均值最高的五个省市分别为北京市（316.10 万元）、上海市（267.28 万元）、天津市（177.21 万元）、浙江省（105.65 万元）和福建省（98.45 万元）。家庭住房资产均值最低的五个省为黑龙江省（18.16 万元）、吉林省（23.09 万元）、安徽省（26.82 万元）、贵州省（27.23 万元）和四川省（28.21 万元），家庭住房资产均值最高的北京市均值约为黑龙江省均值的 17.4 倍。

表 3.1　中国家庭资产结构的区域特征

项目	地区	金融资产		住房资产		总资产均值/万元
		均值/万元	占比/%	均值/万元	占比/%	
省区市特征分组	安徽省	3.38	13.00	26.82	50.12	43.95
	北京市	24.92	15.35	316.10	67.57	385.79
	福建省	7.07	9.59	98.45	65.12	136.20
	甘肃省	4.61	8.73	36.30	61.10	55.97
	广东省	10.17	10.00	96.11	65.51	135.73
	广西壮族自治区	2.71	8.96	29.68	62.59	42.48
	贵州省	2.52	6.96	27.23	56.88	44.20
	海南省	5.09	9.85	42.57	52.03	75.91
	河北省	5.52	9.67	61.35	60.15	94.84
	河南省	3.72	8.83	38.08	60.98	57.57
	黑龙江省	3.04	10.43	18.16	54.15	32.99
	湖北省	5.46	10.26	48.03	59.59	76.63
	湖南省	4.35	11.91	37.52	57.62	58.15
	吉林省	4.32	12.28	23.09	59.30	40.77
	江苏省	11.31	12.10	93.55	64.72	128.27
	江西省	7.42	12.94	49.16	63.23	71.60
	辽宁省	5.20	10.87	34.54	65.82	53.07
	内蒙古自治区	2.94	7.81	38.38	59.96	61.46
	宁夏回族自治区	5.11	11.17	32.51	57.30	56.22
	青海省	4.34	8.91	34.50	57.05	62.73
	山东省	6.20	11.35	52.05	64.18	75.18
	山西省	4.89	10.83	29.45	59.61	48.57
	陕西省	6.08	12.03	38.18	58.00	61.07
	上海市	20.67	11.44	267.28	74.10	315.42

续表

项目	地区	金融资产		住房资产		总资产均值/万元
		均值/万元	占比/%	均值/万元	占比/%	
省区市特征分组	四川省	2.92	9.10	28.21	58.32	45.67
	天津市	13.34	15.93	177.21	63.65	208.18
	云南省	4.50	9.09	37.91	57.20	58.50
	浙江省	11.50	10.18	105.65	67.86	156.84
	重庆市	3.76	9.48	38.42	62.76	58.68
城乡特征分组	城市	8.54	11.07	80.97	64.25	112.86
	农村	1.90	9.57	18.96	54.25	33.07
东中西区域特征分组	东部	9.86	11.09	101.40	65.01	137.40
	中部	4.46	11.13	34.59	57.99	54.79
	西部	3.73	9.18	33.25	59.21	52.33
南北区域特征分组	南方	6.57	10.43	62.39	61.59	89.27
	北方	6.51	11.04	62.43	60.53	88.33

注：表中金融资产（住房资产）占比，使用每户样本家庭的金融资产（住房资产）占比，按照其家庭权重加权平均得到，而非直接使用加权平均得到的特征分组金融资产（住房资产）均值除以总资产均值得到

　　从中国家庭资产结构的城乡特征来看，我国城乡家庭资产规模差距悬殊，从金融资产均值、住房资产均值至总资产均值，城市家庭均高于农村家庭数倍。从家庭资产的东中西区域分布来看，东部地区的金融资产、住房资产和总资产的均值均显著高于中部地区和西部地区，但中部地区和西部地区间的差异并不明显。从家庭资产的南北分布来看，我国南方地区和北方地区在家庭总资产均值和资产结构上差异并不明显。总体而言，住房资产占据了我国家庭的大量财富，且经济发达地区的住房资产比重也显著高于其他地区，单一的资产配置结构不利于家庭财富增长与风险抵御。

3.1.2　中国家庭资产结构的人口特征

　　表 3.2 报告了我国家庭资产结构的人口特征状况。从家庭资产的人口特征分布来看，户主年龄在 30～40 岁的家庭，其金融资产均值、住房资产均值和总资产均值均为各分组中最高。户主年龄 40 岁之后，随着户主年龄分组提升，家庭总资产均值呈下降趋势。收入水平位于前 25% 的家庭掌握了我国主要的家庭财富，其家庭总资产均值超过了剩余家庭资产均值之和。在教育特征分组中，户主接受过大专及以上教育的家庭其总资产均值最高，家庭资产与户主教育水平呈正向关系。

此外，具有较高金融知识水平的家庭其总资产均值也相对低金融知识水平家庭的总资产均值更高。

表 3.2 中国家庭资产结构的人口特征

分组	项目	金融资产		住房资产		总资产均值/万元
		均值/万元	占比/%	均值/万元	占比/%	
年龄特征分组	30 岁以下	7.56	12.98	72.18	49.82	112.39
	30～40 岁	8.81	9.20	85.13	59.91	129.61
	40～50 岁	7.92	9.30	66.49	60.75	102.00
	50～60 岁	5.95	8.92	59.92	61.79	87.78
	60～70 岁	5.58	10.98	58.22	63.41	75.39
	70 岁及以上	5.43	14.60	50.91	61.39	63.72
收入特征分组	最低 25%	1.39	9.94	22.41	56.01	32.89
	中间偏下 25%	2.43	10.38	33.61	60.84	45.56
	中间偏上 25%	5.31	11.32	57.67	65.18	75.44
	最高 25%	17.53	10.84	139.07	63.01	206.96
教育特征分组	小学及以下	2.03	9.97	30.29	58.46	41.83
	初中、高中	6.18	10.59	61.27	62.12	87.91
	大专及以上	17.58	12.12	135.65	64.28	194.27
金融知识特征分组	低金融知识水平	4.39	10.23	51.29	61.16	70.22
	高金融知识水平	9.23	11.10	76.18	61.38	112.22

注：表中金融资产（住房资产）占比，使用每户样本家庭的金融资产（住房资产）占比，按照其家庭权重加权平均得到，而非直接使用加权平均得到的特征分组金融资产（住房资产）均值除以总资产均值得到

从家庭资产的内部结构来看，随着户主年龄分组的提升，家庭住房资产占总资产的比重整体呈现上升趋势，但户主年龄在 70 岁及以上家庭住房资产比重相较于户主年龄在 60～70 岁的家庭住房资产比重有所下降，而金融资产占总资产比重与年龄分组间则呈现"U"形关系。在收入特征分组中，金融资产占总资产的比重在各个分组间差异并不明显，而住房资产占家庭总资产的比重在家庭收入中间偏上 25%分组中最高，这可能是由于最高 25%收入分组家庭拥有较多的工商业经营资产。在教育特征分组中，金融资产占总资产比重与住房资产占总资产比重均随户主文化程度水平上升而提高。在金融知识特征分组中，高金融知识水平的家庭会持有更多金融资产。总体而言，我国不同特征人口间存在着较大的家庭资产均值和家庭资产构成差异，随着户主文化程度、金融知识水平和收入水平提高，家庭的金融资产均值和占比均有明显上浮。

3.2 中国家庭金融市场参与状况描述

3.2.1 中国家庭金融市场参与的区域特征

表 3.3 报告了中国家庭金融市场参与的区域特征状况。总体而言，我国家庭金融资产构成以无风险金融资产为主，对于风险金融市场的参与较少，存在着明显的有限参与现象。

表 3.3 中国家庭金融市场参与的区域特征

分组	地区	风险金融资产		风险金融市场参与概率/%	无风险金融资产		金融资产均值/万元
		均值/万元	占比/%		均值/万元	占比/%	
省区市分布特征	安徽省	0.46	1.42	3.31	2.92	98.58	3.38
	北京市	6.86	11.53	22.19	18.05	88.47	24.92
	福建省	2.10	6.13	10.97	4.97	93.87	7.07
	甘肃省	1.03	4.35	8.21	3.58	95.65	4.61
	广东省	3.89	6.02	11.60	6.28	93.98	10.17
	广西壮族自治区	0.44	1.71	3.80	2.28	98.29	2.71
	贵州省	0.45	1.97	3.86	2.07	98.03	2.52
	海南省	0.24	1.85	4.02	4.84	98.15	5.09
	河北省	1.21	3.31	6.86	4.32	96.69	5.52
	河南省	0.81	3.45	6.08	2.91	96.55	3.72
	黑龙江省	0.84	2.39	4.48	2.20	97.61	3.04
	湖北省	1.15	3.02	5.91	4.32	96.98	5.46
	湖南省	0.99	3.86	6.45	3.37	96.14	4.35
	吉林省	0.60	2.48	4.86	3.73	97.52	4.32
	江苏省	3.34	6.14	11.40	7.97	93.86	11.31
	江西省	3.05	6.44	10.60	4.37	93.56	7.42
	辽宁省	0.93	3.09	6.69	4.27	96.91	5.20
	内蒙古自治区	0.36	3.84	5.26	2.58	96.16	2.94
	宁夏回族自治区	1.16	4.76	7.27	3.96	95.24	5.11
	青海省	0.66	2.10	5.30	3.68	97.90	4.34
	山东省	1.19	4.08	8.09	5.01	95.92	6.20
	山西省	1.18	3.90	6.90	3.72	96.10	4.89

续表

分组	地区	风险金融资产		风险金融市场参与概率/%	无风险金融资产		金融资产均值/万元
		均值/万元	占比/%		均值/万元	占比/%	
省区市分布特征	陕西省	1.47	5.67	10.95	4.61	94.33	6.08
	上海市	8.84	15.84	27.58	11.82	84.16	20.67
	四川省	0.56	2.76	4.41	2.35	97.24	2.92
	天津市	4.98	11.33	20.75	8.36	88.67	13.34
	云南省	1.43	3.60	6.21	3.07	96.40	4.50
	浙江省	3.72	7.71	14.00	7.78	92.29	11.50
	重庆市	0.88	3.74	6.84	2.88	96.26	3.76
城乡分布特征	城市	2.57	6.34	11.69	5.97	93.66	8.54
	农村	0.09	0.28	0.65	1.81	99.72	1.90
东中西区域分布特征	东部	3.01	6.19	11.70	6.85	93.81	9.86
	中部	1.07	3.32	5.98	3.39	96.68	4.46
	西部	0.83	3.33	5.94	2.90	96.67	3.73
南北区域分布特征	南方	1.94	4.58	8.36	4.63	95.42	6.57
	北方	1.59	4.41	8.43	4.92	95.59	6.51

注：表中风险金融资产（无风险金融资产）占比，使用每户样本家庭的风险金融资产（无风险金融资产）占比，按照其家庭权重加权平均得到，而非直接使用加权平均得到的特征分组风险金融资产（无风险金融资产）均值除以总金融资产均值计算

从省区市分布特征的角度看，经济发达省区市家庭的风险金融市场参与相较于其他省区市更为活跃，上海市家庭的风险金融市场参与概率为 27.58%，风险金融资产占总金融资产比例高达 15.84%。从城乡特征来看，农村家庭几乎不参与风险金融市场，其家庭风险金融市场参与概率仅为 0.65%，城市家庭的风险金融市场参与概率远高于农村家庭，其参与概率和平均风险金融资产比重分别为 11.69% 和 6.34%。在东中西区域分布特征方面，东部地区家庭的风险金融市场参与概率要显著高于中部地区和西部地区家庭。在南北区域分布特征方面，我国北方地区家庭风险金融市场参与概率略高于南方地区家庭，但南方地区家庭风险金融资产比重略微高于北方地区。

3.2.2 中国家庭金融市场参与的人口特征

表 3.4 报告了我国家庭金融市场参与的人口特征状况。从年龄特征看，家庭风险金融市场参与概率及程度与户主年龄分组间呈现出"驼峰"形关系，户主年

龄在 30～40 岁的家庭的风险金融市场参与概率和平均风险金融资产比重均高于其他年龄特征分组。户主年龄在 70 岁及以上的家庭的风险金融市场参与概率仅为5.50%，平均风险金融资产比重仅为3.19%，极少参与风险金融市场。从收入特征分组来看，风险金融市场的参与概率随家庭收入水平分组提高而上升，但最高25%收入水平家庭的风险金融市场参与概率也仅有21.88%，平均风险金融资产比重也仅有11.53%。教育和金融知识对于家庭风险金融市场参与的影响极为显著，户主拥有大专及以上学历的家庭的风险金融市场参与概率为26.55%，相较于户主为初中或高中学历的家庭提高了 18.95 个百分点，户主高金融知识水平家庭的风险金融市场参与概率和平均风险金融资产比重也显著高于户主低金融知识水平家庭。总体而言，不同特征人口的风险金融市场参与情况与学界研究结论相符，即收入、教育水平和金融知识对于家庭风险金融市场参与具有正向影响，年龄与家庭风险金融市场参与存在非线性关系。

表 3.4　中国家庭金融市场参与的人口特征

分组	项目	风险金融资产		风险金融市场参与概率/%	无风险金融资产		金融资产均值/万元
		均值/万元	占比/%		均值/万元	占比/%	
年龄特征分组	30 岁以下	1.47	4.39	9.97	6.09	95.61	7.56
	30～40 岁	2.11	6.44	13.83	6.70	93.56	8.81
	40～50 岁	2.64	5.43	10.01	5.28	94.57	7.92
	50～60 岁	1.72	4.47	7.97	4.24	95.53	5.95
	60～70 岁	1.53	3.91	6.76	4.05	96.09	5.58
	70 岁及以上	1.27	3.19	5.50	4.17	96.81	5.43
收入特征分组	最低 25%	0.23	0.80	1.35	1.16	99.20	1.39
	中间偏下 25%	0.35	1.61	2.89	2.07	98.39	2.43
	中间偏上 25%	1.00	4.45	7.96	4.32	95.55	5.31
	最高 25%	5.90	11.53	21.88	11.63	88.47	17.53
教育特征分组	小学及以下	0.16	0.60	1.26	1.87	99.40	2.03
	初中、高中	1.45	4.09	7.60	4.73	95.91	6.18
	大专及以上	6.79	14.59	26.55	10.80	85.41	17.58
金融知识特征分组	低金融知识水平	0.91	2.62	4.83	3.48	97.38	4.39
	高金融知识水平	2.96	6.89	12.77	6.27	93.11	9.23

注：表中风险金融资产（无风险金融资产）占比，使用每户样本家庭的风险金融资产（无风险金融资产）占比，按照其家庭权重加权平均得到，而非直接使用加权平均得到的特征分组风险金融资产（无风险金融资产）均值除以总金融资产均值计算得到

　　本书还将针对人口结构通过社会不平衡渠道对于家庭风险金融市场参与产生的影响展开进一步讨论，并在其中进行了关于数字接入不对等和数字应用不对等的机制探讨。因此，本章还将针对数字接入不对等、数字应用不对等（数字应用能力、数字应用目的、数字应用设备）、地区性别结构与地区受教育水平展开分组现状描述。

　　表3.5报告了相应的状况描述结果。从数字接入不对等、数字应用不对等（数字应用能力、数字应用目的、数字应用设备）分组状况描述结果来看，户主能够使用互联网、掌握新兴互联网交易功能使用方式、以互联网作为主要经济信息关注渠道和主要互联网使用设备为电脑的家庭，其风险金融市场参与概率和参与程度均显著高于其他家庭。因此，数字接入不对等和数字应用不对等渠道下，户主年龄和文化程度是否会通过影响家庭的数字接入水平与数字应用水平改变家庭风险金融市场参与，是本书实证部分展开讨论的重点。从地区性别结构分组则可以看出，随着家庭所处区县男女性别比例的提升，其风险金融市场参与概率、平均风险金融资产比重和家庭金融资产均值总体呈下降趋势，因此性别差异下地区性别结构失衡是否通过改变家庭房产偏好，而对家庭风险金融市场参与产生负向影响也是实证部分讨论的内容之一。从地区受教育水平分组来看，地区受教育水平的提高与家庭风险金融市场参与概率及程度呈现正向关联。因此，在实证部分，本书也将针对地区受教育水平与家庭风险金融市场参与的关系及数字不对等在其中发挥的传导机制作用展开进一步的探讨。

表3.5　本节关注特征分组的家庭金融市场参与状况

分组	项目	风险金融资产		风险金融市场参与概率/%	无风险金融资产		金融资产均值/万元
		均值/万元	占比/%		均值/万元	占比/%	
数字接入不对等	不使用互联网	0.40	1.12	2.11	2.64	98.88	3.04
	使用互联网	4.15	9.77	17.77	8.03	90.23	12.18
数字应用能力	不使用网络交易	2.15	6.36	10.58	5.39	93.64	7.54
	使用网络交易	5.12	11.44	21.30	9.33	88.56	14.45
数字应用目的	非主要信息渠道	1.62	5.50	10.30	6.00	94.50	7.63
	主要信息渠道	9.44	18.74	33.47	12.30	81.26	21.74
数字应用设备	其他	3.33	8.73	16.26	7.70	91.27	11.03
	电脑	9.36	16.37	27.40	10.17	83.63	19.52
地区性别结构	最低25%	2.45	6.03	10.89	5.36	93.97	7.82
	中间偏下25%	2.01	4.69	8.71	5.16	95.31	7.17
	中间偏上25%	2.03	4.92	8.99	4.75	95.08	6.79
	最高25%	0.97	2.83	5.52	3.80	97.17	4.77

续表

分组	项目	风险金融资产		风险金融市场参与概率/%	无风险金融资产		金融资产均值/万元
		均值/万元	占比/%		均值/万元	占比/%	
地区受教育水平	最低25%	0.15	0.70	1.56	2.09	99.30	2.24
	中间偏下25%	1.02	2.69	5.41	3.80	97.31	4.83
	中间偏上25%	2.42	6.65	11.95	6.04	93.35	8.46
	最高25%	5.52	11.95	21.39	9.48	88.05	15.00

注：表中风险金融资产（无风险金融资产）占比，使用每户样本家庭的风险金融资产（无风险金融资产）占比，按照其家庭权重加权平均得到，而非直接使用加权平均得到的特征分组风险金融资产（无风险金融资产）均值除以总金融资产均值计算得到

3.3 本 章 小 结

本章利用 2017 年中国家庭金融调查相关数据，从区域特征和人口特征两个角度，对于我国家庭资产结构和风险金融资产市场参与情况展开状况描述。研究发现：①我国家庭资产结构的区域特征和家庭特征差异明显，存在着较为显著的家庭财富差距，户主高文化程度和处于经济发达地区的家庭在资产总值上具有优势。②我国家庭资产结构较为单一，住房资产是我国家庭资产的主要组成部分，家庭较少参与风险金融市场投资活动，存在着明显的有限参与现象。

4 多维不平衡对家庭风险金融投资参与的作用机理

本章在文献回顾的基础上，从社会资源在个体和群体间的分配不均等和由此产生的不平衡环境两个视角，分别构建户籍身份差异与风险金融投资参与、性别差异与风险金融投资参与、数字不对等与风险金融投资参与、健康不均等与风险金融投资参与的理论模型，并基于模型结果提出研究假设。本章构建的理论框架清晰地梳理多维不平衡对家庭风险金融投资参与的作用机理，并为后续的实证研究提供了假说基础。

4.1 理 论 基 础

关于家庭风险金融投资参与的相关理论研究可以追溯至 Markowitz 投资组合理论。Markowitz 投资组合理论由经济学家 Markowitz 在其于 1952 年发表的论文 Portfolio selection 中提出，标志着现代投资组合理论的开端。Markowitz（1952）假设市场中的投资者是风险规避的，其追求给定风险下的收益最大化或给定收益下的风险最小化。投资者首先选定适合于投资组合的资产，根据历史经验分析资产的预期收益与风险，以此构建可行的有效投资组合，并根据投资目标确定最优的投资组合。

Tobin（1958）则将无风险资产概念引入 Markowitz 投资组合理论，提出两基金分离定理，认为投资者的投资组合将由无风险资产和风险资产两部分所构成。投资者的风险偏好将决定投资组合中无风险资产与风险资产的比重配置，而风险资产投资组合的内部风险资产配置则与投资者的风险偏好水平无关。

由于在实践中 Markowitz 投资组合理论的运用存在着运算量庞大的缺点，20 世纪 60 年代以 Sharpe（1964）、Lintner（1965）和 Mossin（1966）为代表的学者开始针对 Markowitz 投资组合理论的实证运用展开研究，并逐渐形成了资本资产定价模型。资本资产定价模型假定市场中投资者均使用 Markowitz 投资组合理论进行投资行为，并以此形成市场均衡。因此，一个资产的收益预期与其资产风险之间存在正相关关系。资本资产定价模型的产生促进了 Markowitz 投资组合理论在实证中的运用。

为突破单期静态模型的研究局限，Samuelson（1969）进一步提出了离散状态下的多期资产配置模型，Merton（1969）则探讨了连续时间状态下的投资者消费投资决策问题，家庭风险金融市场参与的理论框架得到了极大拓展。然而，由于未纳入劳动收入因素和资产风险变化因素，上述多期资产配置模型认为风险资产与无风险资产的比重配置应长期维持相对固定状态。Campbell 和 Viceira（2002）则进一步将劳动收入、生活水平和资产收益变化等因素纳入模型考量，分析短视投资者和长期投资者的投资差异，形成了战略资产配置的分析框架。

然而，投资组合理论中对于理性人的假定与现实市场存在着一定程度的差异，现实中投资者投资决策往往会受到心理特征的影响，经典的投资组合理论也难以解释有限参与之谜。因此，行为金融理论在学界针对投资组合理论反思的背景下逐渐得到发展，提出了期望理论、心理账户理论和行为组合理论等重要行为金融理论，并通过实证研究对市场行为进行检验。行为金融理论目前已成为学界关注的重点之一，从市场参与者的角度解释市场行为，对现代投资组合理论进行了很好的补充。

借鉴经典理论的研究经验并结合本章研究需要，在之后部分，本章将承袭 Campbell 和 Viceira（2002）、Cao 等（2005）、吴卫星等（2006）以及陈永伟等（2015）的研究经验，构建不确定收益下投资组合模型，针对社会不平衡对家庭风险金融市场参与决策的影响机理展开分析。

4.2 理论架构设计

社会不平衡的本质内涵是社会资源在个体之间、群体之间或者地区之间分配不均。与自然资源不同，社会资源具有社会性特征，是人类活动的产物，不仅包括人力资源、资本资源等物质形态资源，还包括以非物质形态存在的科技、管理、信息、文化等资源。本书的社会资源主要是指"与个人有直接或间接关系的社会关系及其财富、地位和权力"（于海，1991），包括教育、医疗、社会保障等由公共部门提供的社会福利和公共服务以及由个体获取的收入、财富、劳动机会等。在社会资源的分配中占取优势地位的居民家庭能够获得其所需的各类社会性支持，而处于劣势地位的居民家庭则会缺乏相应的社会性支持。进一步地，长期以来社会资源在不同的个体或群体间的不均等分配又会塑造出一种不平衡的社会环境。因此，本章研究主要从户籍身份差异、性别差异、数字不对等、健康不均等层面探讨人们投资风险金融资产的意愿和相应的配置决策，并揭示社会资源在不同个体和群体之间的不均等分配、社会不平衡环境在家庭风险金融投资参与决策过程中的作用机理，分层次构建社会不平衡影响家庭投资行为的理论模型。本章研究搭建社会不平衡影响家庭风险金融投资参与的研究框架，如图 4.1 所示。社会资源在各群体间分配不均是导致家庭资产选择异质性的重要因素。居民从户籍属性上分为非农业户口身份群体和农业户口身份群体。非农业户口身份居民参与城镇社会保障体系，其保障力度、保障范围、体系完善程度等都优于农业户口身份居民所参与的农村社会保障体系。以社会医疗保险为例，城镇社会医疗保险体系对于在城镇工作生活的居民而言，无论是从报销比例还是报销成本来看，与农村社会医疗保险体系相比都更有利于降低居民未来医疗支出风险。农业户口身份居民在劳动力市场上遭遇待遇差别，与非农业户口身份居民相比，其工作时间长、工作强度大，从而缺乏有效时间来收集和分析市场信息，股市参与的信息成本更高。因此，4.4 节基于医疗支出风险和信息成本，从社会保障和工作时长入手，构建户籍身份差异对家庭风险金融投资参与影响的理论模型。

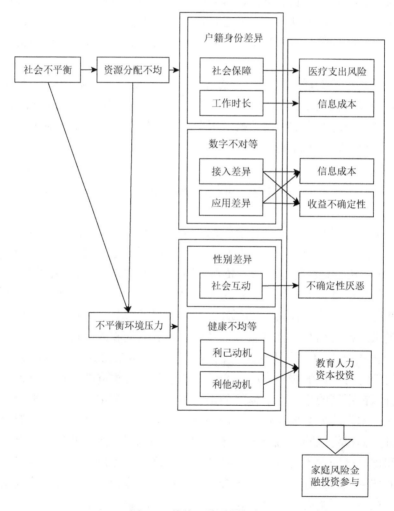

图 4.1　整体理论分析框架

"人创造环境，同样环境也造就人。"资源分配不均形成的社会不平衡环境影响居民投资行为。父权制社会中，男性相较于女性在各方面都处于优势地位，由此所塑造的性别社会差异及社会文化压力在人们的心理和行为方面发挥重要作用。现有研究已经证实不确定性厌恶对投资者行为具有显著影响，喜好不确定性的投资者更加愿意投资风险资产，而厌恶不确定性的投资者倾向于持有收益率固定且损失风险较小的安全性资产。社会互动或社会资本通过促进信息流动、分担投资损失风险、交流投资感受可以降低投资者对不确定的厌恶。在性别社会差异的环境中，由于在学校和劳动力市场上的有限参与，以及在婚姻中的弱势地位，女性缺乏积累社会资本的机会，从而导致家庭整体社会资本积累和社会互动频率及活力降低。因此 4.5 节中基于不确定性厌恶，从社会互动角度入手，构建性别差异影响家庭风险金融投资参与的理论模型。

互联网作为一种新兴的信息渠道，能够帮助家庭投资者搜集风险金融资产信息，学习风险金融投资所必需的投资知识。因此数字接入与否即数字接入不对等将会导致家庭投资者间的差异性信息水平，并带来异质的风险金融资产收益不确定性。随着数字接入可及性的缩小与应用覆盖的提升，家庭投资者间的数字不对等将进一步体现在应用水平之上，并成为影响家庭投资者的信息利用水平和利用效率的重要影响因素，改变家庭投资者对于风险金融资产收益的不确定性与信息成本。因此，4.6 节中基于信息成本和收益不确定性，从数字接入差异和应用差异入手，构建数字不对等对家庭风险金融投资参与影响的理论模型。

健康是人类一切行为的前提。当个体因所处社会经济地位差异而表现出不同的健康状况，他们可能会期望通过实现社会经济地位的向上流动而改善健康状况。诸多研究发现教育是促进社会经济地位提高的有效途径，并且中国存在普遍的亲富人健康不均等。在中国传统的孝养文化的影响下，家庭内部存在代际互利互惠机制。当投资者所处地区亲富人健康不均等程度提高，其在预期子代未来社会经济地位提高而拥有良好的健康状况的利他动机，以及预期通过子代反哺而改善自身健康状况的利己动机下，可能增加当期对子代的教育人力资本支出。因此，4.7 节基于教育人力资本投资，从利己动机和利他动机入手，构建健康不均等影响家庭风险金融投资参与的理论模型。

4.3 社会不平衡的基本假定

一个社会中，社会资源总量为 sr。在社会资源的分配中处于优势地位的个体或群体占有的社会资源为 sr_{high}，处于劣势地位的个体或群体占有的社会资源为

sr_{low}[①]。基于本书的研究内容，处于优势地位的个体或群体包括非农业户口身份居民、男性居民、高数字接入水平居民、高数字应用水平居民以及社会经济地位较高的居民，处于劣势地位的个体或群体包括农业户口身份居民、女性居民、低数字接入水平居民、低数字应用水平居民以及社会经济地位较低的居民。

相对于农业户口身份居民，非农业户口身份居民拥有更优越的社会保障资源和选择范围更广的劳动机会，即非农业户口身份居民拥有的社会资源 $sr_{h=1}$ 大于农业户口身份居民拥有的社会资源 $sr_{h=0}$。

"重男轻女"的传统对现代社会人们的思想和行为仍存在影响，女性在接受教育、参与劳动、职业晋升、政治参与等方面的机会仍小于男性，即女性拥有的社会资源 sr_{female} 小于男性拥有的社会资源 sr_{male}。两性获得社会资源的机会差异在不同的地区可能由于经济发展程度、受外来文化影响程度不同而存在差异性。本书主要关注由两性占有的社会资源差异所形塑的性别文化压力 $G=f(sr_{male}-sr_{female})$ 对家庭金融投资行为的影响。

数字技术在经济社会运行中发挥的作用不断深化，不同人群间在数字接入水平和数字应用水平上存在的差异导致群体间享受数字红利的机会不平衡，其中也包括了家庭间风险金融投资信息差异和收益不确定性差异。本书将重点分析数字接入水平 I_i 和数字应用水平 A_i 对于家庭风险金融投资参与的影响。

在亲富人健康不均等的普遍事实下，社会经济地位更高的居民无论是在对健康知识的了解、更良好工作环境和生活方式等间接健康资源的获取上还是在对医疗保健服务等直接健康资源的获取上都占据优势地位，即社会经济地位更高的居民拥有的社会资源 sr_i 大于社会经济地位更低的居民拥有的社会资源 sr_{i-1}。本书主要关注由不同社会经济地位居民占有的社会资源差异所塑造的亲富人健康不均等的社会环境压力 $p=f(sr_i-sr_{i-1})$ 对家庭金融投资行为的影响。

4.4 户籍身份差异与风险金融投资参与

根据 Viceira（2001）的生命周期资产组合模型的设定，假设代表性个体同时是劳动者、消费者和投资者。代表性个体通过工作获得劳动收入为 Y_t。假设金融市场提供两种投资机会：风险资产（股票）和无风险资产（国债）。其中，股票的收益率为 $R_{1,t+1}$，债券的收益率固定为 R_f，股票预期超额收益为 $\mu=E_t R_{1,t+1}-R_f$，其中，E 表示期望。股票价格同样受到一个外生冲击 v_{t+1} 的影响，从而导致股票具有系统性风险 $Var_t(v_{t+1})=\sigma_v^2$。

假设代表性个体在第 t 期期末拥有金融财富 W_t，在第 $t+1$ 期获得劳动收入

---

① sr_{high} 和 sr_{low} 不仅指量上的差别，也代表质上的差别。

Y_{t+1}。在 $t+1$ 期内，代表性个体利用上期金融投资获益和当期的劳动收入进行消费 C_{t+1} 和投资。作为人力资本重要组成部分的健康资本需要医疗保健投入 $H_{t+1} = \eta Y_{t+1}$ 进行维持，只有在保证健康状况良好的情况下，人们才能进行工作和投资。此外，理性人参与风险金融投资以获益而不是以亏损为目的，因此需要付出搜集和处理各方面信息的信息成本 F^c（冯旭南和李心愉，2013）。

居民的医疗健康成本可由医疗保险进行报销，报销比例为 $\kappa(sr_h)$，sr_h 表示由户籍属性 h 决定的居民获得的社会资源，$h=1$ 表示非农业户口，$h=0$ 表示农业户口。我国目前建成了以城镇职工医疗保险、城镇居民医疗保险、新型农村合作医疗保险为主的社会医疗保险体系。其中，城镇职工医疗保险覆盖城镇地区所有有工作单位或从事个体经营的在职职工和退休人员，城镇居民医疗保险适用于具有城镇户籍的未参与城镇职工医疗保险的老年居民、低保对象、重度残疾人、学生儿童及其他城镇非从业人员，新型农村合作医疗保险的参保对象为农村居民。由于统筹层次较低、地区间转移接续制度不完善，在属地化管理的社会保险制度设计下，乡—城移民通常处于社会医疗保险的"真空"地带（Hu et al.，2006）。一方面，虽然移民在原籍地参加新型农村合作医疗保险，但在工作的城市地区无法报销；另一方面，移民在劳动力市场上遭遇待遇差别，难以进入正规部门工作。雇主为降低用工成本，采用非正规雇佣，如以临时工方式与劳动者建立雇佣关系，不与劳动者签订正式劳动合同，导致劳动者面临着巨大的不确定性。在缺乏劳动合同保护的情况下，移民也很难获得城镇职工医疗保险。此外，相较于城镇社会医疗保险体系，农村社会医疗保险体系建成晚、待遇低、覆盖面窄，城镇职工医疗保险和城镇居民医疗保险无论是在筹资水平上还是报销比例上都优于新型农村合作医疗保险。以上分析表明 $\kappa(sr_{h=1}) > \kappa(sr_{h=0})$。

资本市场是一个信息流动和资金流动的市场（晏艳阳和周志，2014），家庭在进行金融投资时面临各种参与成本，信息成本是参与成本的一个重要组成部分。较高水平的金融素养有助于理解金融市场和金融产品，从而减少信息搜寻和信息处理成本，降低风险厌恶（尹志超等，2014；Dohmen et al.，2010）。由于优质的医疗、教育等人力资本生产"原料"主要集中在城市地区，农村落后的成长环境导致农村居民人力资本水平低下，由遗传和家庭教育获得的期初金融素养较低。户籍制度还提高了农业户口身份居民获得同等质量的学校教育的成本，从而降低其获得优质教育的可能性。此外，受制于人力资本和劳动力市场农业户口居民待遇差别，很多农村流动人口在城市中只能从事劳动强度大、工作时间长的低层次工作。这类工作往往为非正规单位工作，雇主与雇员之间常常仅有口头协议而缺少正式的合同条款，无法保障劳动者的合法权利包括休息权利，有些农民工甚至全年无休（Li，2008）。过度劳动严重挤占乡—城移民的休闲、娱乐和学习时间。因此，由于受教育水平低下和缺乏休息时间，农业户口身份居民无法很好地掌握金融市场信息。换而言之，农业户口身份居民要想参与风险金融投资，需要占用工作时间搜集和筛选市场信息，从而导致失去相应的工作收入，增大股市参与成本，即 $F^c(\text{sr}_{h=1}) < F^c(\text{sr}_{h=0})$。

假设代表性个体的效用函数为常数相对风险厌恶（constant relative risk aversion，CRRA）效用函数：

$$U(C_t) = \frac{C_t^{1-\gamma}}{1-\gamma} \tag{4.1}$$

其中，$\gamma > 0$ 为代表性个体的相对风险厌恶系数。

基于上述设定，代表性个体的跨期最优选择问题可表述为

$$\max_{\{C_t, \alpha_t\}} E\left\{ \sum_{t=0}^{\infty} \delta^t U(C_t) \right\} \tag{4.2}$$

$$\text{s.t.} \ \ C_{t+1} = W_t(1 + R_{p,t+1}) + \tilde{Y}_t \tag{4.3}$$

$$R_{p,t+1} = \alpha_t R_{1,t+1} + (1 - \alpha_t)R_f \tag{4.4}$$

其中，δ 为代表性个体的主观贴现因子；$R_{p,t+1}$ 为风险资产和无风险资产的组合收益率；α_t 为金融资产配置到风险资产上的比例，$\tilde{Y}_t = [1 - (1 - \kappa(\text{sr}_h))\eta]Y_t - F^c$，其中 η 为医疗支出比例。根据上述最优选择问题可得如下欧拉方程：

$$1 = E_t\left\{ \beta \cdot R_{p,t+1} \cdot \left(\frac{C_{t+1}}{C_t} \right)^{-\gamma} \right\} \tag{4.5}$$

为便于求解，将欧拉方程进行对数线性化近似处理得

$$0 = \log \beta + E_t[r_{i,t+1}] - \gamma E_t[c_{t+1} - c_t] + \frac{1}{2}\text{Var}_t[r_{i,t+1} - \gamma(c_{t+1} - c_t)] \tag{4.6}$$

其中，$r_{i,t+1} = \log R_{i,t+1}$；$i = 1, f, p$；$c_t = \log C_t$。

将预算约束式（4.3）两边同时减去 $\tilde{y}_{t+1}$ 再进行对数线性化近似处理得

$$c_{t+1} - \tilde{y}_{t+1} \approx k + \rho_w(w_t + r_{p,t+1} - \tilde{y}_{t+1}) \tag{4.7}$$

$$\rho_w = \frac{\exp\{E[w_t + r_{p,t+1} - \tilde{y}_{t+1}]\}}{1 + \exp\{E[w_t + r_{p,t+1} - \tilde{y}_{t+1}]\}} \tag{4.8}$$

其中，$w_t = \log W_t$；$\tilde{y}_{t+1} = \log \tilde{Y}_{t+1}$；$\rho_w$ 为消费的财富弹性系数。

分别令式（4.6）的 $i = f$ 和 $i = 1$ 可求得

$$E_t r_{1,t+1} - r_f + \frac{1}{2}\text{Var}_t(r_{1,t+1}) = \gamma \text{Cov}_t(c_{t+1} - c_t, r_{1,t+1}) \tag{4.9}$$

即

$$\mu + \frac{1}{2}\sigma_v^2 = \gamma \rho_w \alpha_t \sigma_v^2 \tag{4.10}$$

根据式（4.10）可得股票投资比例为

$$\alpha_t = \frac{1}{\rho_w} \frac{\mu + 1/2\sigma_v^2}{\gamma\sigma_v^2} \tag{4.11}$$

从式（4.11）可以看出，代表性个体的股票投资参与主要受到消费的财富弹性系数 ρ_w、股票的预期超额收益率 μ、系统风险 σ_v^2 以及风险厌恶系数 γ 的共同影响，其中消费的财富弹性系数 ρ_w 是关键因素，随着财富弹性系数增大，代表性个体将减少股票投资，即 $\partial\alpha_t/\partial\rho_w < 0$。进一步将 $\tilde{Y}_t = [1-(1-\kappa)\eta]Y_t - F^c$ 代入消费的财富弹性系数方程式（4.8）得

$$\rho_w = 1 - \frac{1}{1 + \exp\{E[w_t + r_{p,t+1} - \log((1-(1-\kappa)\eta)Y_t - F^c)]\}} \tag{4.12}$$

从式（4.12）可以看出，消费的财富弹性系数受到财富总额 $W_t(\exp\{w_t\})$、资产组合回报率 $R_{p,t+1}(\exp\{r_{p,t+1}\})$、劳动收入 Y_t、医疗支出报销比例 κ、医疗支出比例 η 以及股市参与成本 F^c 的影响，其中医疗支出报销比例 κ 与消费的财富弹性系数负相关，股市参与成本 F^c 与消费的财富弹性系数正相关，即 $\partial\rho_w/\partial\kappa < 0$ 且 $\partial\rho_w/\partial F^c > 0$。结合前文分析，我们可以发现非农业户口居民家庭持有的风险资产占比 $\alpha_t(\mathrm{sr}_{h=1})$ 大于农业户口居民家庭所持有的风险资产占比 $\alpha_t(\mathrm{sr}_{h=0})$。

以上分析隐含的假设代表性个体在每一期都可以参与劳动获得劳动收入，并且医疗报销额 $\kappa\eta Y_t$ 依赖于劳动收入 Y_t，而现实中人们进入老年期后便不再工作，靠年轻时的储蓄、投资收益、养老保险或子女赡养进行消费和投资。这并不会影响本书的主要结论。虽然进入老年期，代表性个体不再进行劳动获得劳动收入，但仍需缴纳医疗保险费用和获得医疗报销、收集和处理市场信息并付出股市参与成本。一方面，如果所参加的社会医疗保险性质不发生改变，医疗费用报销比例就是固定的，即无论代表性个体处于年轻时期还是退休期，医疗费用报销比例仅由依赖于户籍身份的社会医疗保险体系的性质——农村社会医疗保险体系或城镇社会医疗保险体系决定，我们可以假设退休后代表性个体的医疗报销额为其退休前最后一个工作期收入的 $\kappa\eta$ 倍；另一方面，从股市参与成本来看，即使退休后农业户口居民和非农业户口居民拥有相同的时间关注市场信息，但由于人力资本和投资经验差异，农业户口居民的参与成本可能还是要高于非农业户口居民。因此，无论代表性个体处于年轻时期还是年老时期，非农业户口（农业户口）都会促进（阻碍）股市参与。

基于上述分析，本书提出研究 H1.1～H1.3[①]。

---

① H1.1～H1.3 对应第 5 章实证部分。

H1.1：户籍属性影响居民投资决策，非农业户口居民投资风险金融资产的概率和投资比例均高于农业户口居民。

H1.2：户籍属性通过影响居民获得社会保障来影响居民投资决策。相较于农业户口居民，非农业户口居民获得城镇医疗保险的可能性更大，从而降低了预防性储蓄动机，增加风险金融投资。

H1.3：户籍属性通过影响信息搜集和处理成本来影响居民投资决策。相较于农业户口居民，非农业户口居民工作时长更短，股市参与成本更低，具有更高的风险金融投资意愿和配置比例。

4.5 性别差异与风险金融投资参与

男性和女性在对社会资源占有上的差异所形成的性别差异这一社会环境压力对人们的经济行为具有重要影响。基于 Cao 等（2005）建立的最优股票投资理论框架，借鉴吴卫星等（2006）和王聪等（2015）的研究，通过内生化居民不确定性偏好，将代表性个体所在地区的性别差异因素引入模型，考察投资者在性别差异环境下的最优股票投资需求。

考虑在单期环境下，个体无法进行借贷，并在期初将所有财富投资于金融市场。金融市场上可供选择的产品包括风险资产（股票）和无风险资产（国债），期限均为 1 期。股票期初价格为 P_{0M}，债券期初价格为 1。若代表性个体 i 在期初将所有财富都投资到金融市场，购买 M_i 股股票和 D_i 份债券，则期初的财富水平可以表示为 $W_{0i} = M_i P_{0M} + D_i$。

假设债券回报率固定为 r_f，股票的期末价格为 $P_{1M} \sim N(\mu, \sigma^2)$，则代表性个体期末的财富水平为

$$W_{1i} = M_i P_{1M} + D_i(1 + r_f) \tag{4.13}$$

股票收益率的波动性在一定程度上是可预测的，但投资收益的均值却难以精确估计。由于缺乏对股票收益概率分布的完美信息，我们只能对投资收益的某一概率分布集合进行预估（Merton，1990；Bollerslev et al.，1992），则预期股票期末价格为 $E(P_{1M}) = \mu + \nu$。ν 表示投资者在参照值基础上的一种调整，且 $-\phi < \nu \leqslant \phi$，不同投资者的 ϕ 值是不同的。ϕ 值越大表示投资者能接受的股票价格的不确定性越大。ϕ 值由投资者的不确定性偏好 λ 决定，$0 \leqslant \lambda \leqslant 1$，$\lambda \to 0$ 表示不确定性厌恶，$\lambda = 0.5$ 表示不确定性中性，$\lambda \to 1$ 表示不确定性喜好。代表性个体的不确定性态度受到个体层面、家庭层面和地区层面因素的影响。王聪等（2015）研究发现，社会互动通过风险分担降低了投资者的不确定性厌恶。在社会互动的过程中，信息的交流可以降低由于信息不对称带来的不确定性。由于所处

社会地位差异，男性和女性获得社会资本的能力不同（林南，2005），从而导致社会资本存在性别差异。一方面，父母受旧观念影响，认为男性和女性在劳动力市场上获得的收入回报是有差别的，将未来赡养预期更多寄托在儿子身上，通常会将家庭资源更多向儿子倾斜，女儿获得的家庭投资较少。因此，男性不论是在人力资本还是社会资本上都优于女性。另一方面，性别差异影响下的社会结构与制度文化为男性和女性提供了不同的发展机会。男性被鼓励建立广泛的、多元的社会关系，而女性在社会交往方面受到较多约束。家庭投资和社会机会上的不平衡导致女性失去更多积累社会资本的机会。根据历史事实，新中国成立以来的多项改革包括《中华人民共和国婚姻法》、独生子女政策以及《中华人民共和国义务教育法》的实施极大地促进了两性平等，提高了女性接受教育和参与劳动的概率，但这并没有损害男性接受教育和参加劳动的机会。因此，男性的社会资本水平并不会因为女性社会机会的增加而降低。以上分析考虑同一地区男性和女性社会资本水平差异。性别差异程度不同的地区之间，个体的社会资本水平如何？当一个地区性别相对平等时，女性和男性拥有同样的接受教育和参与劳动的机会。群体间的差异使处于劣势地位的群体更容易产生强烈的压力感和无助感（Neckerman and Torche，2007），降低社会凝聚力（Ritzen，2000），导致社会资本水平下降（王术坤等，2020）。因此，性别差异程度 $G_j = f(\mathrm{sr}_{\mathrm{male}} - \mathrm{sr}_{\mathrm{female}})$ 越严重的地区，家庭整体的社会资本积累可能越少，社会互动频率越低，投资者的不确定性厌恶程度越高，即 $\lambda_i = \lambda_i(G_j)$，$\partial\lambda_i(G_j)/\partial G_j < 0$。为了考察性别差异对家庭风险金融投资参与的影响，本书设定代表性个体 i 对股票期末价格的最坏预期为

$$E_i(P_{1M}) = \mu - \mathrm{sgn}(M_i)\phi(1 - 2\lambda_i(G_j)) \quad (4.14)$$

其中，sgn() 为返回整型函数。本书假设不允许卖空股票，因此 $\mathrm{sgn}(M_i) \in \{0,1\}$，当代表性个体持有股票时，$\mathrm{sgn}(M_i) = 1$；当代表性个体不持有股票时，$\mathrm{sgn}(M_i) = 0$。假设投资者的效用函数为二次效用函数，基于均值-方差模型，投资者通过资产组合投资获得预期期末财富实现效用最大化：

$$\max[E(W_{1i}) - 0.5\gamma_i \mathrm{Var}(W_{1i})] \quad (4.15)$$

$$E(W_{1i}) = M_i[\mu - \mathrm{sgn}(M_i)\phi(1 - 2\lambda_i(G_j))] + D_i(1 + r_f) \quad (4.16)$$

$$\mathrm{Var}(W_{1i}) = M_i^2\sigma^2 \quad (4.17)$$

其中，γ_i 为风险厌恶系数；$E(W_{1i})$ 为期末财富水平的期望；$\mathrm{Var}(W_{1i})$ 为期末财富水平的方差。在效用水平最大化条件下，代表性个体最优股票和债券持有量分别为

$$M_i = \frac{\mu - \mathrm{sgn}(M_i)\phi(1 - 2\lambda_i(G_j)) - P_{0M}(1 + r_f)}{\gamma_i\sigma^2} \quad (4.18)$$

$$D_i = W_{0i} - \frac{P_{0M}[\mu - \mathrm{sgn}(M_i)\phi(1 - 2\lambda_i(G_j)) - P_{0M}(1 + r_f)]}{\gamma_i\sigma^2} \quad (4.19)$$

接下来考虑异质性的不确定性偏好下代表性个体的金融投资情况。

情形 1：当代表性个体为不确定性喜好时，即 $\lambda_i(G_j) > 0.5$：

$$M_i = \frac{\mu - \phi(1 - 2\lambda_i(G_j)) - P_{0M}(1 + r_f)}{\gamma_i \sigma^2}$$

（4.20）

$$D_i = W_{0i} - \frac{P_{0M}[\mu - \phi(1 - 2\lambda_i(G_j)) - P_{0M}(1 + r_f)]}{\gamma_i \sigma^2}$$

（4.21）

其中，$\mu - P_{0M}(1 + r_f) > \phi(1 - 2\lambda_i(G_j))$，即股票的风险溢价大于由不确定性带来的损失。因为 $\partial\phi(1 - 2\lambda_i(G_j)) / \partial G_j > 0$，所以随着地区性别差异程度加剧，不确定性喜好的投资者增持股票的区间缩小。

情形 2：当代表性个体为不确定性中性时，即 $\lambda_i(G_j) = 0.5$：

$$M_i = \frac{\mu - P_{0M}(1 + r_f)}{\gamma_i \sigma^2}$$

（4.22）

$$D_i = W_{0i} - \frac{P_{0M}[\mu - P_{0M}(1 + r_f)]}{\gamma_i \sigma^2}$$

（4.23）

其中，只要股票预期收益率高于债券回报率 r_f，不确定性中性的代表性个体就会投资股票。

情形 3：当代表性个体为不确定性厌恶时，即 $\lambda_i(G_j) < 0.5$：

$$M_i = \begin{cases} \dfrac{\mu - \phi(1 - 2\lambda_i(G_j)) - P_{0M}(1 + r_f)}{\gamma_i \sigma^2} \\[2mm] 0 \end{cases}$$

（4.24）

$$D_i = \begin{cases} W_{0i} - \dfrac{P_{0M}[\mu - \phi(1 - 2\lambda_i(G_j)) - P_{0M}(1 + r_f)]}{\gamma_i \sigma^2} \\[2mm] W_{0i} \end{cases}$$

（4.25）

其中，当且仅当 $\mu - P_{0M}(1 + r_f) > \phi(1 - 2\lambda_i(G_j))$，即股权溢价高于最大不确定性损失时，不确定性厌恶的代表性个体才会持有股票。由于 $\partial\phi(1 - 2\lambda_i(G_j)) / \partial G_j > 0$，地区性别差异程度越高，不确定性厌恶的投资者选择持有股票的空间越小。

综合三种情形来看，处于性别差异程度越高地区的家庭，进入股市和增持股票的概率越低。

基于上述分析，本书提出研究 H2.1 和 H2.2[①]。

H2.1：地区性别差异影响居民投资决策，家庭所在地区性别差异程度越高，家庭投资风险金融资产的可能性越小。

---

① H2.1 和 H2.2 对应第 6 章实证部分。

H2.2：地区性别差异通过影响家庭互动来影响家庭投资决策。性别差异程度的提高降低了家庭社会互动频率和活力，从而导致家庭风险金融投资下降。

4.6 数字不对等与风险金融投资参与

考虑一个两期的充满着短视的异质家庭投资者的经济环境。所有家庭投资者于第 0 期制定投资决策，并于第 1 期进行消费。经济环境中的投资者具有常绝对风险厌恶指数效用函数 U_i，其函数形式可表示为

$$U_i = -\mathrm{e}^{-\lambda C_{1i}} \tag{4.26}$$

其中，C_{1i} 为家庭投资者 i 于第 1 期时的消费水平；参数 λ 满足 $\lambda \in (0,1)$。家庭投资者 i 具有外生给定的期初财富水平 W_{0i}，假设在期初的投资市场中仅存在一种风险金融资产和一种无风险金融资产的参与机会。其中，无风险金融资产在第 0 期至第 1 期具有确定的单利收益率 r_f。风险金融资产在第 0 期至第 1 期的单利收益率 R_t 满足均值为 r_t，方差为 σ_t^2 的正态分布。

家庭投资者由于缺乏完善的金融知识和信息水平，难以获取风险金融资产收益率的真实分布。以 2017 年中国家庭金融调查数据为例，我国家庭平均的金融知识水平较低，对于资产收益与风险判断存在偏差，难以符合经典投资组合中理性人假设，存在着严重的有限理性情况。具体而言，家庭投资者可以相对容易估计期末风险金融资产收益率的方差，但难以估计期末风险金融资产收益率的均值（Merton，1980；Bollerslev et al.，1992；Cao et al.，2005），只能根据期初信息估计其期末收益率均值大概落在某一区间中。

参考 Cao 等（2005）的研究经验，本书假设市场中的家庭投资者根据期初信息，判断期末风险金融资产收益率的方差为其真实方差 σ_t^2，但无法准确判断期末风险金融资产收益率的均值 r_t，仅能依据期初信息估计其落在某一概率分布合集 $[r_t - \delta_i, r_t + \delta_i]$ 中。其中 δ_i 衡量了收益的不确定性程度，有 $\delta_i > 0$，当家庭投资者 i 掌握了更多关于风险金融资产的信息时，δ_i 相应降低，不确定区间缩小。δ_i 可受多种投资者因素影响，涵盖金融认知水平和信息渠道水平等多种投资者参与能力特征，假设不确定性程度 δ_i 为

$$\delta_i = \delta(M_i) \tag{4.27}$$

其中，M_i 为家庭投资者 i 的信息渠道水平，有 $\partial \delta_i / \partial M_i < 0$，即从直觉上而言，家庭投资者所拥有的信息渠道水平越高，对于风险金融资产收益率的不确定性将会越低。出于研究需要，本书重点关注的是数字接入及应用水平在家庭风险金融投资参与中的作用，故假设家庭投资者 i 的信息渠道水平 M_i 为

$$M_i = M(I_i, A_i) \tag{4.28}$$

其中，I_i 为家庭投资者 i 的数字接入水平；A_i 为家庭投资者 i 的数字应用水平，满足 $I_i \in [0,1]$，$A_i \in [0,1]$，$\partial M_i / \partial I_i > 0$，$\partial M_i / \partial A_i > 0$。这样设定的原因是互联网作为一种信息渠道能够显著提升家庭对于风险金融资产信息的搜集能力，因此数字接入水平差异将会导致家庭投资者间的差异性信息水平，并带来异质的风险金融资产收益不确定性（Bogan，2008；Liang and Guo，2015；周广肃和梁琪，2018）。随着互联网接入可及性的缩小与应用覆盖的提升，家庭投资者间的数字应用水平将成为进一步影响家庭投资者的信息利用水平和利用效率的影响因素（DiMaggio and Hargittai，2001；邱泽奇等，2016），并因此改变家庭投资者对于风险金融资产收益的不确定性。

对于家庭投资者而言，由于知识和信息水平无法确定风险金融资产收益率的具体分布，其只能根据自身不确定性厌恶程度，从其期初信息水平下可获得的风险金融资产收益率均值估计区间 $[r_t - \delta_i,\ r_t + \delta_i]$ 中选择一点 r_{ei} 作为期初投资决策依据，即家庭投资者信念中风险金融资产收益率 R_{ei} 的均值。参考 Cao 等（2005）和吴卫星等（2006）的研究经验，假设全部投资者极为厌恶金融投资收益的不确定性，因此均以最坏情况估计风险金融资产投资收益率均值，则 R_{ei} 满足：

$$R_{ei} = R_t - \delta_i \tag{4.29}$$

家庭投资者 i 对于风险金融资产的投资活动具有一个比例交易成本 x_i，x_i 包括家庭投资者 i 参与风险金融资产投资所需要支付的交易费用与信息成本，x_i 可以直接反映于家庭投资者风险金融资产的实际收益率之中，则家庭投资者 i 信念中的风险金融资产实际收益率将转变为 $R_t - \delta_i - x_i$。比例交易成本 x_i 将与家庭投资者 i 的参与能力和经济背景等特征相关，出于本书研究需要，假设 x_i 满足：

$$x_i = x(I_i, A_i) \tag{4.30}$$

其中，$\partial x_i / \partial I_i < 0$；$\partial x_i / \partial A_i < 0$。这样假设的原因是，一方面，在现实股票交易实践中，互联网能够直接降低家庭投资者所需支付的交易费用，各券商对于网上委托所需支付的佣金率多低于现场委托和电话委托，且使用互联网进行交易也将会极大地降低由于区域金融可得性因素带来的交易成本差异（周广肃和梁琪，2018）。另一方面，互联网作为新兴信息渠道，极大地提高了家庭对于风险金融资产投资所需知识和信息的搜寻能力，降低家庭投资者投资风险金融资产的信息成本（Bogan，2008；Liang and Guo，2015）。

家庭投资者期末的预算约束可表现为以下形式：

$$C_{1i} = W_{1i} = (1 + R_p)W_{0i} \tag{4.31}$$

其中，R_p 为家庭投资者 i 确定的投资组合收益率。根据式（4.29），可以将投资者于第 0 期决策时信念中的期末财富水平 W_{1ei} 表示为

$$W_{1ei} = (1 + R_f + \alpha_{0i}(R_t - \delta_i - x_i - R_f))W_{0i} \tag{4.32}$$

从式（4.32）中可以看出，对于任意给定 α_{0i}，均有 W_{1ei} 服从均值为 μ_w，方差为 σ_w^2 的正态分布。因此，本书可以将家庭投资者 i 于第 0 期条件下信念中的期末期望效用表示为

$$\mathrm{EU}_{ei} = \frac{1}{\sigma_w\sqrt{2\pi}}\int_{-\infty}^{+\infty} -\exp\left(-\left(\lambda W_{1ei} + \frac{(W_{1ei}-\mu_w)^2}{2\sigma_w^2}\right)\right)\mathrm{d}W_{1ei} \tag{4.33}$$

其中，μ_w 为家庭投资者 i 信念中期末财富水平的期望；σ_w^2 为家庭投资者 i 信念中期末财富水平的方差。由于：

$$\lambda W_{1ei} + \frac{(W_{1ei}-\mu_w)^2}{2\sigma_w^2} = \frac{\left(W_{1ei}-\mu_w+\lambda\sigma_w^2\right)^2}{2\sigma_w^2} + \lambda\left(\mu_w - \frac{\lambda\sigma_w^2}{2}\right) \tag{4.34}$$

将式（4.34）代入式（4.33）可得

$$\mathrm{EU}_i = -\frac{\mathrm{e}^{-\lambda_\beta\left(\mu_w - \frac{\lambda_\beta\sigma_w^2}{2}\right)}}{\sigma_w\sqrt{2\pi}}\int_{-\infty}^{+\infty}\mathrm{e}^{-\frac{\left(W_{1ei}-\mu_w+\lambda_\beta\sigma_w^2\right)^2}{2\sigma_w^2}}\mathrm{d}W_{1ei} \tag{4.35}$$

对于所有 μ_1 包括 $\mu_1 = \mu_w - \lambda\sigma_w^2$，均有

$$\frac{1}{\sigma_w\sqrt{2\pi}}\int_{-\infty}^{+\infty}\mathrm{e}^{-\frac{(W_{1ei}-\mu_1)^2}{2\sigma_w^2}}\mathrm{d}W_{1ei} = 1 \tag{4.36}$$

所以，家庭投资者 i 于第 0 期条件下最大化其信念中的第 1 期期望效用可以由下式表示：

$$\max_{\alpha_{0i}} -\mathrm{e}^{-\lambda\left(\mu_w - \frac{\lambda_\beta\sigma_w^2}{2}\right)} \tag{4.37}$$

上述最大化问题可以表示为最大化该预期值的对数，且括号外的规模因子 $-\lambda_\beta$ 并不影响最终求解，可以被省略，则最大化问题转化为

$$\max_{\alpha_{0i}} \mu_w - \lambda\sigma_w^2/2 \tag{4.38}$$

根据式（4.32）可以得

$$\mu_w = (1 + r_f + \alpha_{0i}(r_t - \delta_i - r_f - x_i))W_{0i} \tag{4.39}$$

$$\sigma_w^2 = (\alpha_{0i}W_{0i})^2\sigma_t^2 \tag{4.40}$$

将式（4.39）和式（4.40）代入式（4.38），由此，家庭投资者 i 的最优投资组合进一步由以下最大化问题得

$$\max_{\alpha_{0i}} (1 + r_f + \alpha_{0i}(r_t - \delta_i - r_f - x_i))W_{0i} - \lambda(\alpha_{0i}W_{0i})^2\sigma_t^2/2 \tag{4.41}$$

求解式（4.41），可以得到家庭投资者 i 的最优风险金融资产占总金融资产比重 α_{0i}^* 可由下式表达：

$$\alpha_{0i}^{*} = \begin{cases} 1, & r_t - \delta_i - x_i - r_f > \lambda \sigma_t^2 W_{0i} \\ (r_t - \delta_i - x_i - r_f) / \lambda \sigma_t^2 W_{0i}, & \text{其他} \\ 0, & r_t - \delta_i - x_i - r_f \leqslant 0 \end{cases} \qquad (4.42)$$

式（4.42）的最优风险金融资产比重 α_{0i}^{*} 包含着不允许卖空和借贷的约束条件。从式（4.42）可以初步看出，首先，相较于传统投资组合理论中确定收益的情况，不确定收益的家庭投资者参与风险金融资产市场需要更高的风险溢价，而其持有的风险金融资产比重也相对降低。反映不确定性水平的 δ_i 和比例交易成本 x_i 均对于家庭投资者的参与概率区间和最优风险金融资产比重具有影响。$\partial \alpha_{0i}^{*} / \partial \delta_i < 0$，$\partial \delta_i / \partial M_i < 0$，$\partial M_i / \partial I_i > 0$，$\partial M_i / \partial A_i > 0$，因此，家庭数字接入水平和家庭数字应用水平越高，家庭投资者对于风险金融投资收益的不确定性程度越低，相应持有更多风险金融资产，其也具有着更广的参与区间。对此，本书提出研究 H3.1 和 H3.2[①]。

H3.1：家庭数字接入水平对于家庭风险金融投资参与具有正向影响。

H3.2：家庭数字应用水平对于家庭风险金融投资参与具有正向影响。

4.7　健康不均等与风险金融投资参与

借鉴 Thakurata（2021）的研究，本书以跨期最优投资模型为分析框架，引入父辈对子代的内生人力资本投资选择，构建家庭最优投资组合模型来考察地区健康不均等对家庭资产配置的影响。假设经济中代表性个体同时是投资者、劳动者和消费者，存活三期，在少年期 s 积累人力资本，在成年期 f 工作，在老年期 o 退休。

代表性个体只在成年期进行生育，每位成年期代表性个体需要负担子代少年期的消费和教育支出，并需要赡养老人。当子代处于少年期时，作为父母的代表性个体需要为子代做出人力资本投资决策。子代在少年期拥有一个单位的时间禀赋。父母可以让子代将全部时间用于上学积累人力资本，也可以让子代参与劳动以增加家庭收入，或者选择一种折中的方式即部分时间用于上学，部分时间用于劳动。子代用于上学的时间投入为 λ_t，父母对子代的非时间教育投入（如书籍、其他学习用具）为 b_t。在收入风险和道德风险的约束下，劳动不具有可交易性，即代表性个体不允许通过自身未来的劳动收入或子代未来的劳动收入进行借款。假设代表性个体成年后的人力资本水平 H_f 不再变化。根据 Ben-Porath（1967）的设定，子代少年期的人力资本积累 $H_{s,t+1}$ 由学习能力 θ、教育时间投入 λ_t、非时间教育投入 b_t 以及遗传父母的人力资本 $\dot{H}_t$ 决定：

$$H_{s,t+1} = f(\theta, \lambda_t, \dot{H}_t, b_t) = \theta(\lambda_t)^{aa} (\dot{H}_t)^{bb} (b_t)^{cc} + \dot{H}_t(1 - \delta) \qquad (4.43)$$

---

① H3.1 和 H3.2 对应第 7 章实证部分。

其中，δ 为遗传父母的人力资本的折旧率，aa、bb、cc 分别为教育时间投入、学习能力、非时间教育投入对人力资本积累的贡献。在利他性假设下，父母可从对子代的教育支出中获得效用：

$$u(\lambda_t, b_t) = \phi(H_{s,t+1}(\lambda_t, b_t) - \dot{H}_t) \tag{4.44}$$

其中，ϕ 为处于成年期的代表性个体从支付子代的教育费用中获取效用的贴现率。

　　父母对子代人力资本积累的重视程度与个性、家庭特征及其生活环境有关，本书关注的是地区健康不均等影响教育人力资本投资进而对居民金融投资决策的影响，故设定 $\lambda_t = \lambda_t(p)$，$b_t = b_t(p)$。其中，p 衡量家庭所在地区亲富人的健康不均等程度，$\lambda_t(p)$ 和 $b_t(p)$ 均是 p 的增函数。上述设定的依据是，教育是改善个体收入、促进社会阶层正向流动的有效手段（喻家驹和徐晔，2018），在中国家庭养老的传统模式下，对子代的教育人力资本投资通过提高父母对子代未来社会经济地位和收入的预期促进风险金融资产投资（Thakurata，2021）。与社会经济地位相关的亲富人健康不均等程度 $p = f(\mathrm{sr}_i - \mathrm{sr}_{i-1})$ 提高，意味着社会经济地位较高的居民占有的社会资源 sr_i 大于社会经济地位相对较低的居民占有的社会资源 sr_{i-1}，从而社会经济地位较高居民的健康状况相较于社会经济地位较低居民更佳。在亲富人健康不均等的环境下，健康状况的改善是社会经济地位提高的一个显性结果，而受教育程度又是社会经济地位的重要标志，因此，亲富人健康不均等的加剧会在一定程度上增加居民的教育人力资本投资，从而影响家庭资产配置。从利他动机来看，居民将子代的人力资本作为耐用消费品（郭凯明等，2011），对子代的投资和预期子代在未来通过更高的社会经济地位获得更好的健康状况有利于提高父母的效用。从利己动机来看，居民将子代的人力资本视为投资品（刘永平和陆铭，2008），对子代教育投资越高，子代在未来获得更高社会经济地位的可能性越大，父母则有更大概率通过子代提高自身的社会经济地位，从而改善健康状况。

　　处于成年期的代表性个体被赋予 1 单位的劳动，其时间精力无弹性地用于他的工作，其劳动收入由人力资本和工资增长率 $\dot{\omega}$ 决定：

$$\mathrm{WAGE}_{f,t} = H_f \dot{\omega}_{t-1} \tag{4.45}$$

　　如果父母让未成年子代参与劳动，那么家庭收入会随着子代收入的增加而增加。一个拥有人力资本 $H_{s,t}$ 的未成年子代将 λ_t 的时间用于学习，$1-\lambda_t$ 的时间用于工作，则其所在家庭获取的未成年子代的收入为

$$\mathrm{WAGE}_{s,t} = \kappa H_{s,t}(1-\lambda_t) \dot{\omega}_{t-1} \tag{4.46}$$

其中，$0 < \kappa < 1$ 为未成年人的工资率占成年人工资率的比重。处于成年期的代表性个体负责支配家庭总收入 $\mathrm{WAGE}_{f,t} + \mathrm{WAGE}_{s,t}$，分别用于抚养子代的消费支出 $c_{s,t}$、负担子代的非时间教育支出 b_t、赡养老人的支出 $c_{o,t}$、自己的消费支出 $c_{f,t}$ 以及金融投资 Q_t。金融市场提供两种投资机会，包括收益率为 r_0 的无风险资产（单

期国债）和收益率为 $r_{1,t}$ 的风险资产（单期股票）：

$$\text{WAGE}_{f,t} + \text{WAGE}_{s,t} = c_{f,t} + c_{s,t} + b_t + c_{o,t} + S_t + D_t + I_t F^c \qquad (4.47)$$

其中，S_t 和 D_t 分别为对风险资产股票和无风险资产国债的投资额，$S_t + D_t = Q_t$；F^c 为风险金融市场的参与成本；$I_t = \{0,1\}$ 为一个状态变量，当 $I_t = 0$ 表示未参与风险金融投资，$I_t = 1$ 表示参与风险金融投资。

代表性个体步入老年期之后不再工作也不再投资，其消费支出 $c_{f,t+1}$ 部分来源于自己成年期阶段的投资及其收益，另一部分源自子代支付的赡养费 $\pi H_{s,t+1}\dot{\omega}_t$，其中 π 为子代赡养费占劳动收入的比率。为简便起见，本书不考虑遗赠动机，所以假设代表性个体去世时期财富总额为 0。

代表性个体成年期的预算约束为

$$\text{WAGE}_{f,t} + \text{WAGE}_{s,t} = c_{f,t} + c_{s,t} + b_t + c_{o,t} + S_t + D_t + I_t F^c \qquad (4.48)$$

代表性个体老年期的预算约束为

$$c_{f,t+1} = (1+r_0)D_t + (1+r_{1,t+1})S_t + \pi H_{s,t+1}\dot{\omega}_t \qquad (4.49)$$

假设金融投资中风险资产占比为 α_t，无风险资产占比为 $1-\alpha_t$，则投资组合收益率为 $r_{p,t+1} = \alpha_t(r_{1,t+1} - r_0) + r_0$，那么式（4.49）可以改写为

$$c_{f,t+1} = Q_t(1+r_{p,t+1}) + \pi H_{s,t+1}\dot{\omega}_t \qquad (4.50)$$

代表性个体跨期约束条件为

$$\text{WAGE}_{f,t} + \text{WAGE}_{s,t} = c_{f,t} + c_{s,t} + b_t + c_{o,t} + \frac{c_{f,t+1} - \pi H_{s,t+1}\dot{\omega}_t}{1+r_{p,t+1}} + I_t F^c \quad (4.51)$$

处于成年期的代表性个体的效用函数为

$$U(c) = u(c_{f,t}) + \beta u(c_{f,t+1}) + \varphi u(c_{s,t}) + \phi u(\lambda_t, b_t) + \rho u(c_{o,t}) \qquad (4.52)$$

其中，$0 < \beta < 1$ 为时间折现因子；$0 < \varphi < 1$ 为处于成年期的代表性个体从抚养子代的消费支出中获取效用的贴现率；$0 < \phi < 1$ 为处于成年期的代表性个体从负担子代教育支出中获取效用的贴现率；$0 < \rho < 1$ 为处于成年期的代表性个体从赡养老人的消费中获取效用的贴现率。为简便起见，假设投资者的效用函数为对数函数 $U(c) = \ln c$，投资者通过金融投资和对子代的人力资本投资决策实现跨期效用最大化：

$$\max U(c) = u(c_{f,t}) + \beta u(c_{f,t+1}) + \varphi u(c_{s,t}) + \phi u(\lambda_t, b_t) + \rho u(c_{o,t})$$

$$(4.53)$$

$$\text{s.t. } \text{WAGE}_{f,t} + \text{WAGE}_{s,t} - c_{f,t} - c_{s,t} - b_t - c_{o,t} - \frac{c_{f,t+1} - \pi H_{s,t+1}\dot{\omega}_t}{1+r_{p,t+1}} - I_t F^c = 0$$

$$(4.54)$$

那么，家庭最优风险金融资产投资占比为

$$\alpha_t = \frac{(1+\varphi+\rho)[\theta(\lambda_t(p))^{aa}(\dot{H}_t)^{bb}(b_t(p))^{cc}+\dot{H}_t(1-\delta)]\pi\dot{\omega}_t}{(r_{1,t+1}-r_0)[\beta(H_f\dot{\omega}_{t-1}+\kappa H_{s,t}(1-\lambda_t(p))\dot{\omega}_{t-1}-b_t(p)-I_tF^c)-Q_t(1+\varphi+\rho+\beta)]}$$
$$-\frac{1+r_0}{(r_{1,t+1}-r_0)}$$

$$(4.55)$$

由式（4.55）可以得出，家庭风险金融资产投资参与决策受到人力资本因素、劳动力市场因素、金融市场因素以及各类贴现率的影响。在家庭金融资产总额一定的条件下，风险资产投资占比随着地区亲富人健康不均等的加剧而提高，即 $\partial\alpha_t/\partial p>0$。这意味着亲富人健康不均等程度的提高（降低）能够促进（阻碍）家庭参与风险金融投资。

基于上述分析，本书提出研究 H4.1 和 H4.2[①]。

H4.1：地区健康不均等影响居民投资决策，家庭所在地区亲富人的健康不均等程度越高，家庭投资风险金融资产的可能性越大。

H4.2：地区健康不均等通过影响家庭教育人力资本投资来影响家庭投资决策。亲富人健康不均等程度的下降降低了家庭教育人力资本投资，从而导致家庭风险金融投资下降。

4.8　本章小结

本章以社会资源在个体之间和群体之间的不均等分配以及由此导致的不平衡的社会环境为切入点，考虑社会不平衡对家庭风险金融投资参与的影响。在现有模型的基础上，本章分别构建了户籍身份差异与风险金融投资参与、性别差异与风险金融投资参与、数字不对等与风险金融投资参与、健康不均等与风险金融投资参与的理论模型，并提出相应研究假设。结果显示，社会不平衡是影响居民家庭投资行为的重要因素。

首先，从社会资源在个体和群体之间的不均等分配来看，二元户籍制度导致非农业户口身份居民和农业户口身份居民参与异质性的社会保障体系，并且农业户口居民在劳动力市场遭遇待遇差别。相对于非农业户口身份居民而言，流动到城市的农业户口身份居民劳动强度大、工作时间长，进行信息搜集和处理的成本高，同时在异质性的医疗保险制度和属地化管理原则下，农业户口身份居民医疗成本高。二元户籍制度对不同户籍身份居民家庭的风险金融投资参与决策具有不同影响。非农业户口身份对家庭风险金融投资参与具有正向影响。其次，从社会

---

① H4.1 和 H4.2 对应第 8 章实证部分。

不平衡环境来看,在性别差异的影响下,女性出生人数占比低于男性,还导致女性在获得受教育机会、参与劳动就业以及婚姻生活中处于弱势地位,女性通过到学校接受教育、到劳动力市场就业和在婚姻生活中再获得社会资本的机会相对较低,从而导致整体社会资本积累和社会互动频率与活力下降。社会互动是降低信息成本、分散风险的重要渠道,社会资本积累减少、社会互动频率和互动活力降低不利于家庭参与风险金融投资。性别差异对家庭风险金融投资参与具有负向影响。信息技术的普及与发展在差异性人群中产生了新的机会不平衡即接入不对等和应用不对等。异质性家庭投资者间差异性的数字接入水平及数字应用水平导致了信息渠道水平以及风险金融资产投资参与成本差异。数字接入水平及数字应用水平较高的家庭将拥有更高水平的风险金融资产投资参与能力,并更多地参与风险金融资产投资活动。健康是人的基本可行能力,健康不均等是可行能力的差异化表现。世界各地普遍存在亲富人的健康不均等,这意味着社会经济地位越高的群体健康状况越佳。收入水平、受教育水平和职业地位是衡量社会经济地位的基本指标。以教育为例,健康作为社会经济地位提高的显性结果,居民家庭可能基于利他动机或利己动机,期望未来子代或自身获得更佳的健康水平,从而增加对当期子代的教育人力资本投资,提高未来收入预期,增加风险金融投资。亲富人的健康不均等对家庭风险金融投资具有正向影响。

5 户籍身份差异对家庭风险金融资产投资的影响：来自社会身份差异的不平衡

在第 4 章中，通过理论模型的构建初步分析了户籍身份差异对家庭风险金融资产投资的影响效应。本章利用 2010 年中国家庭层面的微观数据对理论分析结果进行了检验，包括户籍制度是否会影响家庭投资决策，作用机制如何，以及基于户籍属性的婚姻匹配模式又将如何影响家庭风险金融投资参与。

5.1 引　　言

户籍是记录人口基本情况的法律文件，是公民的身份证明。从 20 世纪 50 年代中期开始，政府多次采取措施阻止农村人口外流，并于 1958 年正式颁布《中华人民共和国户籍管理条例》，严格限制人口流动。自此人们被区分为两个不同身份的群体——农业户口居民和非农业户口居民。

作为一种基本的风险分担机制，社会保障有助于缓解健康状况不佳、失业、退休等带来的风险。户籍制度下二元结构的社会保障体系导致农业户口居民和非农业户口居民在享受社会福利和公共服务上被差别对待。以社会医疗保险为例，城镇社会医疗保险无论是从医保缴费还是报销比率来看都优于农村社会医疗保险（温兴祥和郑凯，2019）。此外，很大一部分乡—城流动人口可能处于社会保障的"真空"地带。一方面，与户籍身份有关的就业歧视导致大多数农业户口居民从事非正规部门工作，这些部门不会为他们提供城市社会保险；另一方面，由于属地化管理原则，居住在城市的农业户口居民在使用农村社会保险时面临高昂的制度成本。根据中国家庭追踪调查数据，2010 年约有 46% 的人口居住在城市，但拥有城市户口的人口不到 30%，这意味着至少有 16% 居住在城市的人口没有被纳入城市社会保障体系。

在预防性储蓄动机下，投资者通过增加对流动性或安全性较高资产的持有，并降低对风险性较高资产的持有来调整资产配置结构（Kimball，1990），以期在面临不可保险的背景风险时保持适度的总风险敞口。背景风险是不可保险的，但由此产生的收入或支出的不确定性却是可以投保的。例如，失业保险和养老保险可以分别对冲由失业和退休带来的劳动收入风险，医疗保险可以为疾病引起的不确定性支出提供保障，从而降低背景风险，促进投资者持有更大比例的风险资产。失业造成的工资损失风险是影响在业家庭未来收入不确定性的一个关键因素，政府为这种特殊的失业风险提供保障有助于降低投资者的预防性储蓄动机（Engen and Gruber，2001）。Gomes 和 Michaelides（2008）研究发现养老保险有助于改善家庭财务状况，从而促进投资者参与风险金融投资。他们提供的证据表明，社会保障制度降低了家庭的储蓄动机。根据个人是否通过 Medigap（补充性医疗保险）、雇主或医疗保险 HMO（health maintenance organization，健康维护组织）投保补充保险来衡量医疗支出风险敞口，Goldman 和 Maestas（2013）研究发现，与仅拥有基本医疗保险的投资者相比，拥有补充医疗保险的投资者持有更大比例的风险资产。

此外，由于我国实施隔离的城乡户籍管理制度，户籍管理上对劳动者起着身份识别功能，并且基于这种识别功能在就业和相关福利上将农业户口劳动者区别于非农业户口劳动者就业及福利体系之外的管理，这一隔离户籍制度造成了农业户口劳动者大比例地就业于非正规行业。利用 2014 年中国家庭追踪调查数据，吴卫星和尹豪（2019）基于股市参与成本的视角考察了投资者的工作时长对居民家庭风险金融资产投资的影响，其分析逻辑是，工作与搜寻市场信息之间是相互挤出的关系，工作时长越长，居民用于收集和分析股票信息的时间就会越少，从而阻碍投资者参与股票市场。

基于上述讨论，本章提出以下问题：户籍制度是否对居民家庭的风险金融投资决策存在影响？如果存在影响，那么户籍制度影响家庭风险金融投资决策的内在传导机制是什么？以及基于户籍制度的不同婚姻匹配模式家庭的投资决策是否存在差异？

本章具有以下两个潜在贡献。首先，大量文献关注有限参与难题，并从个体异质性和金融市场的角度进行解释，本章则考察了户籍这一制度安排的影响。这对一些由于体制原因而导致居民受到不同福利待遇的发展中国家具有借鉴意义。其次，本章的发现具有重要的经济意义。估计结果表明，由户籍属性决定的医疗保险和受其影响的工作时长可以部分解释户籍制度对家庭投资决策的影响，这在一定程度上肯定了我国目前户籍制度改革的方向，并对户籍制度的进一步改革起到激励作用。此外，基于户籍的同质婚扩大了家庭风险金融资产投资的差距，这为理解中国城市内部收入差距的扩大和婚姻对家庭投资决策的异质性影响提供了新的解释视角。

本章其余部分安排如下。5.2 节阐述了本章的实证策略，并描述了数据来源。5.3 节介绍本章的主要回归结果和一系列稳健性检验。5.4 节讨论了基于户籍属性的婚姻匹配模式的影响。5.5 节是本章的主要结论。

5.2　数据和方法

5.2.1　数据

本章使用的数据是来源于北京大学中国社会科学调查中心的中国家庭追踪调查数据。虽然本章的数据样本来自 2010 年的微观家庭调查数据，但本书的研究结果仍具有一定的现实意义。2014 年，国务院公布了进一步改革户籍制度的建议，这意味着中国正式取消城乡户口的法律区分。2015 年，国务院颁布了《居住证暂行条例》，有条件地给予流动人口在所在城市享有基本公共服务和福利的权利。但是，户籍制度改革不可能一蹴而就，农业户口居民和非农业户口居民之间的不平衡不会立即消失。首先，我国独特的户籍制度附带了很多公共服务和部分社会福利，这些附属社会资源的重新安排需要一定的时间。因此，户籍改革的效果是有滞后性的。其次，每个城市的准入条件不同，并不是所有持有农业户口的流动人口都有资格获得居住证。因此，事实上，持有农业户口的居民和持有非农业户口的居民在相关户籍制度改革政策颁布后的很长一段时间里仍然适用于不同的社会保障制度，劳动力市场上的户籍歧视也不会因为一个条例的颁布而立即消失。最后，本章对户籍身份差异的研究并不仅仅局限于农业户口身份和非农业户口身份表象，更加值得关注的是附着于户籍之上的各项权利。研究户籍身份差异对居民家庭金融投资行为的影响，对于户籍制度改革的深入，社会福利制度和社会保障体系的改进和完善，以及社会资源配置的去身份化有着重要启示意义。

中国家庭追踪调查提供了家庭所持金融产品的详细信息，包括股票、基金、债券等。本章利用家庭股票和基金持有情况作为家庭风险金融投资的代理变量。如果家庭持有股票，则定义股市参与为 1，否则为 0；如果家庭持有股票或基金，则定义广义风险金融投资参与为 1，否则为 0。同时，我们分别利用股票市值占家庭金融资产总额的比例和广义风险金融资产市值之和占家庭金融资产总额的比例衡量家庭股市参与深度和广义风险金融投资参与深度。中国家庭追踪调查还调查了受访者目前以及 3 岁和 12 岁时的户口信息，为本书构建关键解释变量——户籍属性提供了依据。由于我国城乡金融环境差异较大，农村投资股票的家庭占比较少（约 0.35%），因此本书只保留城镇样本。调查数据显示，2010 年城镇样本中52.71%的受访者为非农业户口，47.29%的受访者为农业户口，23.92%的受访者曾经历户籍属性由农业户口转变为非农业户口，即这部分受访者在 3 岁时的户籍属性为农业户口，而调查期的户籍属性为非农业户口[1]。

---

[1] 本书剔除了户籍信息缺失和不具有中国户籍的样本。

　　由于本书的目的是研究家庭的风险金融投资决策，而投资者的特征会直接影响家庭在金融市场上的行为，我们将投资决策者的人口统计学特征作为控制变量。同时，考虑到家庭在进行资产配置时通常都是家庭成员联合决策的结果，且家庭经济数据难以细分到每个成员，而在中国，户主通常在决策中有很大的发言权。因此，本书依照 Almenberg 和 Dreber（2015）的做法，将户主作为家庭投资决策者的代表，并以户主的人口统计学特征作为控制变量，包括户主的婚姻状况、性别、年龄、受教育水平（这里用学历表示）、认知能力、就业状况、行业性质、健康冲击。性别和婚姻状况在家庭投资组合研究中受到高度重视。男性比女性更爱冒险，更有可能投资和持有更大比例的风险资产（Jianakoplos and Bernasek，1998）。婚姻不仅有助于个人获得更多经济资源，而且有助于分担劳动收入风险（Bertocchi et al.，2011）。由于在人生的每个阶段拥有的财富状况和对未来的期望不同，投资者在不同年龄阶段会做出不同的投资决策（Davis et al.，2006）。受教育水平对投资者而言十分重要，有助于克服无知和误解造成的持股障碍（Haliassos and Bertaut，1995）。较高的受教育水平使投资者更容易理解股票投资并促进股市参与（Vissing-Jørgensen，2002）。认知能力是影响投资决策的一个重要因素，本书以受访者单词识记能力作为认知能力的代理变量。Hilgert 等（2003）发现金融知识丰富的个人更有可能参与银行和其他金融行业，而金融素养较低的个人则不太可能投资股票（Yoong，2011）。因此，本书使用受访者的工作行业性质来控制其金融素养。

　　本书还控制了家庭特征，包括预防性储蓄动机、家庭规模、少儿比、老年比、住房产权、家庭人均收入、家庭总资产和家庭总负债。家庭财产增加带来的财富效应对投资组合具有显著影响（Wachter and Yogo，2010）。住房资产与其他资产之间存在着替代关系，因此我们利用住房产权进行控制。由于 2010 年的中国家庭追踪调查数据没有提供完整的有关家庭风险态度的详细信息，我们根据毛捷和赵金冉（2017）的研究，使用对数收入标准差与家庭财产的比值来衡量家庭的预防性储蓄动机，从而在一定程度上可以反映家庭的风险态度，比值越大说明家庭的预防性储蓄动机越强。

　　表 5.1 为各变量的定义和描述性统计。表 5.2 提供了不同类型家庭的风险金融投资参与情况。表 5.2 中①为不同户籍类型家庭的风险金融投资参与情况。总体而言，2010 年有 8.63% 的家庭参与股市投资，11.40% 的家庭参与广义风险金融投资，股市参与深度和广义风险金融投资参与深度分别为 4.78% 和 6.57%。户主为农业户口的家庭与户主为非农业户口的家庭在风险金融投资参与上表现出很大的差异。从参与概率来看，农业户口户主家庭仅有 2.46% 的家庭持有股票和 3.55% 的家庭持有广义风险金融资产，而相应比例在非农业户口户主家庭中却分别达到 13.01% 和 16.99%；从参与深度来看，农业户口户主家庭股市参与深度和广义风险

金融投资参与深度分别为 1.40% 和 1.99%，相应比值在非农业户口户主家庭中分别达到 7.22% 和 9.88%。

表 5.1　变量定义及描述性统计

项目		变量描述	均值	标准差	最小值	最大值
关键变量	股市参与	股市参与（1＝是，0＝否）	0.086	0.281	0	1.000
	广义风险金融投资参与	广义风险金融投资参与（1＝是，0＝否）	0.114	0.318	0	1.000
	股市参与深度	股市参与深度	0.048	0.184	0	1.000
	广义风险金融投资参与深度	广义风险金融投资参与深度	0.066	0.215	0	1.000
	户籍	户籍（1＝非农业户口，0＝农业户口）	0.584	0.493	0	1.000
控制变量	婚姻状况	婚姻状况（1＝有配偶，0＝无配偶）	0.859	0.348	0	1.000
	性别	性别（1＝男，0＝女）	0.661	0.473	0	1.000
	年龄	年龄	50.496	13.580	17	97.000
	学历	学历（1＝文盲/半文盲，8＝博士）	3.003	1.367	1	8.000
	认知能力	认知能力（单词识记得分）	20.289	9.498	0	34.000
	就业状况	就业状况（1＝有工作，0＝无工作）	0.902	0.297	0	1.000
	健康冲击	健康冲击（1＝自评健康状况为"非常不健康""不健康""比较不健康""一般"，0＝自评健康状况为"健康"）	0.145	0.352	0	1.000
	行业性质	行业性质（1＝金融行业，0＝非金融行业）	0.007	0.081	0	1.000
	预防性储蓄动机	预防性储蓄动机	0.035	0.067	0	0.277
	家庭规模	家庭规模	3.400	1.524	1	16.000
	少儿比	16 岁以下人口占比	0.108	0.154	0	0.714
	老年比	65 岁以上人口占比	0.141	0.288	0	1.000
	住房产权	是否拥有现住房产权（1＝是，0＝否）	0.808	0.394	0	1.000
	家庭人均收入	家庭人均收入（万元）	1.478	2.337	0	100.000
	家庭总资产	家庭总资产（万元）	49.608	106.331	0	3001.000
	家庭总负债	家庭总负债（万元）	1.200	6.491	0	249.000

表 5.2　不同类型家庭的风险金融投资参与情况

样本组	股市参与广度	股市参与深度	广义风险金融投资参与广度	广义风险金融投资参与深度
①不同户籍类型家庭的风险金融投资参与情况				
全样本	8.63%	4.78%	11.40%	6.57%
户主为农业户口的家庭	2.46%	1.40%	3.55%	1.99%
户主为非农业户口的家庭	13.01%	7.22%	16.99%	9.88%
②不同婚姻匹配模式下已婚家庭的风险金融投资参与情况				
已婚家庭	8.95%	4.94%	12.12%	7.00%
夫妻双方都为农业户口	1.82%	1.06%	2.95%	1.89%
夫妻双方一方为农业户口另一方为非农业户口	6.35%	3.51%	9.28%	4.82%
夫妻双方都为非农业户口	15.29%	8.45%	19.37%	11.32%

表 5.2 的②报告了不同婚姻匹配模式下已婚家庭的风险金融投资参与情况。基于夫妻的户籍属性，本书定义三种婚姻匹配模式的家庭：夫妻双方都为农业户口的家庭；夫妻双方一方为农业户口另一方为非农业户口的家庭；夫妻双方都为非农业户口的家庭。总体而言，8.95%的已婚家庭参与股市投资，其股市参与深度为 4.94%；12.12%的家庭参与广义风险金融投资，其广义风险金融投资参与深度为 7.00%，这表明婚姻在一定程度上能够促进家庭投资风险金融资产。对比夫妻双方都为农业户口和夫妻双方都为非农业户口的家庭，我们发现其风险金融投资参与差异明显，前者持有股票和广义风险金融资产的可能性仅为 1.82%和 2.95%，后者却达到 15.29%和 19.37%。从参与深度来看，夫妻双方都为农业户口的家庭、夫妻双方中一方为农业户口另一方为非农业户口的家庭、夫妻双方都为非农业户口的家庭股市参与深度分别为 1.06%、3.51%、8.45%，广义风险金融投资参与深度分别为 1.89%、4.82%、11.32%。

5.2.2　模型设定

本书提出如下假设。

H1.1：户籍属性影响居民投资决策，非农业户口居民投资风险金融资产的概率和投资比例均高于农业户口居民。

H1.2：户籍属性通过影响居民获得社会保障来影响居民投资决策。相较于农业户口居民，非农业户口居民获得城镇医疗保险的可能性更大，从而降低了预防性储蓄动机，增加风险金融投资。

H1.3：户籍属性通过影响信息搜集和处理成本来影响居民投资决策。相较于农业户口居民，非农业户口居民工作时长更短，股市参与成本更低，具有更高的风险金融投资意愿和配置比例。

为检验 H1.1～H1.3，本书设定如下计量模型。

由于是否参与风险金融投资是一个二值变量，因此，本书采用 Probit 模型检验户籍身份对家庭风险金融投资参与广度的影响。户籍身份与风险金融投资参与广度：

$$Y_i = 1(y_i^* \geqslant 0)$$

$$y_i^* = \alpha_0 + \alpha_1 \text{hukou\_h}_i + \alpha_2 X_i + \alpha_3 \text{prov} + \varepsilon_i \qquad (5.1)$$

其中，Y_i 为一个指示变量，表示第 i 个家庭是否持有风险金融资产，若是则取值为 1，否则为 0；y_i^* 为一个潜变量。hukou_h$_i$ 也为一个指示变量，表示第 i 个家庭户主的户籍属性，若户主为非农业户口则取值为 1，否则为 0；X_i 为一系列控制变量，包括人口统计学特征和家庭特征；prov 为省份虚拟变量，用来控制金融市场环境以及其他经济变量的地区差距；ε_i 为随机误差项。

户籍身份与风险金融投资参与深度如下所示。

由于风险金融资产占家庭金融资产总额的比值介于 0 到 1 之间，并且有大量 0 值存在，因此，本书采用 Tobit 模型检验户籍对家庭风险金融投资参与深度的影响：

$$r_i^* = \beta_0 + \beta_1 \text{hukou\_h}_i + \beta_2 X_i + \beta_3 \text{prov} + \mu_i$$

$$R_i = \max(0, r_i^*) \qquad (5.2)$$

其中，R_i 为风险金融资产市值占家庭金融资产总额的比例；r_i^* 为一个潜变量，由家庭户主的户籍属性 hukou_h$_i$ 和控制变量 X_i 共同决定；μ_i 为随机误差项。

H1.3 对应的计量模型在 5.3.3 节进行介绍。

5.3 户籍身份差异影响家庭风险金融资产投资的经验分析

5.3.1 基准回归结果

表 5.3 和表 5.4 分别汇报了户籍制度影响家庭风险金融投资参与决策和配置决策的基准回归结果。表 5.3 中第（1）～（3）列的被解释变量为股市参与，第（4）～（6）列的被解释变量为广义风险金融投资参与，其中第（1）列和第（4）列只加入了核心解释变量——户籍，以及省份虚拟变量；第（2）列和第（5）列在核心解释变量的基础上控制了户主的人口学特征变量；第（3）列和第（6）列进一步纳入了可能影响家庭投资决策的家庭特征变量。表 5.4 第（1）列～（3）列的被解释变量为股市参与深度，第（4）～（6）列的被解释变量为广义风险金融投资参与深度，各列的设置与表 5.3 一致。

表 5.3　户籍对家庭风险金融投资参与决策的影响

项目	（1）股市参与	（2）股市参与	（3）股市参与	（4）广义风险金融投资参与	（5）广义风险金融投资参与	（6）广义风险金融投资参与
户籍	0.725*** (0.064)	0.385*** (0.073)	0.316*** (0.079)	0.759*** (0.057)	0.415*** (0.065)	0.338*** (0.072)
婚姻状况		0.250*** (0.091)	0.182* (0.100)		0.260*** (0.084)	0.207** (0.094)
性别		−0.169*** (0.057)	−0.190*** (0.061)		−0.188*** (0.052)	−0.197*** (0.056)
年龄		0.068*** (0.015)	0.071*** (0.019)		0.069*** (0.014)	0.068*** (0.018)
年龄 ^{2}		−0.067*** (0.015)	−0.069*** (0.020)		−0.069*** (0.013)	−0.067*** (0.018)
学历		0.256*** (0.029)	0.174*** (0.031)		0.281*** (0.026)	0.186*** (0.029)
认知能力		0.233*** (0.057)	0.231*** (0.061)		0.196*** (0.049)	0.194*** (0.053)
就业状况		0.275* (0.150)	0.181 (0.158)		0.392*** (0.140)	0.289* (0.149)
健康冲击		−0.087 (0.089)	0.025 (0.094)		−0.144* (0.081)	−0.026 (0.088)
行业性质		0.475** (0.214)	0.369* (0.215)		0.442** (0.213)	0.324 (0.218)
预防性储蓄动机			−2.165** (0.844)			−2.038** (0.823)
家庭规模			−0.019 (0.025)			−0.014 (0.024)
少儿比			0.323 (0.221)			0.294 (0.207)
老年比			−0.123 (0.169)			−0.251 (0.159)
住房产权			−0.479*** (0.096)			−0.484*** (0.092)
家庭人均收入			0.193*** (0.043)			0.257*** (0.041)
家庭总资产			0.173*** (0.031)			0.186*** (0.030)
家庭总负债			−0.016** (0.008)			−0.025*** (0.007)
截距项	−1.896*** (0.198)	−4.789*** (0.470)	−8.171*** (0.746)	−1.653*** (0.175)	−4.713*** (0.441)	−8.736*** (0.715)
省份虚拟变量	控制	控制	控制	控制	控制	控制
样本数	6178	6028	5601	6284	6130	5700
pseudo R^2	0.156	0.248	0.282	0.148	0.247	0.294

注：括号内为稳健标准误

*、**、***分别代表 10%、5%和 1%的显著性水平

表 5.4　户籍对家庭风险金融投资配置决策的影响

项目	（1）股市参与深度	（2）股市参与深度	（3）股市参与深度	（4）广义风险金融资参与深度	（5）广义风险金融投资参与深度	（6）广义风险金融投资参与深度
户籍	0.679*** (0.063)	0.335*** (0.067)	0.276*** (0.069)	0.701*** (0.053)	0.359*** (0.057)	0.285*** (0.059)
婚姻状况		0.210*** (0.080)	0.175** (0.084)		0.214*** (0.072)	0.166** (0.075)
性别		−0.146*** (0.050)	−0.160*** (0.051)		−0.158*** (0.044)	−0.161*** (0.044)
年龄		0.058*** (0.013)	0.060*** (0.016)		0.056*** (0.012)	0.049*** (0.014)
年龄²		−0.057*** (0.013)	−0.057*** (0.017)		−0.056*** (0.011)	−0.047*** (0.015)
学历		0.210*** (0.024)	0.141*** (0.026)		0.216*** (0.021)	0.142*** (0.022)
认知能力		0.204*** (0.051)	0.189*** (0.052)		0.178*** (0.043)	0.159*** (0.044)
就业状况		0.225 (0.140)	0.153 (0.143)		0.298** (0.126)	0.210 (0.128)
健康冲击		−0.054 (0.078)	0.025* (0.079)		−0.103 (0.070)	−0.010 (0.071)
行业性质		0.441*** (0.163)	0.297*** (0.158)		0.413*** (0.149)	0.268* (0.146)
预防性储蓄动机			−2.190 (0.726)			−1.973*** (0.678)
家庭规模			−0.025* (0.021)			−0.017 (0.019)
少儿比			0.316 (0.184)			0.272* (0.164)
老年比			−0.124*** (0.144)			−0.249* (0.129)
住房产权			−0.400*** (0.078)			−0.370*** (0.071)
家庭人均收入			0.136*** (0.036)			0.169*** (0.033)
家庭总资产			0.131* (0.024)			0.134*** (0.023)
家庭总负债			−0.012*** (0.006)			−0.017*** (0.006)

续表

项目	(1)	(2)	(3)	(4)	(5)	(6)
	股市参与深度	股市参与深度	股市参与深度	广义风险金融投资参与深度	广义风险金融投资参与深度	广义风险金融投资参与深度
截距项	−1.828*** (0.196)	−4.128*** (0.414)	−6.458 (0.585)	−1.604*** (0.162)	−3.905*** (0.372)	−6.402*** (0.530)
省份虚拟变量	控制	控制	控制	控制	控制	控制
样本数	6224	6068	5757	6224	6068	5757
pseudo R^2	0.148	0.223	0.250	0.137	0.218	0.254

注：括号内为稳健标准误

*、**、***分别代表 10%、5%和 1%的显著性水平

估计结果显示，在其他条件相同的情况下，非农业户口户主家庭风险金融投资参与概率和配置比例均高于农业户口户主家庭。表 5.3 的估计结果显示，非农业户口户主家庭参与股市的可能性比农业户口户主家庭高 2.19 个百分点[①]，这相当于2010 年家庭股市平均参与度的 25.4%，具有较为显著的经济效果；非农业户口户主家庭参与广义风险金融投资的概率比农业户口户主家庭高 3.06 个百分点，这相当于2010 年家庭广义风险金融投资平均参与深度的 26.8%，同样具有较为显著的经济效果。就风险金融投资参与深度而言，表 5.4 的估计结果显示，非农业户口户主家庭股市参与深度比农业户口户主家庭高 3.21 个百分点[②]，相当于 2010 年家庭股市平均参与深度的 67.2%，具有十分显著的经济效果；非农业户口户主家庭广义风险金融投资参与深度比农业户口户主家庭高 3.82 个百分点，相当于 2010 年家庭广义平均风险金融投资参与深度的 58.1%，同样具有十分显著的经济效果。以上结果验证了本书的 H1.1，即户籍属性影响居民投资决策，非农业户口居民投资风险金融资产的概率和投资比例均高于农业户口居民。

5.3.2　稳健性检验

5.3.2.1　样本剔除

本书的样本中，部分非农业户口受访者曾经持有农业户口。经历过户籍转换的个体可能具有一些特殊的、无法观测的特点，从而导致估计结果偏差。因

---

① 边际效应根据式（5.1）右侧控制变量的平均值计算得到。

② 边际效应根据式（5.2）右侧控制变量的平均值计算得到。

此，表 5.5 剔除了 3 岁时持有农业户口但目前户籍属性为非农业户口的样本并再次对式（5.1）和式（5.2）进行回归。子样本回归结果显示，户籍的估计系数仍然为正，且在 1%的统计水平上显著。这一结果验证了非农业户口对家庭风险金融投资参与的正效应是稳健可靠的。如前文所述，由于属地化管理原则，不仅是乡—城流动人口，地区之间的流动人口也无法享受到与当地居民同等的福利待遇，从而影响投资决策。2010 年的家庭追踪调查数据显示，约 2.71%的成人跨省迁移。为了降低地区之间的迁移对本书估计结果的影响，我们剔除了户籍所在省份与当前居住省份不同的样本。表 5.6 的估计结果表明，在剔除省际流动人口后，非农业户口仍显著促进家庭风险金融投资。

表 5.5 稳健性检验：剔除户籍转换样本

| 项目 | （1） | （2） | （3） | （4） |
	股市参与	广义风险金融投资参与	股市参与深度	广义风险金融投资参与深度
户籍	0.472*** （0.094）	0.458*** （0.086）	0.396*** （0.079）	0.382*** （0.069）
控制变量	控制	控制	控制	控制
省份虚拟变量	控制	控制	控制	控制
样本数	3918	3997	4087	4087
pseudo R^2	0.319	0.328	0.285	0.286

注：括号内为稳健标准误
***代表 1%的显著性水平

表 5.6 稳健性检验：剔除跨省流动样本

| 项目 | （1） | （2） | （3） | （4） |
	股市参与	广义风险金融投资参与	股市参与深度	广义风险金融投资参与深度
户籍	0.369*** （0.088）	0.363*** （0.078）	0.320*** （0.079）	0.301*** （0.065）
控制变量	控制	控制	控制	控制
省份虚拟变量	控制	控制	控制	控制
样本数	5365	5365	5515	5515
pseudo R^2	0.288	0.296	0.255	0.259

注：括号内为稳健标准误
***代表 1%的显著性水平

5.3.2.2　考虑可能的遗漏变量

1958 年，中国政府首次将居民按居住区域划分为农业户口居民和非农业户口居民，因此，早年曾在农村生活过的个人更可能拥有农业户口。江静琳等（2018）研究发现农村成长经历通过塑造低开放性人格特质而阻碍股市参与。为了更干净地剥离出户口本身而不是生活经历的影响，本书进一步控制了农村成长经历变量。如果受访者在未成年期即 3 岁和 12 岁时的户籍属性均为农业户口，则认为其拥有农村成长经历（experience）。表 5.7 中①的估计结果显示，非农业户口对家庭风险金融投资参与的影响仍然为正，但估计系数值和显著性都有所降低。例如，表 5.7 第（1）列和第（2）列的边际效应分别比表 5.3 第（3）列和第（6）列不考虑农村成长经历的边际效应减小了 45% 和 34%；表 5.7 第（3）列和第（4）列的边际效应分别比表 5.4 第（3）列和第（6）列的边际效应减小了 43% 和 34%。这一结果意味着，我们的基本回归结果依然稳健，但可能在一定程度上夸大了户籍制度对家庭风险金融投资参与的影响。

表 5.7　稳健性检验：增加新的控制变量

项目	（1） 股市参与	（2） 广义风险金融投资参与	（3） 股市参与深度	（4） 广义风险金融投资参与深度
①加入农村成长经历				
户籍	0.175** （0.088）	0.222*** （0.080）	0.156** （0.076）	0.189*** （0.065）
农村成长经历	−0.285*** （0.069）	−0.241*** （0.063）	−0.236*** （0.058）	−0.193*** （0.050）
控制变量	控制	控制	控制	控制
省份虚拟变量	控制	控制	控制	控制
样本数	5547	5646	5703	5703
pseudo R^2	0.286	0.298	0.253	0.257
②加入与户籍相关的不公正经历				
户籍	0.310*** （0.079）	0.330*** （0.072）	0.269*** （0.069）	0.276*** （0.592）
不公正对待经历	−0.034 （0.098）	−0.073 （0.091）	−0.053 （0.081）	−0.095 （0.071）
控制变量	控制	控制	控制	控制
省份虚拟变量	控制	控制	控制	控制
样本数	5588	5687	5743	5743
pseudo R^2	0.283	0.295	0.250	0.254

项目	（1）	（2）	（3）	（4）
	股市参与	广义风险金融投资参与	股市参与深度	广义风险金融投资参与深度
③同时加入农村成长经历和与户籍相关的不公平经历				
户籍	0.169* （0.088）	0.216*** （0.080）	0.152** （0.076）	0.185*** （0.065）
农村成长经历	−0.291*** （0.069）	−0.242*** （0.064）	−0.238*** （0.059）	−0.190*** （0.051）
不公正对待经历	0.024 （0.099）	−0.024 （0.093）	−0.002 （0.082）	−0.054 （0.072）
控制变量	控制	控制	控制	控制
省份虚拟变量	控制	控制	控制	控制
样本数	5534	5633	5689	5689
pseudo R^2	0.287	0.298	0.253	0.257

注：括号内为稳健标准误

*、**、***分别代表 10%、5% 和 1% 的显著性水平

　　因户籍而遭遇待遇差异经历可能影响户籍属性本身与投资决策之间的关系。在表 5.7 的②中，本书控制了个体是否有过因户籍而受到不公正对待经历（unfair）。结果显示，就风险金融投资参与概率而言，关键解释变量的估计系数分别为 0.310 和 0.330，且在 1% 的统计水平下显著，与表 5.3 第（3）列和第（6）列的基准回归结果（0.316 和 0.338）大体一致；就风险金融投资参与深度而言，关键解释变量的估计系数分别为 0.269 和 0.276，同样在 1% 的统计水平下显著，与表 5.4 第（3）列和第（6）列的基准回归结果（0.276 和 0.285）大体一致。

　　表 5.7 的③报告了同时加入农村成长经历和与户籍相关的不公正经历的回归结果，非农业户口的回归系数仍旧显著为正。与基准回归相比，非农业户口户主家庭与农业户口户主家庭的股市参与概率差异从 2.19 个百分点降低到 1.18 个百分点，广义风险金融投资参与概率差异从 3.06 个百分点降低到 1.96 个百分点；非农业户口户主家庭与农业户口户主家庭的股市参与深度差异从 3.21 个百分点降低到 1.77 个百分点，广义风险金融投资参与深度差异从 3.82 个百分点降低到 2.48 个百分点。以上结果表明，在考虑了可能存在的遗漏变量的影响后，本书的估计结果更加"干净"。

5.3.2.3　内生性问题的处理：滞后效应与倾向评分匹配估计

　　以上极大似然法估计结果可能有偏，回归方程的设定可能因遗漏变量或反向因果关系而存在内生性问题。一方面，一些不可观测的因素不仅会影响个人的户

籍属性，还会影响金融投资决策。例如，农业户口居民从 1984 年起，只要符合一定条件就可以获得城市身份。然而，这些条件难以全面量化，可能存在由于变量遗漏而导致的内生性问题。另一方面，部分受访者曾经历过户籍属性的转变，而根据现有数据，我们不能排除户籍属性的转变与投资行为有关的可能性。因此，为了纠正内生性问题导致的估计偏误，本书首先根据个人代码对 2010 年和 2012 年的数据进行一一匹配，然后检验 2010 年的户籍属性对 2012 年家庭金融投资行为的影响，控制变量均来自中国家庭追踪调查 2012 年的调查数据。表 5.8 的估计结果显示，无论是从风险金融投资参与广度还是从风险金融投资参与深度来看，滞后一期的非农业户口的系数仍显著为正。这一结果与本书的基准回归结果一致。

表 5.8　内生性问题的处理：滞后效应

项目	（1） 股市参与 （2012 年）	（2） 广义风险金融投资 参与 （2012 年）	（3） 股市参与深度 （2012 年）	（4） 广义风险金融投资 参与深度 （2012 年）
户籍（2010 年）	0.564*** （0.128）	0.651*** （0.111）	0.347*** （0.078）	0.413*** （0.064）
控制变量	控制	控制	控制	控制
省份虚拟变量	控制	控制	控制	控制
样本数	2755	2924	3031	3131
pseudo R^2	0.322	0.334	0.324	0.318

注：括号内为稳健标准误
***代表 1%的显著性水平

　　本书还根据家庭户主的户籍属性，采用倾向评分匹配方法估计户籍制度对家庭投资决策的"处理效应"。在匹配之前首先对数据进行平衡性检验。图 5.1 的检验结果显示，对比匹配前后的结果，几乎所有协变量的标准化偏差都大幅度缩小，这表明匹配结果对数据起到了较好的平衡作用。表 5.9 报告了户籍制度对家庭风险金融投资决策采用一对二匹配、卡尺匹配、半径匹配、核匹配方法后的估计结果。其中，ATE 表示考虑整个样本的平均处理效应；ATU 表示只考虑农业户口户主家庭的平均处理效应；ATT 表示仅考虑非农业户口户主家庭的平均处理效应。估计结果显示，所有匹配结果均为正，且基本显著。这一结果表明从全体样本中随机抽取一个居民家庭，当其拥有非农业户口身份时平均会比拥有农业户口身份时更可能投资风险金融资产；对于那些拥有农业户口身份的家庭如果拥有非农业户口身份，他们参与风险金融投资的广度和深度都会增加；对于那些拥有非农业户口身份的家庭就平均而言从这一户籍身份中获得了好处，比假如他们拥有农业户口对风险金融资产的投资力度要大。

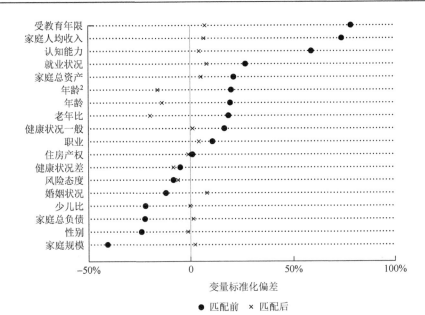

图 5.1　变量标准化偏差

表 5.9　内生性问题的处理：倾向评分匹配

项目		（1）股市参与	（2）广义风险金融投资参与	（3）股市参与深度	（4）广义风险金融投资参与深度
未匹配		0.131*** (0.008)	0.171*** (0.008)	0.073*** (0.005)	0.100*** (0.006)
一对二匹配	ATT	0.036* (0.019)	0.048** (0.022)	0.018 (0.013)	0.030* (0.015)
	ATU	0.017** (0.007)	0.027*** (0.009)	0.010** (0.005)	0.017*** (0.006)
	ATE	0.028** (0.013)	0.039*** (0.014)	0.015* (0.008)	0.025** (0.010)
卡尺匹配	ATT	0.036* (0.019)	0.048** (0.022)	0.018 (0.013)	0.030** (0.015)
	ATU	0.017** (0.007)	0.027*** (0.010)	0.010** (0.005)	0.017*** (0.006)
	ATE	0.028** (0.012)	0.039*** (0.015)	0.015* (0.009)	0.025** (0.010)
半径匹配	ATT	0.038* (0.020)	0.055** (0.022)	0.020 (0.014)	0.036** (0.015)
	ATU	0.019** (0.009)	0.033*** (0.011)	0.010* (0.005)	0.018** (0.007)
	ATE	0.030** (0.012)	0.046*** (0.014)	0.016* (0.009)	0.028*** (0.010)

续表

项目		(1) 股市参与	(2) 广义风险金融投资参与	(3) 股市参与深度	(4) 广义风险金融投资参与深度
核匹配	ATT	0.033** (0.016)	0.049*** (0.018)	0.015 (0.011)	0.029** (0.012)
	ATU	0.018*** (0.005)	0.027*** (0.007)	0.011*** (0.004)	0.017*** (0.005)
	ATE	0.027*** (0.010)	0.040*** (0.012)	0.013* (0.008)	0.024*** (0.008)

注：括号内为稳健标准误；标准差通过自助法得到
*、**、***分别代表 10%、5%和 1%的显著性水平

5.3.3　户籍身份差异影响家庭风险金融资产投资的机制探讨

正如本书在理论机理分析部分提到，户籍制度导致的二元结构的社会保障体制和工作时间、工作强度差异是户籍属性影响投资决策的潜在渠道。本书以社会医疗保险和户主在工作日以及休息日的工作时长为例，对户籍影响家庭风险金融投资参与的作用机制进行了检验。户籍制度从社会保障体系层面将农业户口居民与非农业户口居民隔离开来。因此，对于那些居住在城市但持有农业户口的居民而言，医疗支出风险可能比非农业户口居民更大。户籍制度产生的就业歧视导致相对于非农业户口居民，农业户口居民工作时间更长，为参与风险金融投资而搜集和处理信息的时间可能会挤占工作时间，从而影响收入，增大参与成本。

根据 Barber 和 Odean（2001）提出的逐步法（causal steps approach），本书探讨了户籍制度影响家庭风险金融投资的社会保障渠道和工作时长渠道。尽管逐步法因其对中介效应的检验力较低而受到一些研究者的批评和质疑，但温忠麟和叶宝娟（2014）认为，只要逐步法在依次检验过程中得到了显著的结果，那么其检验力低的问题就可以忽略。本书设定如下中介效应模型：

$$\text{mediator}_i = \lambda_0 + \lambda_1 \text{hukou\_h}_i + \lambda_2 X_i + \varsigma_i \tag{5.3}$$

$$Y_i = 1(y_i^* \geq 0)$$

$$y_i^* = \eta_0 + \eta_1 \text{hukou\_h}_i + \eta_2 \text{mediator}_i + \eta_3 X_i + \eta_4 \text{prov} + \zeta_i \tag{5.4}$$

$$r_i^* = \vartheta_0 + \vartheta_1 \text{hukou\_h}_i + \vartheta_2 \text{mediator}_i + \vartheta_3 X_i + \vartheta_4 \text{prov} + \upsilon_i$$

$$R_i = \max(0, r_i^*) \tag{5.5}$$

其中，mediator$_i$ 为中介变量，当检验社会保障渠道时，中介变量是一个指示变量，表示个体 i 是否属于城镇社会医疗保障体系，如果是则取值为 1，否则为 0；ς_i、ζ_i、υ_i 为随机误差项；η_0 和 ϑ_0 为截距项。中国家庭追踪调查了解了被访者的医疗保险参保情况，包括公费医疗、城镇职工医疗保险、城镇居民医疗保险、补充医

疗保险、新型农村合作医疗保险，本书界定拥有公费医疗、城镇职工医疗保险和城镇居民医疗保险的居民属于城镇社会医疗保障体系。当检验工作时长渠道时，中介变量是一个连续变量，表示个体 i 的工作时长。中国家庭追踪调查详细调查了被访者在工作日和休息日的日均工作时长（小时/天），本书分别检验了工作日工作时长、休息日工作时长、工作日工作时长与休息日工作时长均值的中介作用。

以户籍对家庭风险金融投资参与率的影响为例。我们首先估计式（5.1），如果 α_1 显著，则继续估计式（5.3）和式（5.4）。如果 λ_1 和 η_2 都显著，则表明户籍身份确实能够通过社会保障/工作时长影响家庭风险金融投资参与，否则进行 Sobel 检验。如果 η_1 显著，则表明社会保障/工作时长具有部分中介效应，否则具有完全中介效应。

表 5.10 汇报了社会医疗保险在户籍制度与家庭投资决策关系中的作用的估计结果。第（1）列的结果显示，户籍变量的估计系数为正且在 1% 的统计水平下显著，这意味着持有非农业户口的个人更有可能进入城镇医疗保障体系。第（2）～（5）列的回归结果显示，城镇社会医疗保险体系的系数显著为正，这表明户籍制度通过影响城镇社会医疗保险的可获得性影响家庭的风险金融投资参与决策。与此同时，户籍变量的系数虽然仍显著为正，但显著性和系数值都明显降低。因此，我们可以得出结论认为二元化的社会医疗保险体系是户籍制度与家庭风险金融投资参与关系的部分中介。该研究结果论证了 H1.2，即户籍属性通过影响居民获得社会保障来影响居民投资决策。相较于农业户口居民，非农业户口居民获得城镇医疗保险的可能性更大，从而降低了预防性储蓄动机，增加风险金融投资。

表 5.10　户籍制度影响家庭风险金融投资参与的作用渠道：社会医疗保险

项目	（1）城镇社会医疗保障体系	（2）股市参与	（3）广义风险金融投资参与	（4）股市参与深度	（5）广义风险金融投资参与深度
户籍	1.602*** (0.050)	0.181** (0.092)	0.165** (0.084)	0.164** (0.079)	0.148** (0.067)
城镇社会医疗保障体系		0.283*** (0.085)	0.337*** (0.077)	0.240*** (0.072)	0.271*** (0.061)
控制变量	控制	控制	控制	控制	控制
省份虚拟变量	控制	控制	控制	控制	控制
样本数	5402	5250	5346	5402	5402
pseudo R^2	0.440	0.285	0.299	0.253	0.260

注：括号内为稳健标准误

、*分别代表 5% 和 1% 的显著性水平

表 5.11 分别报告了以工作日工作时长、休息日工作时长、工作日工作时长和休息日工作时长均值为影响机制的回归结果。第（1）列的回归结果显示，无论是以工作日工作时长、休息日工作时长还是工作日工作时长和休息日工作时长均值作为被解释变量，户籍变量的系数都在 1%的统计水平下显著为负。这表明，相较于农业户口居民，非农业户口居民的工作时长更短。第（3）～（5）列的回归结果显示，工作时长的系数显著为负，户籍变量的系数显著为正。这一结果说明，工作时长是户籍制度与家庭风险金融投资参与关系的部分中介。该研究结果论证了 H1.3。根据已有研究，股市参与成本是解释股市有限参与之谜的重要因素。与农业户口居民相比，非农业户口居民工作时长更短，拥有更多的时间收集和分析市场信息，并且这部分时间不会占据工作时间，从而信息成本更低，而信息成本又是风险金融资产投资参与成本的重要表现之一。因此，非农业户口属性带来的家庭信息成本的相对降低，促进了家庭参与风险金融投资概率和投资比例的提高。

表 5.11　户籍制度影响家庭风险金融投资参与的作用渠道：工作时长

作用渠道	项目	（1） 工作时长	（2） 股市参与	（3） 广义风险金融投资参与	（4） 股市参与深度	（5） 广义风险金融投资参与深度
工作日工作时长	户籍	−0.605*** (0.051)	0.307*** (0.080)	0.297*** (0.074)	0.266*** (0.070)	0.275*** (0.060)
	工作日工作时长		−0.011 (0.008)	−0.032*** (0.008)	−0.012* (0.007)	−0.011* (0.006)
	控制变量	控制	控制	控制	控制	控制
	省份虚拟变量	控制	控制	控制	控制	控制
	样本数	5757	5601	5700	5757	5757
	R^2/pseudo R^2	0.348	0.283	0.298	0.250	0.254
休息日工作时长	户籍	−0.535*** (0.045)	0.281*** (0.081)	0.297*** (0.074)	0.244*** (0.070)	0.251*** (0.060)
	休息日工作时长		−0.032*** (0.009)	−0.032*** (0.008)	−0.028*** (0.008)	−0.026*** (0.007)
	控制变量	控制	控制	控制	控制	控制
	省份虚拟变量	控制	控制	控制	控制	控制
	样本数	5757	5601	5700	5757	5757
	R^2/pseudo R^2	0.191	0.286	0.298	0.253	0.257
工作日工作时长+休息日工作时长（均值）	户籍	−0.625*** (0.052)	0.288*** (0.081)	0.306*** (0.073)	0.248*** (0.071)	0.256*** (0.060)
	工作日工作时长+休息日工作时长（均值）		−0.029*** (0.010)	−0.029*** (0.009)	−0.028*** (0.009)	−0.026*** (0.008)

续表

作用渠道	项目	(1)	(2)	(3)	(4)	(5)
		工作时长	股市参与	广义风险金融投资参与	股市参与深度	广义风险金融投资参与深度
工作日工作时长＋休息日工作时长（均值）	控制变量	控制	控制	控制	控制	控制
	省份虚拟变量	控制	控制	控制	控制	控制
	样本数	5757	5601	5700	5757	5757
	R^2/pseudo R^2	0.351	0.285	0.296	0.252	0.256

注：括号内为稳健标准误

*、***分别代表10%和1%的显著性水平

5.4　进一步讨论：基于户籍属性的不同婚姻匹配模式的影响

婚姻不仅是两个人的结合，更是对两个家庭资源的整合。除了传宗接代的功能之外，婚姻还涵盖家庭层面上的资本保护、维系社会地位和实现社会流动等意义（韦艳和张力，2011）。根据夫妻背景差异，婚姻匹配模式可以分为同质婚和异质婚（Schwartz，2013）。Burdett（1997）研究发现人们更倾向于与同一社会阶层的人结婚。受门当户对的传统文化的影响，同质婚在中国占主导地位。与社会资源和福利捆绑的户口本身在很大程度上暗示了一个人的社会经济地位（韦艳和蔡文祯，2014；Luo and Wang，2020），从而影响个人的择偶决策。在中国家庭追踪调查（2010年）样本中，89%的夫妻拥有相同的户籍属性。当然，不排除有因为婚姻导致户口迁移从而改变户籍属性的情况，因此，我们还依据个体在12岁时的户籍属性计算了夫妻样本中同质婚的概率。结果表明在剔除婚姻引致的户籍转换因素后仍有近70%的夫妻属于同质婚。

本书的基准回归结果显示，居住在城市地区的非农业户口户主家庭更有可能投资股票。那么，基于户口的不同婚姻匹配模式是否会加剧家庭间风险金融投资参与决策的差异呢？本书从两个方面比较了不同婚姻匹配模式对家庭投资决策的影响。首先，我们根据被调查者的户籍属性和婚姻状况构建了如下三个子样本：夫妻双方都为农业户口；夫妻双方中一方为农业户口另一方为非农业户口；夫妻双方都为非农业户口。在表5.12中，本书分别检验了三种婚姻匹配模式对家庭风险金融投资参与的影响。pattern1、pattern2、pattern3都为指示变量。如果户主已婚且夫妻双方都为农业户口，则pattern1取值为1，如果户主未婚则取值为0；如果户主已婚且夫妻双方一方为农业户口另一方为非农业户口，则pattern2取值为1，如果户主未婚则取值为0；如果户主已婚且夫妻双方都为非农业户口，pattern3取值为1，如果户主未婚则取值为0。

表 5.12　不同婚姻匹配模式下家庭风险金融投资参与的差异

项目	(1) 股市参与	(2) 股市参与	(3) 股市参与	(4) 广义风险金融投资参与	(5) 广义风险金融投资参与	(6) 广义风险金融投资参与
①风险金融投资参与						
pattern1	−0.157 (0.171)			−0.174 (0.159)		
pattern2		−0.106 (0.151)			−0.062 (0.141)	
pattern3			0.284** (0.107)			0.281*** (0.101)
控制变量	控制	控制	控制	控制	控制	控制
省份虚拟变量	控制	控制	控制	控制	控制	控制
样本数	1675	1011	2804	1922	1109	2823
R^2/pseudo R^2	0.330	0.276	0.264	0.293	0.292	0.276
②风险金融资产配置比例						
pattern1	−0.109 (0.146)			−0.157 (0.147)		
pattern2		−0.063 (0.125)			−0.063 (0.116)	
pattern3			0.227*** (0.082)			0.212*** (0.075)
控制变量	控制	控制	控制	控制	控制	控制
省份虚拟变量	控制	控制	控制	控制	控制	控制
样本数	2318	1257	2870	2308	1257	2870
R^2/pseudo R^2	0.342	0.275	0.231	0.288	0.272	0.236

注：括号内为稳健标准误

、*分别代表5%和1%的显著性水平

表 5.12 的①和②分别报告了以风险金融投资参与为被解释变量和以风险金融资产配置比例为被解释变量的估计结果。估计结果显示，并非所有已婚家庭未婚家庭更愿意投资风险金融资产或持有更大比例的风险金融资产。具体而言，第（3）列和第（6）列中pattern3的系数显著为正，而第（1）列、第（2）列、第（4）列和第（5）列中pattern1和pattern2的系数为负且不显著，这表明只有夫妻双方都为非农业户口的婚姻组合才能有效促进家庭参与风险金融投资。

针对已婚家庭之间的投资差异，本书将式（5.1）和式（5.2）中的关键解释变量替换为婚姻匹配模式mmpattern并进行回归。如果夫妻双方都为农业户口，则

mmpattern 取值为 1；如果夫妻双方一方为农业户口另一方为非农业户口，则 mmpattern 取值为 2；如果夫妻双方都为非农业户口，则 mmpattern 取值为 3。

图 5.2 为上述估计的可视化结果。图 5.2（a）的被解释变量为股市参与；图 5.2（b）的被解释变量为广义风险金融投资参与；图 5.2（c）的被解释变量为股票市值占家庭金融资产总额的比重，即股票配置比例；图 5.2（d）的被解释变量为广义风险金融资产市值占家庭金融资产总额的比重，即广义风险金融资产配置比例。随着婚姻匹配模式从夫妻双方都为农业户口转变为夫妻双方都为非农业户口，家庭投资风险金融资产的概率和配置份额呈现出上升的变动趋势。具体来说，夫妻双方都为非农业户口的家庭在持股意愿上比夫妻双方一方为农业户口另一方为非农业户口的家庭高出约 82%，比夫妻双方都为农业户口的家庭高出约 240%；夫妻双方都为非农业户口的家庭参与广义风险金融投资的概率比夫妻双方一方为农业户口另一方为非农业户口的家庭高出约 64%，比夫妻双方都为农业户口的家庭

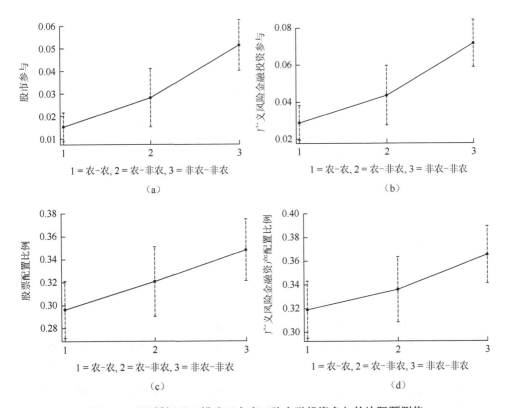

图 5.2　不同婚姻匹配模式下家庭风险金融投资参与的边际预测值

（a）的被解释变量为股市参与；（b）的被解释变量为广义风险金融投资参与；（c）的被解释变量为股票配置比例；（d）的被解释变量为广义风险金融资产配置比例

高出约 148%。就风险金融资产的配置比例来看，夫妻双方都为非农业户口的家庭配置的股票占比比夫妻双方一方为农业户口另一方为非农业户口的家庭高约 8%，比夫妻双方都为农业户口的家庭高约 18%；夫妻双方都为非农业户口的家庭配置的广义风险金融资产占比比夫妻双方一方为农业户口另一方为非农业户口的家庭高约 9%，比夫妻双方都为农业户口的家庭高约 14%。金融投资是家庭财产性收入的重要来源之一，以上结果揭示出户籍制度的二元性可能通过影响家庭投资决策而扩大城市内部收入差距。

5.5　本　章　小　结

本章基于制度视角为我国风险金融市场有限参与困境提供了新的解释。基于 2010 年的中国家庭追踪调查数据，本书检验了户籍制度与风险金融投资参与概率和参与深度之间的关系，发现对于居住在城镇地区的投资者而言，非农业户口对家庭风险金融投资参与概率和参与深度具有显著的正效应。具体地，非农业户口户主家庭股市参与意愿和广义风险金融投资参与意愿分别比农业户口户主家庭高 2.19 个百分点和 3.06 个百分点；非农业户口户主家庭股票配置比例和广义风险金融资产配置比例分别比农业户口户主家庭高 3.21 个百分点和 3.82 个百分点。这一结果可由户籍制度导致的二元社会保障体系和户籍歧视下的工作时长差异解释。经过一系列稳健性检验，本书的结论是稳健可靠的。进一步地，本书还发现基于户籍属性的不同婚姻匹配模式的家庭在投资行为上存在显著差异。都为非农业户口的两人的结合意味着两个家庭优越的社会资源的整合，只有夫妻双方都为非农业户口的婚姻才能促进家庭投资风险金融资产。对于已婚家庭而言，夫妻双方都为非农业户口的家庭投资风险金融资产的可能性更大，并且倾向于将更大比例的金融资产配置到股票和广义风险金融资产上。以上结果有助于我们理解中国城市内部收入差距扩大的原因以及婚姻对家庭风险金融投资参与的异质性影响。

未来研究可在以下几方面进行拓展。首先，户籍制度不仅导致了社会保障的二元结构，而且导致了教育和就业的二元结构。例如，持有农业户口的流动人口子女如果要与城市孩子在同一所学校就读，他们需要支付更多的资金，从而增加了这类投资者的预防性储蓄动机。其次，户籍制度还把人分为本地居民和外来人口。同样，外来人口也无法享受到与当地居民相同的社会福利，从而可能导致不同的投资行为。因此，未来研究可从户籍属性以外的户籍特征分析和解释户籍制度对家庭金融投资决策的影响。随着户籍制度改革措施的落实以及户籍制度改革的逐渐深入，未来研究还可以从家庭微观层面对户籍制度改革的具体政策措施进行评估性研究。

6 性别差异对家庭风险金融资产投资的影响：来自自然属性差异的不平衡

第 4 章的理论分析表明性别差异是阻碍家庭投资风险金融资产的重要因素，应充分关注各地区教育和劳动力市场上的性别差异现象。本章利用 2010～2014 年中国家庭层面的微观数据，探讨县域性别差异对家庭风险金融资产投资的影响，重点检验第 4 章命题关于社会互动（社会资本）影响的猜想，分析性别差异对不同群体投资行为的异质性影响，并针对性别差异下性别结构失衡对于家庭风险金融资产投资的影响及未婚男性子女数量对于家庭房产投资意愿的作用展开进一步探讨。

6.1 引　　言

性别差异是指个体因为性别这一单一因素而被丧失某种机会、被错判或接受不公正的对待的一种情境（Salvini，2014），现实中大多表现为对男性有利的性别差异，即在教育、劳动力市场机会、政治赋权和社会生活等其他方面，男性的地位和权力高于女性（Wood and Eagly，2002；Klasen，2020）。性别差异起源于生理差异导致的男女两性在家庭和社会中承担不同的角色。利用前工业社会民族志数据资料，Alesina 等（2013）考察了历史上犁耕这一传统农业生产方式对当今世界不同民族、不同国家的男女性别态度及女性劳动参与率的影响。研究发现，犁耕农业生产方式显著扩大了性别差异，同时降低了当地的女性劳动参与率、女性企业主数量以及女性政治参与度。性别差异程度越高，女孩塑造个人生活的机会越少，这反过来又进一步加剧劳动力市场参与、赋权和生育等方面的结构性不平等（de Looze et al.，2019）。

本章从以下六个方面对现有文献做出了可能的补充。第一，本章检验了性别差异与中国家庭风险金融投资参与之间的关系。与现有的大量关于投资行为中的性别差异文献不同，本书聚焦于区域层面上的性别差异。虽然人们普遍认为，女性比男性更加厌恶风险，女性不太可能投资风险资产，但尚不清楚区域一级的性别差异如何影响家庭投资决策。第二，本章的研究结果表明，性别差异对风险金融投资参与的负面影响在北方地区和中西部地区家庭中更大。这一结果为有关部门制定更有针对性的促进性别平等和引导家庭投资的政策提供了新的途径。第三，本章探讨了性别差异对家庭风险金融投资参与的影响机制。除了一系列家庭特征外，社会互动提供了性别差异影响家庭投资决策的新的见解。第四，本书的研究结果充实了有关性别差异的文献，表明在教育、就业等方面赋予妇女权利有助于提高家庭在金融市场中的活力。第五，本章针对性别差异下性别结构失衡影响家庭风险资产投资进行了补充探讨，表明性别结构失衡通过婚姻市场竞争将置业压力传播至全体家庭，并降低家庭对于风险金融资产的投资。第六，针对性别差异下家庭未婚男性子女数量对于家庭置业意愿的影响进行了展开讨论，发现未婚男性子女数量显著促进了家庭投资房产的意愿。

　　本章其余部分的安排如下。6.2 节为数据描述性统计和方法介绍，6.3 节为性别差异与家庭风险金融资产投资的经验回归结果及相应分析，6.4 节为关于性别结构与家庭风险金融资产投资的进一步讨论，6.5 节是关于未婚男性子女数量与家庭置业意愿的展开讨论，6.6 节为本章的小结。

6.2　数据和经验策略

6.2.1　数据来源

　　6.3 节的研究数据来源于中国家庭追踪调查数据。这是一项针对个人、家庭和社区的具有全国代表性的追踪调查（Xie，2012）。第一次中国家庭追踪调查是由北京大学中国社会科学调查中心于 2010 年进行的。样本覆盖来自全国 25 个省（不包括西藏、新疆、内蒙古、海南、宁夏、青海、香港、澳门、台湾）的 162 个县的 635 个社区的大约 7694 个农村家庭和 7104 个城市家庭。中国家庭追踪调查每两年实施一次，根据数据可得性，最新可得数据为 2018 年的数据。考虑到数据的质量和一致性，我们从 2010 年、2012 年和 2014 年的数据集中获得了每个家庭的资产、人口特征和家庭特征信息[①]。而 6.4 节的研究数据来自 2017 年中国家庭金融调查数据，其由西南财经大学中国家庭金融调查与研究中心在 2017 年开展。该调查项目访问了全国 29 个省区市，355 个县（区、县级市）共 40 011 户家庭，采集其人口特征、资产与负债、保险与保障、支出与收入等相关信息。

　　本书基于以下标准对数据进行了筛选：第一，剔除存在关键变量数据缺失的家庭；第二，家庭必须居住在城市，因为城乡金融环境差异较大，持有风险资产

---

① 2016 年和 2018 年的调查缺少关于具体金融资产种类的持有信息。

的农村家庭样本极少[①]。6.3 节使用的最终样本包括中国家庭追踪调查 2010 年、2012 年、2014 年三轮调查的 13 867 户家庭，而 6.4 节和 6.5 节使用的最终样本为中国家庭金融调查 2017 年中 21 375 个有效的家庭样本。

6.2.2　性别差异的测度

性别相关发展指数（gender-related development index，GDI）、性别赋权指数（gender empowerment measure，GEM）、性别差距指数（gender gap index，GGI）、社会制度和性别指数（social institutions and gender index，SIGI）、GII 是目前国际上最具代表性的衡量国家间性别差异程度的指数（Palència et al.，2014；齐雁和赵斌，2020）。GII 是联合国开发计划署于 2010 年提出的、在国家层面上使用最为广泛的衡量女性和男性不同维度下的不平等状况的指标（de Looze et al.，2019）。GII 将女性在政治参与、经济活动参与、生育健康三个维度上相对于男性的劣势定量化（de Looze et al.，2019），由议会代表性别比例、中等及以上教育人口比例、劳动就业率、孕产妇死亡率以及青少年早孕比例加权平均得到（Gaye et al.，2010），不仅衡量了两性之间的不平等，还能反映各维度之间的相关性。考虑到微观数据可得性的限制，本书根据 GII 的构成，采用区县层面的高中男女入学率差异和劳动年龄人口中男女劳动参与率差异来测度地区性别差异。

Baliamoune-Lutz 和 McGillivray（2015）采用男女小学入学率差异和中学入学率差异衡量性别差异。考虑到中国自 2006 年开始实行九年义务教育制度，本书将性别差异定义为男女高中入学率差异。我们首先分别计算 20 岁以上男性群体的高中入学率和女性群体的高中入学率[②]，其次计算男女高中入学率比率（男性高中入学率/女性高中入学率），最后利用该比率与绝对平等（即比率为 1）作差，差值越大意味着性别差异程度越高。图 6.1 为基于 2010 年、2012 年、2014 年以及三年混合中国家庭追踪调查数据绘制的中国性别差异分布图。大量区县的男女高中入学率差异超过零值（2010 年为 85.98%、2012 年为 86.54%、2014 年为 80.61%、三年总体为 84.38%），这表明偏向男性的性别差异在中国是一种普遍的社会现象。本书还采用劳动年龄人口中男女劳动参与率差异来衡量性别差异。调查期间，中国法定男女退休年龄分别为 60 岁和 55 岁。因此，我们首先分别计算出区县 16~60 岁男性和 16~55 岁女性的劳动参与率，其次计算男女劳动参与率的比率（男性劳动参与率/女性劳动参与率），最后利用该比率与绝对平等（即比率为 1）作差，差值越大意味着性别差异程

[①] 2010 年，7694 户农村家庭中仅有 27 户持有股票；2012 年，8126 户农村家庭中仅有 39 户持有股票；2014 年，6598 户农村家庭中仅有 24 户持有股票。

[②] 按照 7 岁小学入学的年龄计算，高中入学和毕业年龄分别为 16 岁和 19 岁，考虑到某些地区或某些家庭因贫困或缺乏教育意识而不读或晚读书，本书选择以 20 岁以上年龄人口作为高中入学率的分析样本。

度越高。如图 6.2 所示，男性劳动参与率普遍高于女性。男女劳动参与率差异大于 0 的区县占比在 2010 年为 96.61%，2012 年为 95.42%，2014 年为 95.08%，三年整体为 95.82%。这与以男女高中入学率差异衡量的性别差异的分布是一致的。

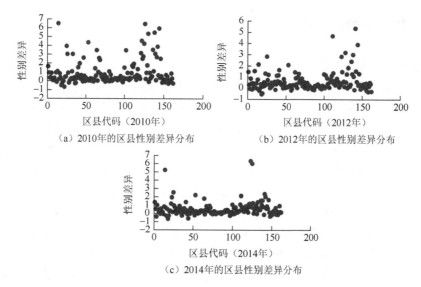

（a）2010年的区县性别差异分布　　　（b）2012年的区县性别差异分布

（c）2014年的区县性别差异分布

图 6.1　基于男女高中入学率差异的区县性别差异

Y 轴代表以男女高中入学率差异衡量的性别差异程度，X 轴代表区县代码

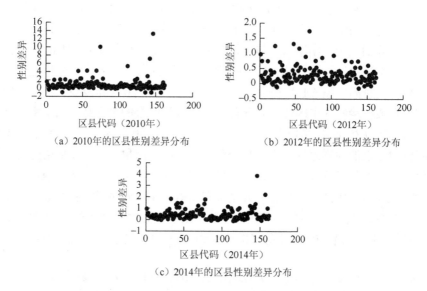

（a）2010年的区县性别差异分布　　　（b）2012年的区县性别差异分布

（c）2014年的区县性别差异分布

图 6.2　基于男女劳动参与率差异的区县性别差异

Y 轴代表以男女劳动参与率衡量的性别差异程度，X 轴代表区县代码

6.2.3 性别结构的测度

本章中关于性别结构与家庭风险金融资产投资参与的进一步探讨中将涉及性别结构的测算问题。具体而言，本章将使用赋权计算的家庭所在区县男性数量与女性数量比值衡量家庭所处地区的性别结构。

6.2.4 描述性统计

实证分析包含一系列家庭和户主特征。表 6.1 报告了 6.3 节和 6.4 节研究中使用变量的定义和描述性统计。从 6.3 节的描述性统计结果可知，2010~2014 年，我国狭义上的风险金融投资平均参与率只有 7.2%，广义上的平均参与率也只有 9.8%，这表明我国风险金融市场有限参与现象十分严重。同时，性别差异问题也不容忽视，男女高中入学率和男女劳动参与率的平均差异均大于零。我们还发现，这两个指标的最小值均小于零，这说明某些地区可能存在男性较弱的现象，然而，这并不能改变妇女总体上依然处于弱势地位的事实。因此，本书的性别差异指男性优势地位的性别差异。

表 6.1　变量定义和描述性统计

变量名	变量描述	均值	标准差	最小值	最大值
	6.3 节				
	关键变量				
股市参与	股市参与（1＝是，0＝否）	0.072	0.259	0.000	1.000
广义风险金融投资参与	广义风险金融投资参与（1＝是，0＝否）	0.098	0.298	0.000	1.000
性别差异（高中入学率差异）	性别差异（高中入学率差异）	0.471	0.812	−0.660	6.506
性别差异（劳动参与率差异）	性别差异（劳动参与率差异）	0.456	0.702	−0.500	13.287
	控制变量				
性别	性别（1＝男，0＝女）	0.608	0.488	0.000	1.000
年龄	年龄	51.072	13.382	17.000	97.000
婚姻状况	婚姻状况（1＝有配偶，0＝无配偶）	0.859	0.348	0.000	1.000
户籍	户籍（1＝非农业户口，0＝农业户口）	0.570	0.495	0.000	1.000
民族	民族（1＝汉族，0＝非汉族）	0.952	0.215	0.000	1.000

续表

变量名	变量描述	均值	标准差	最小值	最大值
中共党员	中共党员（1＝是，0＝否）	0.148	0.356	0.000	1.000
受教育年限	受教育年限	8.447	4.566	0.000	22.000
健康状况良好	健康状况良好	0.546	0.498	0.000	1.000
健康状况一般	健康状况一般	0.292	0.455	0.000	1.000
健康状况很差	健康状况很差	0.162	0.369	0.000	1.000
就业状况	就业状况（1＝有工作，0＝无工作）	0.562	0.496	0.000	1.000
行业性质	行业性质（1＝金融行业，0＝非金融行业）	0.009	0.093	0.000	1.000
家庭规模	家庭规模	3.458	1.588	1.000	17.000
少儿比	16岁以下人口占比	0.109	0.154	0.000	0.714
老年比	65岁以上人口占比	0.156	0.301	0.000	1.000
住房产权	是否拥有现住房产权（1＝是，0＝否）	0.838	0.368	0.000	1.000
家庭人均收入	家庭人均收入（万元）	1.610	4.015	0.000	366.614
家庭净资产	家庭净资产（万元）	49.309	93.977	−72.547	2041.313

6.4 节

关键变量

广义风险金融投资参与	广义风险金融投资参与（1＝是，0＝否）	0.135	0.342	0.000	1.000
股市参与	股市参与（1＝是，0＝否）	0.0807	0.2720	0.0000	1.0000
性别比	赋权计算的家庭所在区县（市）男性数量与女性数量比值	1.038	0.094	0.810	1.424

控制变量

婚姻状况	婚姻状况（1＝有配偶，0＝无配偶）	0.837	0.369	0.000	1.000
受教育年限	户主的受教育年数	10.190	4.021	0.000	22.000
年龄	按照2017年计的户主年龄除以10	5.467	1.488	1.800	11.700
年龄^2	年龄变量值的平方项	32.100	16.500	3.240	136.900
性别	性别（1＝男，0＝女）	0.749	0.434	0.000	1.000
健康状况	户主的自评健康状况	2.521	0.982	1.000	5.000
对数家庭收入	家庭总收入加1后的对数	10.780	1.705	0.000	15.420
家庭规模	家庭规模	2.950	1.390	1.000	15.000
对数家庭资产	家庭总资产加1后的对数	12.920	1.938	0.000	17.220
金融知识	当户主对于问卷中关于风险收益问题和投资组合风险问题的全部回答均正确时赋值为1，其他赋值为0	0.485	0.500	0.000	1.000

续表

变量名	变量描述	均值	标准差	最小值	最大值
住房资产比重	家庭拥有房产现值占家庭总资产的比重	0.642	0.333	0.000	1.000
自有住房	家庭拥有自有住房时赋值为1，此外赋值为0	0.800	0.400	0.000	1.000
区县级人均受教育年限	利用全部样本赋权计算的区县级人均受教育年限	10.620	1.619	3.122	15.010
区县级人口抚养比	利用全部样本赋权计算的区县级人口抚养比	0.215	0.0377	0.107	0.378
区县级城乡人口结构	利用全部样本赋权计算的区县级城乡人口结构	0.181	0.228	0.000	0.937
6.5 节					
关键变量					
置业意愿	置业意愿，有新购、新建住房打算赋值为1，其他赋值为0	0.164	0.370	0.000	1.000
未婚男性后代数量	家庭未婚男性后代数量	0.180	0.411	0.000	3.000
控制变量					
婚姻状况	婚姻状况（1＝有配偶，0＝无配偶）	0.837	0.369	0.000	1.000
受教育年限	户主的受教育年数	10.190	4.021	0.000	22.000
年龄	按照2017年计的户主年龄除以10	5.467	1.488	1.800	11.700
年龄^2	年龄变量值的平方项	32.100	16.500	3.240	136.900
性别	性别（1＝男，0＝女）	0.749	0.434	0.000	1.000
健康状况	户主的自评健康状况	2.521	0.982	1.000	5.000
对数家庭收入	家庭总收入加1后的对数	10.780	1.705	0.000	15.420
家庭规模	家庭规模	2.950	1.390	0.000	15.000
子女数量	子女总人数	0.363	0.638	0.000	5.000
对数家庭资产	家庭总资产加1后的对数	12.920	1.938	0.000	17.220
金融知识	当户主对于问卷中关于风险收益问题和投资组合风险问题的全部回答均正确时赋值为1，其他赋值为0	0.485	0.500	0.000	1.000
自有住房	家庭拥有自有住房时赋值为1，此外赋值为0	0.800	0.400	0.000	1.000

在6.3节的实证研究中控制了家庭户主的人口统计学特征，包括年龄（Levy，2015）、性别（Halko et al.，2012）、婚姻状况、户籍、民族（Song et al.，2020）、政治身份（这里用中共党员来表示）（陈刚，2019）、受教育年限（Bekaert et al.，2017）、健康状况（Rosen and Wu，2004）、就业状况（Yao et al.，2005；Cardak and

Wilkins，2009)、行业性质 (Hilgert et al.，2003) 等。此外，本章第三部分还使用家庭规模、少儿比、老年比、住房产权、家庭人均收入、家庭净资产等来控制家庭层面的因素。少儿比和老年比影响家庭的可支配收入，从而影响资产配置。家庭资产增加带来的财富效应对资产选择有着重要影响 (Wachter and Yogo，2010)。在总财富的约束下，住房资产与其他资产之间存在替代关系 (Chetty et al.，2017)。为排除通货膨胀的影响，本书根据国家统计局发布的 CPI (consumer price index，消费价格指数) 以 2010 年为基期对家庭收入和资产净值进行平减。

　　6.4 节和 6.5 节中将针对性别结构对于家庭风险金融投资参与的影响及未婚子女数量对于家庭置业意愿的影响展开补充讨论。与 6.3 节相似，6.4 节将分别选取广义风险金融投资参与和股市参与作为核心被解释变量，以分别探讨性别结构对于家庭广义风险金融投资参与概率和股市参与概率的影响。6.4 节中的风险金融资产定义与 1.4.2 节中关于风险资产的概念界定相同。在解释变量的选取上，本章将以性别比变量作为核心解释变量探讨性别结构对于家庭风险金融资产参与的相关影响。此外，6.4 节中，本章还将先后考察房产偏好水平 (住房资产比重变量) 在性别结构对于家庭风险金融投资参与概率影响中发挥的渠道作用。在控制变量的选择上，参考 2017 年中国家庭金融调查数据的问卷设置与相关文献研究经验 (尹志超等，2014；周广肃等，2018)，6.4 节选取的控制变量主要包括了投资者特征变量 (年龄、性别、健康状况、婚姻状况、受教育年限、金融知识等)，家庭特征变量 (家庭规模、自有住房、对数家庭收入、对数家庭资产、区县级人均受教育年限、区县级人口抚养比、区县级城乡人口结构等) 和省份虚拟变量。6.5 节中，本章将以未婚男性子女数量变量作为核心解释变量，置业意愿变量作为核心被解释变量，考察家庭未婚男性子女数量对于家庭置业意愿的影响，其他控制变量设定与 6.4 节相同。具体的变量设置及主要变量的描述性统计如表 6.1 所示。

　　图 6.3 显示，无论是以高中入学率差异还是劳动参与率差异作为衡量指标，性别差异与区域家庭平均风险金融投资参与率均呈负相关关系。

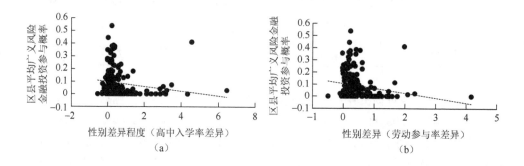

(a)　　　　　　　　　　　　　　　(b)

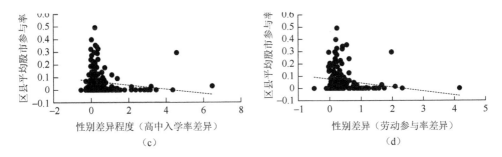

图 6.3　家庭风险金融投资参与散点图

（a）描述了广义风险金融投资参与与以高中入学率差异衡量的性别差异之间的关系；（b）描述了广义风险金融投资参与与以劳动参与率差异衡量的性别差异之间的关系；（c）描述了股市参与与以高中入学率差异衡量的性别差异之间的关系；（d）描述了股市参与与以劳动参与率差异衡量的性别差异之间的关系

6.2.5　实证模型

本书提出如下假设。

H2.1：地区性别差异影响居民投资决策，家庭所在地区性别差异程度越高，家庭投资风险金融资产的可能性越小。

H2.2：地区性别差异通过影响家庭互动来影响家庭投资决策。性别差异程度的提高降低了家庭社会互动频率和活力，从而导致家庭风险金融投资下降。

为检验 H2.1 和 H2.2，本书使用 Probit 模型考察性别差异对家庭风险金融投资参与决策的影响。Probit 模型存在一个潜变量 y_{ijt}^{*}，当 $y_{ijt}^{*} \geqslant 0$ 时，被解释变量取值为 1，否则为 0。本书潜变量和基准模型的表达式分别如下所示。

地区性别差异与风险金融投资参与：

$$y_{ijt}^{*} = \alpha_0 + \alpha_1 \text{gender\_inequality}_{jt} + \alpha_2 X_{it} + \alpha_3 \text{prov} + \alpha_4 \delta_t + \varepsilon_{it}$$

$$\Pr(Y_{ijt} = 1) = \Pr(y_{ijt}^{*} > 0)$$
$$= \Phi(\alpha_0 + \alpha_1 \text{gender\_inequality}_{jt} + \alpha_2 X_{it} + \alpha_3 \text{prov} + \alpha_4 \delta_t) \quad (6.1)$$

其中，Y_{ijt} 为第 t 年位于地区 j 的第 i 个家庭是否参与风险金融投资的虚拟变量；$\text{gender\_inequality}_{jt}$ 为衡量家庭所在区县 j 的性别差异状况的变量；X_{it} 为家庭层面和户主个人层面的控制变量；prov 为省份虚拟变量；δ_t 为年份虚拟变量；ε_{it} 为随机扰动项。省份虚拟变量可以控制金融市场环境以及其他经济变量的地区差距，年份虚拟变量则可以控制家庭风险金融投资的时间趋势。由于性别差异这一关键解释变量在区县层面计算得到，本书在估计中使用区县层面的聚类标准误进行显著性检验。

社会互动在地区性别差异与风险金融投资关系中的作用：

$$\text{social}_{it} = \beta_0 + \beta_1 \text{gender\_inequality}_{jt} + \beta_2 X_{it} + \beta_3 \text{prov} + \beta_4 \delta_t + \mu_{it} \quad (6.2)$$

$$y_{ijt}^* = \gamma_0 + \gamma_1 \text{social}_{it} + \gamma_2 X_{it} + \gamma_3 \text{prov} + \gamma_4 \delta_t + \nu_{it}$$

$$\Pr(Y_{ijt} = 1) = \Pr(y_{ijt}^* > 0)$$

$$= \Phi(\gamma_0 + \gamma_1 \text{social}_{it} + \gamma_2 X_{it} + \gamma_3 \text{prov} + \gamma_4 \delta_t) \qquad (6.3)$$

其中，social_{it} 为家庭社会互动程度，用家庭人情礼支出和交通通信支出衡量；μ_{it}、ν_{it} 为随机误差项。

6.4 节将针对性别结构对于家庭风险金融投资的影响展开补充分析，以更加综合考察性别差异对于家庭风险金融投资决策的长期影响。具体而言，在实证中，6.4 节将与 6.3 节实证方案相一致，使用 Probit 模型考察性别结构对于家庭风险金融投资参与的影响。如 6.2.4 节所述，出于研究需要，6.4 节将使用 2017 年中国家庭金融调查相关数据展开实证分析，由于其问卷设置方式和调查年限与 6.3 节使用的中国家庭追踪调查数据存在差异，6.4 节的实证模型和变量设置与 6.3 节存在部分差异，具体的模型设置如下：

$$Y_i^* = \beta_0 + \beta_1 \text{gender\_ratio}_i + \beta_2 X_{it} + \beta_3 \text{Prov}_i + \varepsilon_i$$

$$\Pr(Y_i = 1) = \Pr(Y_i^* > 0)$$

$$= \Phi(\beta_0 + \beta_1 \text{gender\_ratio}_i + \beta_2 X_{it} + \beta_3 \text{Prov}_i) \qquad (6.4)$$

其中，i 为第 i 个家庭；Y_i^* 为潜变量，当 $Y_i^* \geq 0$ 时，被解释变量取值为 1，即家庭 i 参与风险金融投资（股票投资）；gender_ratio_i 为家庭 i 所处地区性别结构；X_{it} 为控制变量集，包括了户主性别、年龄、年龄^2、受教育年限、婚姻状况、健康状况、金融知识、区县级家庭人均收入对数、区县级人均受教育年限、区县级家庭人均资产对数、区县级人口抚养比、区县级城乡人口结构、对数家庭收入、自有住房、对数家庭资产、家庭规模。为了控制其他地区差距，本章还在模型中加入了家庭所在省份的虚拟变量（Prov_i）。

在 6.4 节关于房产偏好水平的机制检验部分，本章将首先采用多数相关文献使用的渠道机制探讨方法，分别探讨地区性别结构对于家庭房产偏好水平的影响和房产偏好水平对于家庭风险金融投资参与概率及参与深度的影响。在房产偏好机制的探讨中，X_i 控制变量集将不再包含自有住房变量。关于性别结构与家庭房产偏好水平检验部分的具体模型设置如下：

$$\text{House\_p}_i = \beta_0 + \beta_1 \text{Gender\_ratio}_i + \beta_2 X_i + \beta_3 \text{Prov}_i + \varepsilon_i \qquad (6.5)$$

$$\text{House\_p}_i^* = \beta_0 + \beta_1 \text{Gender\_ratio}_i + \beta_2 X_i + \beta_3 \text{Prov}_i + \varepsilon_i,$$

$$\text{House\_p}_i = \max(0, \text{House\_p}_i^*) \qquad (6.6)$$

其中，House_p_i 为家庭 i 的房产偏好水平，式（6.3）使用 OLS（ordinary least squares，普通最小二乘法）模型展开估计，式（6.6）使用 Tobit 模型展开估计。在关于房产偏好水平对于家庭风险金融投资参与的影响检验部分，本章则将住房资产比重变量纳入式（6.4）中展开分析。

在机制检验中，本章还将参考 Iacobucci（2012）的研究经验，针对房产偏好机制展开中介效应检验。具体的模型设置如下：

$$\text{House\_p}_i = \beta_0 + \beta_1 \text{Gender\_ratio}_i + \beta_2 X_i + \beta_3 \text{Prov}_i + \varepsilon_i \quad (6.7)$$

$$\Pr(Y_i=1) = \frac{\exp(\beta_0 + \beta_1 \text{Gender\_ratio}_i + \beta_2 X_i + \beta_3 \text{Prov}_i + \beta_4 \text{House\_p}_i)}{1+\exp(\beta_0 + \beta_1 \text{Gender\_ratio}_i + \beta_2 X_i + \beta_3 \text{Prov}_i + \beta_4 \text{House\_p}_i)} \quad (6.8)$$

$$Z_{\text{Mediation}} = z_a z_b / \left(z_a^2 + z_b^2 + 1\right)^{\wedge} 0.5 \quad (6.9)$$

其中，式（6.7）使用 OLS 模型展开估计；式（6.8）使用 Logit 模型展开估计；House_p_i 为中介变量房产偏好水平；$Y_i=1$ 为家庭参与了风险金融市场，其他控制变量设定同上。$Z_{\text{Mediation}}$ 为中介效应检验 z 值，当其超过显著性水平临界值时，判定中介效应显著，z_a 表示式（6.7）中性别比变量回归系数的 t 值，z_b 表示式（6.8）中住房资产比重变量回归系数的 z 值。第一步使用式（6.7）检验地区性别结构对于家庭房产偏好水平的影响并获得 z_a。第二步使用式（6.8），针对住房资产比重变量对于广义风险金融投资参与变量的影响进行检验并获得 z_b。第三步使用式（6.9）计算中介效应 $Z_{\text{Mediation}}$ 值，以检验中介效应是否存在。

在 6.5 节探讨未婚男性子女数量与家庭置业意愿的关系时，将使用置业意愿变量对未婚男性子女数量变量进行回归分析，探讨有未婚男性子女的家庭是否会有更强烈的置业意愿。实证分析中将利用 OLS 模型和 Probit 模型检验未婚男性子女数量对家庭置业意愿的影响，具体的模型设置如下所示：

$$\text{House\_imp}_i = \beta_0 + \beta_1 \text{Boy\_size}_i + \beta_2' \text{Family}_i + \beta_3' \text{Pers}_i + \beta_4 \text{Prov}_i + \varepsilon_i \quad (6.10)$$

$$\text{House\_imp}_i^* = \beta_0 + \beta_1 \text{Boy\_size}_i + \beta_2' \text{Family}_i + \beta_3' \text{Pers}_i + \beta_4 \text{Prov}_i + \varepsilon_i$$

$$\begin{aligned}\Pr(\text{House\_imp}_i=1) &= \Pr(\text{House\_imp}_i^* > 0)\\ &= \Phi(\beta_0 + \beta_1 \text{Boy\_size}_i + \beta_2' \text{Family}_i + \beta_3' \text{Pers}_i + \beta_4' \text{Prov}_i)\end{aligned} \quad (6.11)$$

其中，式（6.10）使用 OLS 模型估计；式（6.11）使用 Probit 模型估计；House_imp_i 为家庭的置业意愿；Boy_size_i 为核心解释变量，表示家庭中未婚男性子女数量。出于研究目的考量，控制变量设置中，变量集 Family_i 相较于式（6.5）进一步包含了子女数量，且未包含区县级家庭人均收入对数、区县级家庭人均资产对数、区县级人均受教育年限、区县级城乡人口结构、区县级人口抚养比等与本节研究较不相关的变量，其他变量设置同上。

在稳健性探讨中，与第 5 章相似，本章依然将使用 IVProbit 模型、IVTobit 模型、Bootstrap、逐步回归中介效应检验、子样本检验和变量替换等方法展开详尽的稳健性探讨。

6.3　性别差异影响家庭风险金融资产投资的经验分析

6.3.1　基本结果

表 6.2 为以高中入学率差异衡量性别差异的估计结果，表 6.3 为以劳动参与率差异衡量性别差异的估计结果。在表 6.2 和表 6.3 中，第（1）列和第（4）列只包含核心解释变量——性别差异，以及省份虚拟变量和时间虚拟变量。第（2）列和第（5）列纳入户主的人口学特征作为控制变量。第（3）列和第（6）列进一步加入家庭特征控制变量。估计结果显示，无论是否包含控制变量，性别差异的系数都在 1% 的统计水平下显著为负，这意味着地区性别差异程度越大，家庭投资风险金融资产的可能性就越小。以股市参与为例，以高中入学率差异衡量的性别差异每增加一个单位，股市参与率将下降 1.6 个百分点[①]，为平均参与率（7.2%）的 22%；以劳动参与率差异衡量的性别差异每增加一个单位，股市参与率将下降 1.8 个百分点，为平均参与率（7.2%）的 25%。从广义风险金融投资参与来看，以高中入学率差异衡量的性别差异每增加一个单位，广义风险金融投资参与率将下降 1.6 个百分点，为平均参与率（9.8%）的 16%；以劳动参与率差异衡量的性别差异每增加一个单位，广义风险金融投资参与率将会下降 2.5 个百分点，为平均参与率（9.8%）的 26%。这一结果验证了 H2.1，表明地区性别差异对家庭风险金融资产投资具有强烈的负效应，且这种负效应具有显著的经济效果。事实上，改善两性差异可以促进社会稳定，而这种额外价值对于增强家庭在金融市场的活力至关重要。

表 6.2　性别差异对家庭风险金融投资参与的影响（高中入学率差异）

项目	（1）	（2）	（3）	（4）	（5）	（6）
	股市参与	股市参与	股市参与	广义风险金融投资参与	广义风险金融投资参与	广义风险金融投资参与
性别差异（高中入学率差异）	−0.438*** (0.118)	−0.337*** (0.111)	−0.310*** (0.109)	−0.362*** (0.082)	−0.256*** (0.067)	−0.221*** (0.064)
性别		−0.134*** (0.041)	−0.127*** (0.045)		−0.172*** (0.036)	−0.167*** (0.039)
年龄		0.069*** (0.016)	0.068*** (0.017)		0.073*** (0.014)	0.068*** (0.014)
年龄 ^{2}		−0.070*** (0.016)	−0.067*** (0.018)		−0.072*** (0.013)	−0.064*** (0.015)

[①] 边际效应根据式（6.1）右侧控制变量的平均值计算得到。

续表

项目	（1）	（2）	（3）	（4）	（5）	（6）
	股市参与	股市参与	股市参与	广义风险金融投资参与	广义风险金融投资参与	广义风险金融投资参与
婚姻状况		0.256*** (0.089)	0.220** (0.088)		0.219*** (0.078)	0.181** (0.079)
户籍		0.466*** (0.074)	0.451*** (0.072)		0.493*** (0.061)	0.471*** (0.059)
民族		0.100 (0.165)	0.107 (0.159)		0.062 (0.132)	0.071 (0.125)
中共党员		0.127* (0.067)	0.076 (0.061)		0.196*** (0.063)	0.138** (0.060)
受教育年限		0.108*** (0.009)	0.098*** (0.010)		0.108*** (0.008)	0.096*** (0.008)
健康状况良好						
健康状况一般		0.030 (0.037)	0.057 (0.039)		0.027 (0.032)	0.056* (0.033)
健康状况很差		−0.099* (0.056)	−0.041 (0.058)		−0.140*** (0.054)	−0.078 (0.054)
就业状况		−0.030 (0.045)	−0.061 (0.041)		−0.013 (0.043)	−0.051 (0.039)
行业性质		0.493*** (0.144)	0.474*** (0.143)		0.595*** (0.133)	0.576*** (0.132)
家庭规模			−0.037* (0.021)			−0.042** (0.020)
少儿比			0.249 (0.179)			0.187 (0.161)
老年比			−0.140 (0.122)			−0.205* (0.110)
住房产权			−0.243*** (0.088)			−0.245*** (0.086)
家庭人均收入			0.046*** (0.013)			0.051*** (0.012)
家庭净资产			0.125*** (0.040)			0.157*** (0.043)
截距项	−0.720** (0.300)	−4.289*** (0.507)	−6.185*** (0.980)	−0.629*** (0.223)	−4.267*** (0.434)	−6.487*** (0.948)
年份虚拟变量	控制	控制	控制	控制	控制	控制
省份虚拟变量	控制	控制	控制	控制	控制	控制
样本数	13 608	13 608	13 608	13 867	13 867	13 867
pseudo R^2	0.119	0.246	0.268	0.104	0.242	0.271

注：括号内的值为县级层面的聚类标准误

*、**、***分别代表 10%、5%、1%的显著性水平

表6.3　性别差异对家庭风险金融投资参与的影响（劳动参与率差异）

项目	（1）	（2）	（3）	（4）	（5）	（6）
	股市参与	股市参与	股市参与	广义风险金融投资参与	广义风险金融投资参与	广义风险金融投资参与
性别差异（劳动参与率差异）	−0.483*** (0.125)	−0.396*** (0.100)	−0.354*** (0.101)	−0.489*** (0.106)	−0.402*** (0.083)	−0.349*** (0.082)
性别		−0.141*** (0.041)	−0.134*** (0.045)		−0.175*** (0.036)	−0.169*** (0.039)
年龄		0.067*** (0.016)	0.067*** (0.017)		0.071*** (0.014)	0.067*** (0.014)
年龄²		−0.069*** (0.016)	−0.065*** (0.017)		−0.071*** (0.013)	−0.064*** (0.015)
婚姻状况		0.266*** (0.089)	0.236*** (0.088)		0.227*** (0.078)	0.192** (0.079)
户籍		0.503*** (0.075)	0.481*** (0.073)		0.524*** (0.061)	0.494*** (0.059)
民族		0.087 (0.166)	0.094 (0.161)		0.057 (0.134)	0.064 (0.127)
中共党员		0.125* (0.068)	0.076 (0.062)		0.198*** (0.064)	0.141** (0.061)
受教育年限		0.107*** (0.010)	0.097*** (0.010)		0.107*** (0.008)	0.096*** (0.009)
健康状况良好						
健康状况一般		0.027 (0.036)	0.054 (0.038)		0.022 (0.032)	0.053 (0.032)
健康状况很差		−0.091 (0.056)	−0.034 (0.058)		−0.134** (0.054)	−0.074 (0.054)
就业状况		−0.028 (0.045)	−0.059 (0.041)		−0.016 (0.043)	−0.054 (0.038)
行业性质		0.470*** (0.143)	0.450*** (0.141)		0.587*** (0.134)	0.567*** (0.132)
家庭规模			−0.043** (0.021)			−0.046** (0.020)
少儿比			0.271 (0.179)			0.211 (0.162)
老年比			−0.146 (0.121)			−0.208* (0.110)
住房产权			−0.252*** (0.089)			−0.256*** (0.088)
家庭人均收入			0.047*** (0.013)			0.053*** (0.012)
家庭净资产			0.125*** (0.040)			0.157*** (0.043)

续表

项目	（1）	（2）	（3）	（4）	（5）	（6）
	股市参与	股市参与	股市参与	广义风险金融投资参与	广义风险金融投资参与	广义风险金融投资参与
截距项	−0.662** (0.321)	−4.184*** (0.508)	−6.131*** (1.001)	−0.474*** (0.253)	−4.058*** (0.444)	−6.324*** (0.975)
年份虚拟变量	控制	控制	控制	控制	控制	控制
省份虚拟变量	控制	控制	控制	控制	控制	控制
样本数	13 606	13 606	13 606	13 865	13 865	13 865
pseudo R^2	0.112	0.243	0.265	0.101	0.242	0.271

注：括号内的值为县级层面的聚类标准误

*、**、***分别代表 10%、5%、1% 的显著性水平

6.3.2　性别差异影响家庭风险金融资产投资

本书进一步探讨了性别差异影响家庭风险金融投资参与的差异。我们将全样本按照户主性别分为两个子样本，包括户主为男性的子样本（male）和户主为女性的子样本（female），并分别对两个子样本进行了回归，回归结果见表 6.4。其中，①为以高中入学率差异衡量性别差异的估计结果，②为以劳动参与率差异衡量性别差异的估计结果。第（1）列和第（3）列报告了男性户主子样本的回归结果，第（2）列和第（4）列报告了女性户主子样本的回归结果。结果表明，性别差异对家庭风险金融投资参与的影响在两个子样本中都显著为负。此外，考虑到将全体样本进行分组后，各组样本数据的分布可能不同，我们不能仅仅通过比较回归系数的大小和显著性差异来判断影响的异质性。因此，我们还对子样本回归结果进行了似无相关检验。结果显示，似无相关检验的 p 值几乎都大于 0.1，两个子样本的性别差异系数没有显著差异。这说明男性和女性都受到性别差异的影响，在金融投资方面，男性并不能从性别差异中获益。

表 6.4　性别差异对家庭风险金融投资参与的影响

项目	（1）	（2）	（3）	（4）
	股市参与		广义风险金融投资参与	
	男性	女性	男性	女性
① 高中入学率差异				
性别差异（高中入学率差异）	−0.257*** (0.098)	−0.517*** (0.179)	−0.187*** (0.057)	−0.319** (0.134)
控制变量	控制	控制	控制	控制

续表

项目	(1)	(2)	(3)	(4)
	股市参与		广义风险金融投资参与	
	男性	女性	男性	女性
年份虚拟变量	控制	控制	控制	控制
省份虚拟变量	控制	控制	控制	控制
样本数	8164	5254	8431	5294
pseudo R^2	0.270	0.276	0.276	0.275
似无相关检验（p）	0.077		0.293	
② 劳动参与率差异				
性别差异（劳动参与率差异）	−0.388*** (0.105)	−0.286*** (0.166)	−0.327*** (0.084)	−0.375*** (0.141)
控制变量	控制	控制	控制	控制
年份虚拟变量	控制	控制	控制	控制
省份虚拟变量	控制	控制	控制	控制
样本数	8164	5252	8431	5292
pseudo R^2	0.268	0.272	0.275	0.275
似无相关检验（p）	0.529		0.737	

注：括号内的值为县级层面的聚类标准误

、*分别代表 5%、1%的显著性水平

6.3.3 性别差异影响家庭风险金融资产投资的区域差异

秦岭—淮河这一地理分界线将中国分为南方和北方。北方地区降水量偏低，以种植小麦等旱地作物为主；南方地区湿润多雨，以种植水稻为主，且南稻北麦的粮食作物分布格局自古以来始终稳定（韩茂莉，2012）。丁从明等（2020）提出，由于水稻种植属于劳动密集型工作，无论是从种植的前期准备，还是精耕细作的耕作过程来看，女性都拥有比较优势且发挥着重要作用。小麦旱作种植粗放的耕种方式对劳动力密集度的要求远远低于水稻种植，且耕作过程中对生理力量的要求更高。因此，南方水稻区的种植方式更容易孕育出男女较为平等的社会分工，北方小麦旱作区的种植方式则容易孕育出典型的"男主外、女主内"的分工模式。虽然本书的样本来自城镇地区，而城镇家庭的生计不直接依赖于农业收入，但考虑到文化具有传承性（Alesina et al.，2013；丁从明等，2018），在历史作物分布结构的影响下，城镇地区南北性别差异仍具有显著差异。

基于以上分析，本书探讨了性别差异对家庭风险金融投资参与影响的南北差

异①。根据家庭所处地理位置，我们将全样本分为北方地区家庭（north）和南方地区家庭（south）两个子样本，并在两个子样本下分别检验了性别差异对家庭投资决策的影响，估计结果见表6.5。①为以高中入学率差异衡量性别差异的估计结果，②为以劳动参与率差异衡量性别差异的估计结果。第（1）列和第（3）列报告北方地区家庭子样本的回归结果，第（2）列和第（4）列报告南方地区家庭子样本的回归结果。我们发现，虽然性别差异对南北家庭风险金融投资参与都具有负向影响，但无论从系数大小还是显著性程度来看，对北方地区的影响都强于对南方地区。与此同时，似无相关检验 p 值均小于0.1，这表明地区层面的性别差异对家庭金融投资决策的影响在两个子样本中确实存在显著差异，位于北方地区的家庭在投资决策上受性别差异的影响更大。

表6.5　性别差异对家庭风险金融投资参与的影响——地区差异（南/北）

项目	（1）	（2）	（3）	（4）
	股市参与		广义风险金融投资参与	
	北方	南方	北方	南方
①高中入学率差异				
性别差异（高中入学率差异）	−0.803*** (0.167)	−0.113* (0.068)	−0.354*** (0.125)	−0.121** (0.055)
控制变量	控制	控制	控制	控制
年份虚拟变量	控制	控制	控制	控制
省份虚拟变量	控制	控制	控制	控制
样本数	7451	6157	7451	6416
pseudo R^2	0.220	0.306	0.220	0.310
似无相关检验（p）	0.000		0.047	
②劳动参与率差异				
性别差异（劳动参与率差异）	−0.606*** (0.131)	−0.044 (0.138)	−0.453*** (0.098)	−0.188 (0.127)
控制变量	控制	控制	控制	控制
年份虚拟变量	控制	控制	控制	控制
省份虚拟变量	控制	控制	控制	控制
样本数	7449	6157	7449	6416
pseudo R^2	0.208	0.305	0.220	0.309
似无相关检验（p）	0.000		0.035	

注：括号内的值为县级层面的聚类标准误

*、**、***分别代表10%、5%、1%的显著性水平

---

① 根据地理南北分界线，本书所使用的样本中北方地区包括：北京、天津、河北、山西、辽宁、吉林、黑龙江、山东、河南、陕西、甘肃；南方地区包括：上海、江苏、浙江、安徽、福建、湖北、湖南、广东、广西、重庆、四川、贵州、云南。

东部地区一直是我国市场经济发展的前线区域，无论是古代通商口岸的开放还是现代经济特区的划定以及制造业和服务业的发展都是从东部地区开始。一方面，从外来文化的影响来看。从清朝末期西方殖民主义暴力打开国门开始，西方思想文化最先在我国东部地区传播，且影响力度越往西部地区越弱，这在一定程度上可能会冲击中国传统文化。另一方面，从市场经济的发展来看。2001 年 12 月我国正式加入 WTO，在互利互惠政策的影响下，我国制造业、服务业首先在东部地区磅礴发展，对劳动力的需求急剧增加，妇女劳动参与率提高，这也在一定程度上提高了妇女的社会地位。因此，性别差异程度可能存在东部和中西部地区的区域差异。

本书基于以上分析探讨了性别差异对家庭风险金融投资参与影响的东部和中西部地区差异[①]。将全样本分为东部地区家庭和中西部地区家庭两个子样本，并分别考察了性别差异对家庭资产选择行为的影响，估计结果见表 6.6。①为以高中入学率差异衡量性别差异的估计结果，②为以劳动参与率差异衡量性别差异的估计结果。第（1）列和第（3）列报告了东部地区家庭子样本的回归结果，第（2）列和第（4）列报告了中西部地区家庭子样本的回归结果。结果显示，性别差异影响家庭风险金融投资参与的东中西部地区差异仅在②回归中显著，这表明经济发展特别是制造业、服务业的发展对提升妇女地位、降低性别差异程度确实起到了实质性作用。

表 6.6　性别差异对家庭风险金融投资参与的影响——地区差异（东部/中西部）

项目	（1）	（2）	（3）	（4）
	股市参与		广义风险金融投资参与	
	东部	中西部	东部	中西部
①高中入学率差异				
性别差异（高中入学率差异）	−0.180[*] (0.108)	−0.453[**] (0.212)	−0.174[**] (0.070)	−0.229[**] (0.102)
控制变量	控制	控制	控制	控制
年份虚拟变量	控制	控制	控制	控制
省份虚拟变量	控制	控制	控制	控制
样本数	6871	6737	6871	6996
pseudo R^2	0.291	0.244	0.279	0.263
似无相关检验（p）	0.179		0.617	

① 根据国家统计局的划分和中国家庭追踪调查数据样本，本书的东部地区包括：江苏、福建、浙江、北京、河北、山东、天津、上海、广东、辽宁等省市，中西部地区包括：安徽、广西、湖北、江西、云南、重庆、贵州、湖南、四川、黑龙江、吉林、山西、陕西、河南、甘肃等省区市。

续表

项目	（1）	（2）	（3）	（4）
	股市参与		广义风险金融投资参与	
	东部	中西部	东部	中西部
	②劳动参与率差异			
性别差异（劳动参与率差异）	−0.095 （0.133）	−0.585*** （0.150）	−0.136 （0.113）	−0.554*** （0.123）
控制变量	控制	控制	控制	控制
年份虚拟变量	控制	控制	控制	控制
省份虚拟变量	控制	控制	控制	控制
样本数	6869	6737	6869	6996
pseudo R^2	0.289	0.242	0.277	0.269
似无相关检验（p）	0.003		0.002	

注：括号内的值为县级层面的聚类标准误

*、**、***分别代表 10%、5%、1%的显著性水平

6.3.4　稳健性检验

6.3.4.1　风险金融投资再定义

基准回归结果表明，性别差异对家庭风险金融投资参与概率具有显著的负面影响。那么，性别差异对家庭风险金融投资参与深度是否具有同样的影响呢？本书以股票或基金市值占家庭金融资产总额的比例作为家庭风险金融投资参与深度的代理变量，再次考察了性别差异对家庭投资行为的影响。由于资产比例变量中存在大量零值，我们使用如下 Tobit 模型进行估计：

$$r_{ijt}^* = \theta_0 + \theta_1 \text{gender\_inequality}_{jt} + \theta_2 X_{it} + \theta_3 \text{prov} + \theta_4 \delta_t + \varsigma_{it}$$

$$R_{ijt} = \max(0, r_{ijt}^*) \tag{6.12}$$

其中，R_{ijt} 为风险金融资产市值占家庭金融资产总额的比重；r_{ijt}^* 为一个潜变量，由地区性别差异、家庭特征和户主人口学特征决定；ς_{it} 为随机误差项。

表 6.7 报告了式（6.4）的估计结果。第（1）列和第（2）列为以高中入学率差异衡量性别差异的回归结果，第（3）列和第（4）列为以劳动参与率差异衡量性别差异的回归结果。回归结果表明，性别差异程度的加剧显著降低了风险金融资产的投资比例。这一结果与基线回归结果一致，说明性别差异无论是在参与广度还是参与深度上对家庭风险金融投资的投资行为都具有显著的负向影响。

表 6.7　稳健性检验：风险金融投资参与深度

项目	（1）	（2）	（3）	（4）
	股市参与深度	广义风险金融投资参与深度	股市参与深度	广义风险金融投资参与深度
性别差异（高中入学率差异）	−0.198*** (0.075)	−0.135*** (0.041)		
性别差异（劳动参与率差异）			−0.242*** (0.079)	−0.240*** (0.060)
控制变量	控制	控制	控制	控制
年份虚拟变量	控制	控制	控制	控制
省份虚拟变量	控制	控制	控制	控制
样本数	9870	9870	9868	9868
pseudo R^2	0.242	0.236	0.240	0.236

注：括号内的值为县级层面的聚类标准误；中国家庭追踪调查（2014 年）缺少有关家庭对股票或基金持有份额的详细信息，因此，表 6.7 仅包含 2010 年和 2012 年的数据

***代表 1%的显著性水平

6.3.4.2　排除极端值的影响

如图 6.1 和图 6.2 所示，一些区县的性别差异指标值相当大，这些极值可能会使我们的估计结果产生偏差。因此，本书使用 Winsor 方法对性别差异进行 5%缩尾处理。表 6.8 的结果表明在排除极端值影响后，性别差异对家庭风险金融投资仍具有显著的负向影响，这验证了本书基准回归的稳健性。

表 6.8　稳健性检验：排除极端值影响

项目	（1）	（2）	（3）	（4）
	股市参与	广义风险金融投资参与	股市参与	广义风险金融投资参与
性别差异（高中入学率差异）	−0.640*** (0.131)	−0.470*** (0.097)		
性别差异（劳动参与率差异）			−0.426*** (0.117)	−0.414*** (0.099)
控制变量	控制	控制	控制	控制
年份虚拟变量	控制	控制	控制	控制
省份虚拟变量	控制	控制	控制	控制
样本数	13 608	13 867	13 606	13 865
pseudo R^2	0.272	0.274	0.265	0.271

注：括号内的值为县级层面的聚类标准误

***代表 1%的显著性水平

6.3.4.3　考虑风险态度的影响

无论是生理差异还是社会因素的影响，已有研究发现，男性相较于女性更加偏好风险。同时，大部分地区的性别差异意味着男性相对于女性更具优势。那么，性别差异程度越高可能意味着男性在进行家庭决策时拥有更大的话语权，从而当地家庭的平均风险厌恶程度越低，家庭进行风险金融投资的可能性越大，与本书的基准回归结果相悖。为了排除这样一种情况，本书利用家庭风险厌恶态度对当地性别差异程度进行回归。鉴于中国家庭追踪调查仅在 2014 年调查家庭的风险态度且存在大量缺失值，本书根据毛捷和赵金冉（2017）的研究，使用对数收入标准差与家庭财产的比值来衡量家庭的预防性储蓄动机，从而在一定程度上可以反映家庭的风险态度，比值越大表明家庭的预防性储蓄动机越强（风险厌恶程度越高）。表 6.9 第（1）列和第（2）列的估计结果显示，地区性别差异对家庭风险态度不仅没有负向影响，反而具有正向影响，即性别差异程度越高地区的家庭风险厌恶程度越高。在第（3）～（6）列中，我们加入家庭预防性储蓄动机再次对家庭风险金融投资参与进行回归，结果显示地区性别差异对家庭风险金融投资参与的影响仍然显著为负。这表明本书基于文化压力这一视角来考察性别差异对家庭风险金融投资参与的影响是合理的，本书的基准回归结果是稳健可靠的。

表 6.9　稳健性检验：风险态度

项目	(1) 预防性储蓄动机	(2) 预防性储蓄动机	(3) 股市参与	(4) 广义风险金融投资参与	(5) 股市参与	(6) 广义风险金融投资参与
性别差异 （高中入学率差异）	0.004*** (0.001)		−0.307*** (0.107)	−0.218*** (0.062)		
性别差异 （劳动参与率差异）		0.002 (0.002)			−0.348*** (0.081)	−0.218*** (0.062)
预防性储蓄动机			−4.004*** (0.978)	−3.825*** (1.003)	−3.877*** (1.011)	−3.840*** (1.003)
控制变量	控制	控制	控制	控制	控制	控制
年份虚拟变量	控制	控制	控制	控制	控制	控制
省份虚拟变量	控制	控制	控制	控制	控制	控制
样本数	13 806	13 804	13 547	13 806	13 545	13 804
R^2/pseudo R^2	0.336	0.336	0.274	0.277	0.272	0.277

注：括号内的值为县级层面的聚类标准误

***代表 1% 的显著性水平

6.3.4.4　自选择问题的处理

考虑到移民可以通过迁移到性别差异程度较低或较高的地区进行自我选择，我们探讨了性别差异对风险金融投资参与的时滞效应。滞后的性别差异与未被观察到的同期县域层面特征的相关性要小得多。以区县代码为标准，将 2010 年的地区性别差异分别与 2012 年和 2014 年的家庭金融资产持有状况进行匹配，表 6.10 报告了滞后的性别差异对家庭风险金融投资参与的影响。①为以高中入学率差异衡量性别差异的估计结果，②为以劳动参与率差异衡量性别差异的估计结果。第（1）列和第（2）列分别报告了 2010 年地区性别差异对 2012 年和 2014 年家庭股市参与的影响，第（3）列和第（4）列分别报告了 2010 年地区性别差异对 2012 年和 2014 年家庭广义风险金融投资参与的影响。估计结果显示，滞后的性别差异对家庭风险金融投资仍具有显著的负效应。此外，我们还通过剔除移民样本来解决自选择问题。我们将流动人口家庭定义为户主目前所在省份与出生地省份不一致的家庭。表 6.11 的结果表明，本书的基准回归结果是稳健且可靠的。

表 6.10　稳健性检验：滞后效应

项目	（1）股市参与（2012 年）	（2）股市参与（2014 年）	（3）广义风险金融投资参与（2012 年）	（4）广义风险金融投资参与（2014 年）
①高中入学率差异				
性别差异（2010 年高中入学率差异）	-0.341^{***} (0.191)	-0.746^{***} (0.193)	-0.149^{***} (0.069)	-0.707^{***} (0.162)
控制变量	控制	控制	控制	控制
年份虚拟变量	控制	控制	控制	控制
省份虚拟变量	控制	控制	控制	控制
样本数	3378	3574	3504	3784
pseudo R^2	0.278	0.295	0.286	0.312
②劳动参与率差异				
性别差异（2010 年劳动参与率差异）	-0.568^{***} (0.150)	-0.489^{***} (0.147)	-0.323^{***} (0.107)	-0.433^{***} (0.126)
控制变量	控制	控制	控制	控制
年份虚拟变量	控制	控制	控制	控制
省份虚拟变量	控制	控制	控制	控制
样本数	3377	3560	3503	3770
pseudo R^2	0.281	0.284	0.288	0.301

注：括号内的值为县级层面的聚类标准误

***代表 1%的显著性水平

表 6.11　稳健性检验：剔除移民样本

项目	（1）	（2）	（3）	（4）
	股市参与	广义风险金融投资参与	股市参与	广义风险金融投资参与
性别差异 （高中入学率差异）	−0.283*** （0.103）	−0.204*** （0.061）		
性别差异 （劳动参与率差异）			−0.391*** （0.100）	−0.372*** （0.081）
控制变量	控制	控制	控制	控制
年份虚拟变量	控制	控制	控制	控制
省份虚拟变量	控制	控制	控制	控制
样本数	11 996	12 237	11 996	12 237
pseudo R^2	0.276	0.280	0.274	0.281

注：括号内的值为县级层面的聚类标准误
***代表 1%的显著性水平

6.3.4.5　内生性问题的处理

我们的基准回归结果可能有偏。一些不可观测或难以测量的因素（如生活环境、地方文化、科技水平等）不仅影响地区性别差异程度，还会同时影响家庭投资决策。例如，个体与喜欢儿子的人居住在一起，那么他/她可能会形成一种误解，即认为男性比女性更优越，从而产生男性偏好。同时，生活环境也会影响个体的人格特质（Roberts et al.，2006；Almlund et al.，2011），进而影响投资者的金融行为（Brown and Taylor，2014）。此外，性别差异与家庭风险金融投资之间可能存在反向因果关系。成功（失败）的投资会提高（降低）一个家庭的财富水平，从而影响教育投资和就业决策，尤其是对有一个以上子女的家庭。

为了避免内生性问题导致的估计偏差，我们提出了工具变量策略，这一策略需要一个与性别差异相关但与可能影响家庭投资行为的其他因素无关的工具变量。本书使用区县已婚儿子与父母共同居住比例作为工具变量。Ebenstein（2014）发现，无论在国内还是国外，男性与女性的性别比和成年儿子与其父母同住的比率正相关。此外，吴卫星和李雅君（2016）研究发现，成年子女与其父母同住的家庭和其他类型家庭在风险金融投资方面没有显著差异，这表明两代同住不影响居民的投资行为。

表 6.12 和表 6.13 分别报告了以高中入学率差异衡量性别差异和以劳动参与率差异衡量性别差异的 IV-Probit 两阶段回归结果。第一阶段的估计结果表明，区县

层面已婚儿子与父母共同居住的比例和性别差异显著正相关，这表明，地区已婚儿子与父母共同居住占比和性别差异之间存在统计相关性。第二阶段估计结果显示，无论是否控制户主的人口学特征和家庭特征，性别差异对家庭风险金融投资参与都具有显著的负面影响。值得注意的是，①部分汇报的 Wald 检验基本无法拒绝区县层面性别差异的外生性，所以工具变量的结果在这里仅作为一个稳健性检验来汇报。

表 6.12　内生性问题的处理（高中入学率差异/IV-Probit 模型）

项目	（1）股市参与	（2）股市参与	（3）股市参与	（4）广义风险金融投资参与	（5）广义风险金融投资参与	（6）广义风险金融投资参与
①高中入学率差异						
性别差异（高中入学率差异）	-1.300^{***} (0.294)	-1.247^{***} (0.389)	-1.238^{**} (0.486)	-1.264^{***} (0.276)	-1.115^{**} (0.440)	-1.074^{*} (0.574)
控制变量（人口特征）		控制	控制		控制	控制
控制变量（家庭特征）			控制			控制
年份虚拟变量	控制	控制	控制	控制	控制	控制
省份虚拟变量	控制	控制	控制	控制	控制	控制
样本数	13 608	13 608	13 608	13 867	13 867	13 867
Wald 外生性检验（p）	0.097	0.184	0.282	0.065	0.196	0.313
②劳动参与率差异						
区县已婚儿子与父母共同居住比例	0.709^{***} (0.070)	0.533^{***} (0.069)	0.428^{***} (0.070)	0.676^{***} (0.070)	0.506^{***} (0.069)	0.398^{***} (0.070)
控制变量（人口特征）		控制	控制		控制	控制
控制变量（家庭特征）			控制			控制
年份虚拟变量	控制	控制	控制	控制	控制	控制
省份虚拟变量	控制	控制	控制	控制	控制	控制
样本数	13 608	13 608	13 608	13 867	13 867	13 867
F 统计量	208.52	158.96	138.00	215.92	167.03	145.79

注：括号内的值为县级层面的聚类标准误

*、**、***分别代表 10%、5%、1%的显著性水平

表 6.13 内生性问题的处理（劳动参与率差异/IV-Probit 模型）

项目	（1）股市参与	（2）股市参与	（3）股市参与	（4）广义风险金融投资参与	（5）广义风险金融投资参与	（6）广义风险金融投资参与
①高中入学率差异						
性别差异（劳动参与率差异）	−1.469*** (0.462)	−1.472*** (0.495)	−1.434** (0.565)	−1.508*** (0.454)	−1.477*** (0.556)	−1.417** (0.686)
控制变量（人口特征）		控制	控制		控制	控制
控制变量（家庭特征）			控制			控制
年份虚拟变量	控制	控制	控制	控制	控制	控制
省份虚拟变量	控制	控制	控制	控制	控制	控制
样本数	13 606	13 606	13 606	13 865	13 865	13 865
Wald 外生性检验（p）	0.086	0.177	0.260	0.095	0.253	0.368
②劳动参与率差异						
区县已婚儿子与父母共同居住比例	0.605*** (0.067)	0.406*** (0.066)	0.341*** (0.067)	0.520*** (0.066)	0.330*** (0.066)	0.260*** (0.066)
控制变量（人口特征）		控制	控制		控制	控制
控制变量（家庭特征）			控制			控制
年份虚拟变量	控制	控制	控制	控制	控制	控制
省份虚拟变量	控制	控制	控制	控制	控制	控制
样本数	13 606	13 606	13 606	13 865	13 865	13 865
F 统计量	99.03	89.25	77.39	98.17	87.81	76.68

注：括号内的值为县级层面的聚类标准误

、*分别代表5%、1%的显著性水平

　　一般而言，人们可能并不关心别人是否与父母共同居住或者本区县有多大比例的成年人与父母居住，而关心自己是否愿意与父母共同居住。所以，本书预期地区层面已婚儿子与父母共同居住的比例对于家庭金融投资决策行为是外生的，共同居住比例并不会直接影响家庭是否参与风险金融资产投资。本书在表6.14的①中报告了工具变量共同居住率对模型残差项的实证检验结果，发现共同居住率

对残差项的影响并不显著，这表明本书所选择的工具变量并不会在影响解释变量性别差异的同时通过影响残差项来影响被解释变量家庭风险金融投资参与。此外，我们借鉴 Acemoglu 等（2002）和 Conley 等（2012）的方法，在基准回归模型中加入工具变量"区县已婚儿子与父母共同居住比例"，如表 6.14 的②所示，工具变量的系数几乎都不显著，但以高中入学率差异和以劳动参与率差异衡量的性别差异的系数仍然显著，说明已婚儿子与父母共同居住的比例对模型来说是外生的，只能通过影响性别差异来间接影响家庭金融投资决策。

表 6.14　工具变量的外生性检验——残差项回归

项目	性别差异（高中入学率差异）		性别差异（劳动参与率差异）	
①残差项对工具变量回归				
	（1）	（2）	（3）	（4）
变量名	股市参与（残差）	广义风险金融投资参与（残差）	股市参与（残差）	广义风险金融投资参与（残差）
区县已婚儿子与父母共同居住比例	0.010 (0.023)	−0.006 (0.026)	0.018 (0.022)	−0.004 (0.025)
控制变量	控制	控制	控制	控制
年份虚拟变量	控制	控制	控制	控制
省份虚拟变量	控制	控制	控制	控制
样本数	13 608	13 867	13 606	13 865
R^2	0.711	0.738	0.715	0.738
②被解释变量对工具变量的回归				
	（1）	（2）	（3）	（4）
变量名	股市参与（残差）	广义风险金融投资参与（残差）	股市参与（残差）	广义风险金融投资参与（残差）
性别差异（高中入学率差异）	−0.295*** (0.106)	−0.211*** (0.063)		
性别差异（劳动参与率差异）			−0.332*** (0.100)	−0.335*** (0.082)
区县已婚儿子与父母共同居住比例	−0.591 (0.413)	−0.454 (0.321)	−0.654* (0.395)	−0.478 (0.310)
控制变量	控制	控制	控制	控制
年份虚拟变量	控制	控制	控制	控制
省份虚拟变量	控制	控制	控制	控制
样本数	13 608	13 867	13 606	13 865
pseudo R^2	0.268	0.272	0.266	0.272

注：括号内的值为县级层面的聚类标准误

*、***分别代表 10%、1%的显著性水平

　　为了进一步检验工具变量的外生性，本书还借鉴 Nunn 和 Wantchekon（2011）的方法，通过证伪测试来检验工具变量策略。表 6.12 和表 6.13 的估计结果表明，已婚儿子与父母共同居住比例更高的区县，性别差异程度也更高。我们的工具变量策略是基于这样一个假设，即性别差异是共同居住率影响家庭投资决策的唯一渠道。如果假设正确，那么在不存在性别差异的地区，共同居住率与家庭风险金融投资参与之间不应存在负相关关系。

　　由于本书样本中几乎没有不存在性别差异的区县，因此我们构造如下证伪测试：将男女高中入学率差异或劳动参与率差异值处于−0.1 到 0.1 之间的地区视为不存在性别差异地区，并分别用家庭风险金融投资参与决策对存在性别差异地区和不存在性别差异地区的共同居住率进行回归。表 6.15 的①报告了存在性别差异地区的估计结果。我们发现，共同居住率与家庭风险金融投资参与率之间具有显著的负相关关系。②报告了不存在性别差异地区的估计结果。估计结果显示，在不存在性别差异的地区，共同居住率与家庭风险金融投资参与之间并没有系统性的关系。

表 6.15　工具变量外生性检验——地区共同居住率与家庭风险金融投资参与之间的简约关系

项目	性别差异（高中入学率差异）		性别差异（劳动参与率差异）	
①性别差异 $\in(-\infty,-0.1)\bigcup(0.1+\infty)$				
	（1）	（2）	（3）	（4）
变量名	股市参与	广义风险金融投资参与	股市参与	广义风险金融投资参与
区县已婚儿子与父母共同居住比例	−1.102** (0.444)	−0.780** (0.360)	−0.953*** (0.363)	−0.847*** (0.311)
控制变量	控制	控制	控制	控制
年份虚拟变量	控制	控制	控制	控制
省份虚拟变量	控制	控制	控制	控制
样本数	10 791	11 050	10 994	11 193
pseudo R^2	0.290	0.294	0.281	0.285
②性别差异 $\in[-0.1,0.1]$				
区县已婚儿子与父母共同居住比例	0.770 (0.719)	0.596 (0.622)	−0.371 (0.757)	0.023 (0.601)
控制变量	控制	控制	控制	控制
年份虚拟变量	控制	控制	控制	控制
省份虚拟变量	控制	控制	控制	控制
样本数	2 754	2 765	2 530	2 650
pseudo R^2	0.251	0.237	0.235	0.245

注：括号内的值为县级层面的聚类标准误

、*分别代表 5%、1% 的显著性水平

6.3.5 性别差异影响家庭风险金融资产投资的机制检验

本节中，我们将检验性别差异影响家庭风险金融投资参与背后的可能的作用机制。金融投资不仅是一种经济现象，也是一种社会互动行为。在社会交往中，人们可以通过获得市场信息、感受愉悦、模仿他人的投资行为，从而提高自己的股市参与意愿（Manski，2000）。潜在投资者可以在社会互动中获取市场历史信息，学习如何进行交易（Hong et al.，2004）。股市参与者还能从谈论市场趋势中获得乐趣（Becker，1991）。社会互动过程形成的社会网络也可以通过风险分担促进股市参与（Munshi and Rosenzweig，2010）。然而，在社会不平衡环境下，男性和女性拥有的社会资本无论是在规模上还是在内容上差异都很大（熊瑞梅，2001；边燕杰等，2012）。中国女性平均社会网络规模为 5.06 人，低于男性平均社会网络规模的 6.57 人（张文宏和杨辉英，2009）。此外，女性拥有的与亲属等的强关系较多，与非亲属的弱关系较少，而男性却拥有更多弱关系（许信胜和景晓芬，2005）。个人特别是女性主要通过婚姻和就业来积累社会资本（谭琳和李军峰，2002）。一方面，婚姻不仅意味着两个个体的结合，还包括双方的家庭、亲属、朋友的分享，在婚姻关系存续期间，夫妻双方可以通过参与对方的社会关系积累更多的社会资本。然而，夫妻双方并非同等地拥有婚姻形成的社会资本。一般而言，女方拥有的与婚姻相关的社会资本小于男性，在性别差异程度越高的地区越甚。丈夫需要注重家庭以外的社会的、职业的活动，而妻子需要将精力投入家庭内部事务的管理。因此，妻子的社会资本可能会越来越局限于双方的亲属范围，而丈夫的社会资本则可以拓展到双方的朋友以及由此再生产出的其他社会资本。另一方面，就业不仅可以获取经济收入，还可以在工作中拓展人际关系网络，积累社会资本。然而，在性别差异影响下，女性在社会资本获得方面往往处于弱势。根据资本欠缺理论，首先，父母受旧观念影响，认为儿子和女儿在劳动力市场上获得的回报有差别并且女儿不会赡养自己，而对女儿的投资少于儿子。其次，由于获得更少父母投资导致自身人力资本较低的女儿，在劳动力市场中的行业选择、职位获得上都将再一次受到歧视，相比于男性，会失去更多积累社会资本的机会（林南，2005）。除此之外，受教育过程也能通过在学校中接触更多人和为进入社会增加人力资本从而促进社会资本积累。

性别差异导致女性在受教育、就业甚至婚姻方面均处于弱势地位，从而降低女性的社会资本积累。这并不代表性别差异就能促进男性的社会资本积累。因此，性别差异程度越高，家庭整体社会资本可能会更低，社会互动频率和活力也越低，从而不利于家庭参与风险金融投资。

在中国，居民的社交对象通常是依托于家庭的亲戚和朋友等（Knight and Yueh，2002）。"送礼"是人们维系亲友关系的一种传统方式。因此，家庭人情礼支出能在一定程度上反映社会互动程度（Knight and Yueh，2002；杨汝岱等，2011；马光荣和杨恩艳，2011）。交通通信支出很好地测度了家庭信息交流的特征，因此也能在一定程度上反映社会交往状况（郭士祺和梁平汉，2014）。本书使用家庭年均礼金支出的对数和月均交通通信支出的对数衡量家庭社会互动的情况。表 6.16中①报告了社会互动对性别差异的回归结果，结果显示，地区性别差异对家庭社会互动具有显著的负向影响。②报告了家庭风险金融投资参与对社会互动的回归结果。我们发现，社会互动程度越高，家庭进行风险金融投资的概率越大。以上结果验证了 H2.2，性别差异部分通过社会互动影响家庭风险金融投资参与。

表 6.16　机制检验：社会互动

①社会互动作为被解释变量				
项目	（1）	（2）	（3）	（4）
变量名	家庭年均礼金支出	家庭年均礼金支出	月均交通通信支出	月均交通通信支出
性别差异（高中入学率差异）	-0.106^{***} （0.031）		-0.143^{***} （0.028）	
性别差异（劳动参与率差异）		-0.007 （0.024）		-0.079^{**} （0.035）
控制变量	控制	控制	控制	控制
年份虚拟变量	控制	控制	控制	控制
省份虚拟变量	控制	控制	控制	控制
样本数	8 295	8 294	13 735	13 733
R^2	0.233	0.229	0.354	0.350
②家庭风险金融投资参与作为被解释变量				
项目	（1）	（2）	（3）	（4）
变量名	股市参与	广义风险金融投资参与	股市参与	广义风险金融投资参与
家庭年均礼金支出	0.050^{*} （0.028）	0.067^{***} （0.025）		
月均交通通信支出			0.172^{***} （0.027）	0.186^{***} （0.025）
控制变量	控制	控制	控制	控制
年份虚拟变量	控制	控制	控制	控制
省份虚拟变量	控制	控制	控制	控制
样本数	8 137	8 295	13 477	13 735
pseudo R^2	0.261	0.266	0.268	0.275

注：括号内的值为县级层面的聚类标准误；由于中国家庭追踪调查（2012）缺少有关家庭人情礼支出的详细信息，因此第（1）列和第（2）列仅包含 2010 年和 2014 年的数据

*、**、***分别代表 10%、5%、1%的显著性水平

6.4　进一步讨论1：性别结构与家庭风险金融投资参与

6.4.1　基准回归分析

表6.17报告了地区性别结构与家庭风险金融投资参与概率的相应回归结果。其中，在第（1）～（3）列中，本章使用广义风险金融投资参与作为被解释变量，探讨性别比变量对于风险金融投资参与概率的影响，而在第（4）～（6）列中，本章则将被解释变量替换为股市参与，以探讨地区性别结构对家庭股票市场参与概率的作用。在回归中，本章先后加入相对外生和相对内生的控制变量进行检验。在第（1）列和第（4）列中，本章仅加入关键解释变量性别比。在第（2）列和第（5）列模型中，本章加入了年龄、年龄^2、家庭规模、性别、受教育年限、婚姻状况、健康状况、区县级家庭人均收入、区县级家庭人均资产、区县级人口抚养比、区县级人均受教育年限和区县级城乡人口结构等相对外生的控制变量与省份虚拟变量。而在第（3）列和第（6）列模型中，本章则进一步增加控制了金融知识、对数家庭收入、对数家庭资产、自有住房等相对内生的控制变量。从表6.17的回归结果中可以看出，各组模型中，核心解释变量性别比的平均边际效应均在1%水平上显著小于0。这一回归结果说明，地区性别结构失衡显著抑制了家庭风险金融投资（股票投资）参与概率。以第（3）列模型回归结果为例，控制其他条件下，地区男女性别比每提高1个单位，家庭参与风险金融市场的概率将会下降8.8个百分点。在其他控制变量的回归结果中：户主年龄与家庭金融市场参与概率存在"驼峰"形关系，户主受教育年限显著提高了家庭的风险金融资产投资参与概率，过大的家庭规模会抑制家庭参与风险金融市场的概率，金融知识对于家庭风险金融投资参与概率具有正向作用，收入和资产水平更高的家庭更有可能参与到风险金融市场投资活动之中。

表 6.17　性别结构对家庭风险金融投资参与决策的影响

项目	（1） 广义风险金融投资参与	（2） 广义风险金融投资参与	（3） 广义风险金融投资参与	（4） 股市参与	（5） 股市参与	（6） 股市参与
性别比	−0.208*** （0.028）	−0.084*** （0.025）	−0.088*** （0.020）	−0.157*** （0.021）	−0.056*** （0.017）	−0.053*** （0.013）
年龄		0.081*** （0.009）	0.050*** （0.008）		0.064*** （0.006）	0.041*** （0.005）
年龄^2		−0.007*** （0.001）	−0.004*** （0.001）		−0.006*** （0.001）	−0.004*** （0.000）

续表

项目	（1）广义风险金融投资参与	（2）广义风险金融投资参与	（3）广义风险金融投资参与	（4）股市参与	（5）股市参与	（6）股市参与
受教育年限		0.018*** (0.001)	0.008*** (0.001)		0.010*** (0.000)	0.005*** (0.000)
性别		−0.008 (0.005)	−0.006* (0.004)		−0.003 (0.003)	−0.003 (0.002)
婚姻状况		0.029*** (0.007)	0.007 (0.005)		0.015*** (0.004)	0.004 (0.003)
健康状况		−0.008*** (0.002)	0.001 (0.002)		−0.003** (0.001)	0.001 (0.001)
家庭规模		0.001 (0.002)	−0.010*** (0.001)		−0.000 (0.001)	−0.005*** (0.001)
区县级家庭人均收入		0.037*** (0.010)	0.016** (0.008)		0.024*** (0.006)	0.014*** (0.005)
区县级家庭人均资产		0.016** (0.008)	−0.016** (0.007)		0.005 (0.005)	−0.012*** (0.004)
区县级人口抚养比		0.241*** (0.067)	0.147*** (0.054)		0.181*** (0.046)	0.123*** (0.036)
区县级人均受教育年限		0.011*** (0.003)	0.012*** (0.003)		0.006*** (0.002)	0.006*** (0.002)
区县级城乡人口结构		−0.029* (0.016)	−0.027** (0.013)		−0.024** (0.011)	−0.021*** (0.008)
金融知识			0.037*** (0.003)			0.016*** (0.002)
自有住房			−0.038*** (0.005)			−0.020*** (0.003)
对数家庭收入			0.020*** (0.002)			0.007*** (0.001)
对数家庭资产			0.039*** (0.002)			0.020*** (0.001)
省份虚拟变量	控制	控制	控制	控制	控制	控制
样本数	21 375	21 375	21 375	21 375	21 375	21 375
pseudo R^2	0.053	0.176	0.258	0.059	0.185	0.244

注：括号内为稳健标准误

*、**、***分别代表10%、5%、1%的显著性水平

表 6.18 报告了性别结构与家庭风险金融投资配置决策的 Tobit 模型回归结果。其中，第（1）列、第（2）列和第（3）列模型的被解释变量为广义风险金融投资参与变量，第（4）列到第（6）列模型的被解释变量为股市参与变量。除被解释变量外，各列中的变量设定均与表 6.17 中对应列相同。从回归结果中不难发现，性别比变量的回归系数均在 1% 水平上显著小于 0，以第（3）列模型回归结果为例，地区男女性别比每提高 1 个单位，家庭风险金融资产占总金融资产比重的真实值将会下降 0.506 个单位，地区男女性别比的提高对于家庭风险金融投资（股票投资）的参与深度具有显著的负向影响。这一回归结果说明，地区性别结构对于家庭风险金融投资的参与概率和参与深度均能产生显著负向影响。其余控制变量回归结果中，多数变量的回归系数方向和显著性水平与表 6.18 中 Probit 模型相同，家庭风险金融投资参与决策的影响因素均对于家庭风险金融投资配置决策产生进一步作用。

表 6.18　性别结构对家庭风险金融投资配置决策的影响

项目	(1) 广义风险金融投资参与	(2) 广义风险金融投资参与	(3) 广义风险金融投资参与	(4) 股市参与	(5) 股市参与	(6) 股市参与
性别比	−0.936*** (0.123)	−0.394*** (0.122)	−0.506*** (0.121)	−1.089*** (0.145)	−0.505*** (0.151)	−0.614*** (0.153)
年龄		0.423*** (0.047)	0.325*** (0.046)		0.580*** (0.062)	0.484*** (0.061)
年龄²		−0.035*** (0.004)	−0.026*** (0.004)		−0.053*** (0.006)	−0.044*** (0.006)
受教育年限		0.089*** (0.003)	0.052*** (0.003)		0.089*** (0.004)	0.057*** (0.004)
性别		−0.043* (0.023)	−0.042* (0.022)		−0.036 (0.028)	−0.035 (0.028)
婚姻状况		0.148*** (0.033)	0.048 (0.031)		0.136*** (0.040)	0.049 (0.040)
健康状况		−0.040*** (0.011)	0.007 (0.011)		−0.034** (0.013)	0.007 (0.013)
家庭规模		−0.001 (0.008)	−0.067*** (0.009)		−0.006 (0.010)	−0.058*** (0.011)
区县级家庭人均收入		0.189*** (0.046)	0.107** (0.046)		0.217*** (0.056)	0.168*** (0.057)
区县级家庭人均资产		0.067* (0.039)	−0.108*** (0.040)		0.025 (0.047)	−0.151*** (0.049)
区县级人口抚养比		1.205*** (0.332)	0.929*** (0.329)		1.618*** (0.414)	1.435*** (0.416)

续表

项目	(1) 广义风险金融投资参与	(2) 广义风险金融投资参与	(3) 广义风险金融投资参与	(4) 股市参与	(5) 股市参与	(6) 股市参与
区县级人均受教育年限		0.065*** (0.016)	0.079*** (0.015)		0.065*** (0.019)	0.079*** (0.019)
区县级城乡人口结构		−0.139* (0.077)	−0.150** (0.077)		−0.213** (0.096)	−0.238** (0.095)
金融知识			0.214*** (0.019)			0.176*** (0.024)
自有住房			−0.226*** (0.028)			−0.220*** (0.034)
对数家庭收入			0.112*** (0.014)			0.071*** (0.015)
对数家庭资产			0.232*** (0.010)			0.223*** (0.012)
截距项	−0.376** (0.165)	−6.511*** (0.441)	−6.789*** (0.427)	−0.680*** (0.213)	−7.011*** (0.547)	−7.152*** (0.539)
省份虚拟变量	控制	控制	控制	控制	控制	控制
样本数	21 375	21 375	21 375	21 375	21 375	21 375
pseudo R^2	0.047	0.160	0.231	0.053	0.169	0.219

注：括号内为稳健标准误

*、**、***分别代表 10%、5% 和 1% 的显著性水平

6.4.2 稳健性检验

6.4.2.1 内生性处理

考虑到本节实证研究部分可能存在的内生性问题，本章将使用以 2015 年中国家庭金融调查数据计算的家庭所在市男女性别比 15 年性别比作为工具变量，针对地区性别结构失衡对于家庭风险金融投资参与概率和参与深度具有显著负向影响这一结论展开内生性处理。使用 15 年性别比作为工具变量的主要原因是，一方面，2015 年市级层面的性别结构与 2017 年县级层面的性别结构存在着较为显著的关联性；另一方面，2015 年市级层面的性别结构与家庭 2017 年的风险金融资产投资参与决策并不直接相关。表 6.19 报告了相应的检验结果。从回归结果中可以看出，在使用了工具变量后，性别比变量的回归系数在各列模型中仍于 1% 水平上显著小于 0，地区性别结构对于家庭风险金融投资的参与概率和参与深度

仍具有显著负向作用，而 Wald 外生性检验与 AR（Anderson-Rubin）弱工具变量检验也拒绝了原变量外生与内生回归系数和为 0（弱工具变量）的可能性，说明工具变量是有效且有必要使用的。

表 6.19　内生性探讨

项目	（1）	（2）	（3）	（4）
	极大似然法估计 IV-Probit		极大似然法估计 IV-Tobit	
变量名	广义风险金融投资参与	股市参与	广义风险金融投资参与深度	股市参与深度
性别比	4.110*** （0.841）	−3.723*** （1.024）	−3.048*** （0.723）	−2.994*** （0.922）
Wald 外生性检验	0.000	0.007	0.000	0.009
	两阶段 IV-Probit		两阶段 IV-Tobit	
性别比	−4.289*** （0.981）	−3.841*** （1.186）	−3.048*** （0.718）	−2.994*** （0.933）
	两阶段第一步			
变量名	性别比	性别比	性别比	性别比
15 年性别比	0.294*** （0.011）	0.294*** （0.011）	0.294*** （0.011）	0.294*** （0.011）
Wald 外生性检验	0.000	0.008	0.000	0.009
AR 检验	0.000	0.001	0.000	0.001
外生控制变量	控制	控制	控制	控制
内生控制变量	控制	控制	控制	控制
省份虚拟变量	控制	控制	控制	控制

注：IV-Probit 模型和 IV-Tobit 模型报告回归系数，极大似然法估计括号内为稳健标准误，两阶段估计括号内为 Newey's two−step 计算标准误

***代表 1%的显著性水平

6.4.2.2　测算方式变更

在基准回归中，本章并未针对计算地区性别结构的个人样本年龄进行筛选，使用了全部个人样本赋权计算地区性别结构。但是，考虑到婚姻市场竞争可能主要以年轻群体为主，为避免估计系数产生偏误，本章将使用 40 岁以下个人样本重新赋权计算地区性别结构，以展开稳健性探讨。表 6.20 报告了变更地区性别结构测算方式后，地区性别结构与家庭风险金融投资参与概率及参与深度的相应回归结果。其中，各列模型均控制了表 6.17 中使用的全部控制变量。从回归结果中可以看出，在变更了性别结构测算方式后，性别比变量在除第（4）列外的各列模型

中，平均边际效应（回归系数）仍在 1% 水平上显著小于 0，地区性别结构失衡对于家庭风险金融投资的参与概率和参与深度具有显著负向影响这一结论依然保持稳健。

表 6.20　稳健性检验：测算方式变更

项目	（1）	（2）	（3）	（4）
	广义风险金融投资参与	股市参与	广义风险金融投资参与深度	股市参与深度
性别比	−0.029*** (0.009)	−0.017*** (0.006)	−0.153*** (0.057)	−0.186** (0.073)
外生控制变量	控制	控制	控制	控制
内生控制变量	控制	控制	控制	控制
省份虚拟变量	控制	控制	控制	控制
样本数	21 375	21 375	21 375	21 375
pseudo R^2	0.257	0.243	0.231	0.218

注：括号内为稳健标准误

、*分别代表 5%、1% 的显著性水平

6.4.3　性别结构与家庭风险金融投资参与的房产偏好机制检验

本节将针对地区性别结构对于家庭风险金融投资参与影响的房产偏好渠道展开进一步探讨。本节将首先使用学界相关研究中较常采用的渠道探讨方法，分别检验地区性别结构对于家庭房产偏好水平的影响，以及房产偏好水平对于家庭风险金融投资参与概率及参与深度的影响。之后，本节则还将进一步展开房产偏好机制的中介效应检验。

表 6.21 报告了地区性别结构对于家庭房产偏好水平影响的检验结果。其中，第（1）列和第（2）列模型使用 OLS 模型展开估计，第（3）列和第（4）列模型使用 Tobit 模型展开估计。由于被解释变量为房产现值占总资产比重，为确保回归结果的可靠，各列模型将不再控制自有住房变量，其他控制变量的设置方式与表 6.2 中对应列相同。从表 6.21 的回归结果中可以看出，除第（2）列模型中性别比变量的回归系数在 5% 水平上显著大于 0 外，其他列模型中性别比变量的回归系数均在 1% 水平上显著大于 0。以第（4）列的回归结果为例，其他条件不变，家庭所处地区男女性别比每提高 1 个单位，家庭住房资产占总资产比重的真实值将会上升 0.072 个单位，家庭所处地区性别结构失衡对于家庭房产偏好水平具有显著的正向作用。

表 6.21　性别结构对家庭房产偏好的影响

项目	(1)	(2)	(3)	(4)
	住房资产比重	住房资产比重	住房资产比重	住房资产比重
性别比	0.072***	0.058**	0.086***	0.072***
	(0.027)	(0.023)	(0.031)	(0.026)
外生控制变量	控制	控制	控制	控制
内生控制变量		控制		控制
省份虚拟变量	控制	控制	控制	控制
样本数	21 375	21 375	21 375	21 375
调整后的 R^2	0.050	0.340		
pseudo R^2			0.049	0.421

注：括号内为稳健标准误

、*分别代表 5% 和 1% 的显著性水平

表 6.22 报告了家庭房产偏好水平对于家庭风险金融投资参与概率影响的检验结果。其中，除核心解释变量替换为住房资产比重变量，并将原有解释变量性别比变量作为控制变量加入外，其他模型设定均与表 6.17 保持一致。从表 6.22 的检验结果可以看出，各列模型中，住房资产比重变量的平均边际效应均在 1% 水平上显著小于 0。以第（2）列和第（4）列的回归结果为例，控制其他条件下，家庭房产偏好水平每提高 1 个单位，家庭参与风险金融投资（股票投资）的概率将会下降 13.4（6.3）个百分点。家庭房产偏好水平的提升显著抑制了家庭风险金融投资（股票投资）的参与概率。

表 6.22　房产偏好对家庭风险金融投资参与决策的影响

项目	(1)	(2)	(3)	(4)
	广义风险金融投资参与	广义风险金融投资参与	股市参与	股市参与
住房资产比重	−0.051***	−0.134***	−0.026***	−0.063***
	(0.005)	(0.006)	(0.004)	(0.004)
外生控制变量	控制	控制	控制	控制
内生控制变量		控制		控制
省份虚拟变量	控制	控制	控制	控制
样本数	21 375	21 375	21 375	21 375
pseudo R^2	0.180	0.290	0.188	0.268

注：括号内为稳健标准误

***代表 1% 的显著性水平

表 6.23 报告了家庭房产偏好水平与家庭风险金融投资参与深度的检验结果，其中，各列模型均使用 Tobit 模型展开估计，除被解释变量外，其他变量设定均与表 6.22 中对应列模型相一致。从各列模型的回归结果中可以发现，住房资产比重变量的回归系数均在1%水平上显著小于0。以第（2）列的回归结果为例，控制其他条件，家庭房产偏好水平每提高 1 个单位，家庭风险金融资产占总金融资产比重的真实值广义风险金融投资参与深度将会下降 0.821 个单位，即家庭房产偏好水平对于家庭风险金融投资的参与深度具有显著的负向作用。综合表 6.21、表 6.22 和表 6.23 的回归结果，可以看出，地区性别结构失衡提高了家庭房产偏好水平，进而对家庭风险金融投资的参与概率和参与深度产生负向影响。

表 6.23　房产偏好对家庭风险金融投资配置决策的影响

项目	（1） 广义风险金融投资参与深度	（2） 广义风险金融投资参与深度	（3） 股市参与深度	（4） 股市参与深度
住房资产比重	−0.245*** (0.027)	−0.821*** (0.032)	−0.225*** (0.032)	−0.753*** (0.040)
外生控制变量	控制	控制	控制	控制
内生控制变量		控制		控制
省份虚拟变量	控制	控制	控制	控制
样本数	21 375	21 375	21 375	21 375
pseudo R^2	0.164	0.258	0.171	0.240

注：括号内为稳健标准误
***代表1%的显著性水平

本节进一步参考 Iacobucci（2012）的研究经验，针对房产偏好机制部分可能存在的中介效应展开进一步检验。表 6.24 报告了性别结构、房产偏好与家庭风险金融投资参与概率相应的中介效应检验结果。其中，由于步骤 1 回归结果将与表 6.21 中 OLS 模型回归结果完全一致，因此本节仅针对步骤 2 回归进行了报告。步骤 2 检验了房产偏好对于家庭风险金融投资（股票投资）参与概率的影响，各列模型均使用 Logit 模型展开估计，第（1）列和第（3）列控制变量设定同表 6.17 中第（2）列，第（2）列和第（4）列控制变量同表 6.17 中的第（3）列。表 6.21 OLS 模型的回归结果中，性别比变量对于住房资产比重变量的回归系数于 5%水平显著大于 0，即中介效应检验步骤 1 中，地区性别结构失衡对于家庭房产偏好水平具有显著正向影响。在表 6.24 步骤 2 的回归结果中，住房资产比重变量的回归系数均在1%水平上显著小于0，房产偏好水平对于家庭参与风险金融市场（股票市场）的概率具有显著的负向影响，这一结果与表 6.22 中 Probit 模型的回归结果相一致，在一定程度上进一步检验了研究结论的稳健性。根据表 6.21 和表 6.24

的回归结果，利用式（6.9），可以得到住房资产比重变量的中介效应 z 值。可以看出，$Z_{Mediation}$ 值的绝对值在各列模型回归结果中均显著大于5%显著水平临界值，说明住房资产比重变量在性别比变量对于广义风险金融投资参与变量（股市参与变量）的影响中发挥了显著的中介效应。房产偏好机制下，地区性别结构失衡提高了家庭房产偏好水平，并因此挤出家庭风险金融投资（股票投资）参与概率。

表 6.24　参与决策的房产偏好机制中介效应检验（步骤 2）

项目	（1）	（2）	（3）	（4）
	广义风险金融投资参与	广义风险金融投资参与	股市参与	股市参与
住房资产比重	−0.554*** （−9.09）	−2.146*** （−23.96）	−0.534*** （−7.20）	−1.885*** （−18.67）
$Z_{Mediation}$（性别比—住房资产比重）	−2.54**	−2.54**	−2.47**	−2.53**
外生控制变量	控制	控制	控制	控制
内生控制变量		控制		控制
省份虚拟变量	控制	控制	控制	控制
样本数	21 375	21 375	21 375	21 375
pseudo R^2	0.180	0.288	0.188	0.265

注：Logit 模型报告回归系数，括号内为 z 值，$Z_{Mediation}$ 表示中介效应检验 z 值

、*分别代表 5%和 1%的显著性水平

　　表 6.25 报告了性别结构、房产偏好与家庭风险市场参与深度的中介效应检验结果。其中，步骤 1 与表 6.21 中 OLS 模型完全一致，因此并未针对步骤 1 进行报告，并将重点关注步骤 2 的回归结果。步骤 2 检验了住房资产比重变量对于家庭风险金融投资（股票投资）参与深度的影响，各列模型均使用 OLS 模型展开估计，其他控制变量设定同表 6.24。从回归结果中可以发现，住房资产比重变量在步骤 2 中的回归系数均在 1%水平上显著小于 0，房产偏好对于家庭风险金融投资（股票投资）的参与深度具有显著的抑制作用，这一结果与表 6.23 中 Tobit 模型的回归结果相一致。利用式（6.9）和上述回归结果，本节计算了住房资产比重变量的中介效应 z 值。可以看出，$Z_{Mediation}$ 值的绝对值在各列模型中均显著大于 5%显著水平临界值，说明房产偏好水平在地区性别结构对于家庭风险金融投资（股票投资）参与深度的影响中发挥了显著的中介效应。房产偏好机制下，性别结构失衡改变了家庭房产偏好水平，进而对家庭风险金融投资（股票投资）参与深度产生负向作用。综合表 6.24 和表 6.25 的回归结果，可以看出，房产偏好水平在地区性别结构失衡对于家庭风险金融投资参与概率和参与深度的影响中均发挥了显著的中介作用。

表6.25 配置决策的房产偏好机制中介效应检验（步骤2）

项目	（1）广义风险金融投资参与深度	（2）广义风险金融投资参与深度	（3）股市参与深度	（4）股市参与深度
住房资产比重	-0.026*** (-6.66)	-0.099*** (-19.65)	-0.013*** (-4.67)	-0.050*** (-13.45)
$Z_{Mediation}$（性别比—住房资产比重）	-2.45**	-2.54**	-2.27**	-2.51**
外生控制变量	控制	控制	控制	控制
内生控制变量		控制		控制
省份虚拟变量	控制	控制	控制	控制
样本数	21 375	21 375	21 375	21 375
调整后的 R^2	0.104	0.146	0.064	0.083

注：OLS 模型报告回归系数，括号内为 t 值，$Z_{Mediation}$ 表示中介效应检验 z 值
、*分别代表 5% 和 1% 的显著性水平

表6.26 报告了 Bootstrap 展开的房产偏好机制中介效应检验结果。其中，第2行、第4行、第6行和第8行仅控制了表6.2中第（1）列使用的控制变量，第3行、第5行、第7行和第9行则控制了表6.2中使用的全部控制变量。各行模型随机抽样次数为1000次，回归结果经过偏差矫正。检验结果中，间接效应显著小于0，且95%置信区间不包含0，房产偏好水平在地区性别结构对于家庭风险金融投资（股票投资）参与概率和参与深度影响中发挥了显著的中介效应这一结论保持稳健。

表6.26 Bootstrap 中介效应检验

传导渠道	间接效应	95%置信区间	直接效应	95%置信区间
性别比—住房资产比重—广义风险金融投资参与	-0.002***	[-0.004, -0.001]	-0.042***	[-0.070, -0.015]
性别比—住房资产比重—广义风险金融投资参与	-0.008***	[-0.013, -0.004]	-0.058***	[-0.082, -0.029]
性别比—住房资产比重—股市参与	-0.002**	[-0.004, -0.0004]	-0.054***	[-0.086, -0.025]
性别比—住房资产比重—股市参与	-0.007***	[-0.011, -0.003]	-0.065***	[-0.100, -0.030]
性别比—住房资产比重—广义风险金融投资参与深度	-0.001**	[-0.001, -0.0002]	-0.016***	[-0.030, -0.003]
性别比—住房资产比重—广义风险金融投资参与深度	-0.004***	[-0.006, -0.002]	-0.017***	[-0.029, -0.004]
性别比—住房资产比重—股市参与深度	-0.001**	[-0.001, -0.0002]	-0.022***	[-0.037, -0.009]
性别比—住房资产比重—股市参与深度	-0.003***	[-0.004, -0.001]	-0.022***	[-0.035, -0.008]

、*分别代表 5% 和 1% 的显著性水平

表 6.27 报告了使用 OLS 逐步回归法展开的房产偏好机制中介效应检验结果。其中，步骤 1 检验了性别比变量对于家庭风险金融投资（股票投资）参与概率和参与深度的总效应，各列中均包含了表 6.21 中使用的全部控制变量。从步骤 1 的回归结果中，不难发现，各列中性别比变量的回归系数均在 1%水平上显著小于 0，地区性别结构失衡会显著抑制家庭风险金融投资（股票投资）的参与概率和参与深度。步骤 2 检验了性别比变量与住房资产比重变量的关系，其中，除核心解释变量为住房资产比重变量外，其他控制变量的设置方式与步骤 1 相同。从回归结果中可以看出，性别比变量的回归系数在 5%水平上显著大于 0，说明地区性别结构失衡刺激了家庭房产偏好水平。步骤 3 在步骤 1 模型的设置基础上，在各模型中增加了住房资产比重变量。从回归结果中不难发现，住房资产比重变量的回归系数在各列中均于 1%水平上显著小于 0，而性别比变量的回归系数绝对值明显缩小，但依然在 1%水平上显著小于 0。这一回归结果说明，住房资产比重变量在性别比变量对于家庭风险金融投资（股票投资）参与概率和参与深度的影响中发挥着中介效应。地区性别结构失衡刺激了家庭对于"地位性商品"房产的偏好，并因此挤出家庭风险金融资产投资参与这一结论保持稳健。

表 6.27 逐步回归法中介效应检验

项目	（1）	（2）	（3）	（4）
步骤 1				
变量名	广义风险金融投资参与	股市参与	广义风险金融投资深度	股市投资深度
性别比	-0.098^{***} (0.025)	-0.088^{***} (0.020)	-0.046^{***} (0.016)	-0.042^{***} (0.012)
调整后的 R^2	0.164	0.114	0.134	0.077
步骤 2				
变量名	住房资产比重	住房资产比重	住房资产比重	住房资产比重
性别比	0.058^{**} (0.023)	0.058^{**} (0.023)	0.058^{**} (0.023)	0.058^{**} (0.023)
调整后的 R^2	0.340	0.340	0.340	0.340
步骤 3				
变量名	广义风险金融投资参与	股市参与	广义风险金融投资深度	股市投资深度
住房资产比重	-0.187^{***} (0.008)	-0.113^{***} (0.006)	-0.099^{***} (0.005)	-0.050^{***} (0.004)
性别比	-0.088^{***} (0.024)	-0.082^{***} (0.020)	-0.040^{***} (0.015)	-0.039^{***} (0.012)
调整后的 R^2	0.186	0.127	0.149	0.084

续表

项目	（1）	（2）	（3）	（4）
外生控制变量	控制	控制	控制	控制
内生控制变量	控制	控制	控制	控制
省份虚拟变量	控制	控制	控制	控制
样本数	21 375	21 375	21 375	21 375

注：括号内为稳健标准误

、*分别代表 5%和 1%的显著性水平

为进一步考察机制检验部分研究结论的可靠，参考本节进一步采用稳健性检验部分使用的变更性别结构测算方式的稳健性检验方法展开进一步考察。表 6.28 报告了变更地区性别结构测算方式后，地区性别结构失衡对于家庭房产偏好水平影响的检验结果。其中，第（1）列和第（2）列使用 OLS 模型估计，第（3）列和第（4）列使用 Tobit 模型估计，各列模型中控制变量设定与表 6.21 相一致。从回归结果中不难发现，性别比变量在各列模型中的回归系数均在 5%水平上显著大于 0，地区性别结构失衡刺激了家庭房产偏好水平这一结论的稳健并不会受到地区性别结构测算方式变更的影响。

表 6.28　性别结构（40 岁以下）对家庭房产偏好

项目	（1）	（2）	（3）	（4）
	住房资产比重	住房资产比重	住房资产比重	住房资产比重
性别比	0.026** （0.013）	0.026** （0.011）	0.029** （0.014）	0.030** （0.012）
外生控制变量	控制	控制	控制	控制
内生控制变量		控制		控制
省份虚拟变量	控制	控制	控制	控制
样本数	21 375	21 375	21 375	21 375
调整后的 R^2	0.050	0.340		
pseudo R^2			0.049	0.421

注：括号内为稳健标准误

**代表 5%的显著性水平

表 6.29 报告了变更地区性别结构测算方式后，家庭房产偏好与家庭风险金融资产投资参与概率及深度的回归结果。其中，各列模型中均控制了表 6.21 中使用的全部控制变量。从回归结果中可以看出，住房资产比重变量在各列模型中的平

均边际效应（回归系数）均在 1%水平上显著小于 0，且数值大小相较于表 6.22 与表 6.23 中结果并未发生明显变化，家庭房产偏好水平对于家庭风险金融资产投资参与概率和参与深度具有负向作用这一结论保持稳健。

表 6.29　房产偏好与家庭风险金融资产投资参与（变量替换）

项目	（1）	（2）	（3）	（4）
	广义风险金融投资参与	股市参与	广义风险金融投资参与深度	股市参与深度
	Probit		Tobit	
住房资产比重	−0.135*** (0.006)	−0.063*** (0.004)	−0.821*** (0.032)	−0.754*** (0.040)
外生控制变量	控制	控制	控制	控制
内生控制变量	控制	控制	控制	控制
省份虚拟变量	控制	控制	控制	控制
样本数	21 375	21 375	21 375	21 375
pseudo R^2	0.289	0.266	0.258	0.239

注：括号内为稳健标准误

***代表 1%的显著性水平

表 6.30 报告了变更性别结构计算方式后的房产偏好机制中介效应检验结果，从回归结果中可以看出，步骤 1 中性别比变量的回归系数在 5%水平上显著大于 0。步骤 2 中，住房资产比重变量的回归系数在 1%水平上显著小于 0。利用式（6.9）计算的 $Z_{Mediation}$ 值的绝对值大于 5%显著水平临界值。房产偏好水平在地区性别结构失衡对于家庭风险金融投资（股票投资）参与概率和参与深度的负向影响中发挥着中介效应这一结论依然保持稳健。

表 6.30　中介效应检验（变量替换）

项目	（1）	（2）	（3）	（4）
	步骤 1			
变量名	住房资产比重	住房资产比重	住房资产比重	住房资产比重
性别比	0.026** (2.44)	0.026** (2.44)	0.026** (2.44)	0.026** (2.44)
样本数	21 375	21 375	21 375	21 375
调整后的 R^2	0.340	0.340	0.340	0.340

续表

项目	（1）	（2）	（3）	（4）
步骤2				
变量名	广义风险金融投资参与	股市参与	广义风险金融投资深度	股市投资深度
住房资产比重	-2.144^{***} (-23.97)	-1.883^{***} (-18.66)	-0.099^{***} (-19.66)	-0.051^{***} (-13.46)
$Z_{Mediation}$（性别比—住房资产比重）	-2.43^{**}	-2.42^{**}	-2.42^{**}	-2.39^{**}
外生控制变量	控制	控制	控制	控制
内生控制变量	控制	控制	控制	控制
省份虚拟变量	控制	控制	控制	控制
样本数	21 375	21 375	21 375	21 375
pseudo R^2	0.287	0.264		
调整后的 R^2			0.149	0.084

注：Logit 模型报告回归系数，括号内为 z 值，OLS 模型报告回归系数，括号内为 t 值，$Z_{Mediation}$ 表示中介效应检验 z 值

、*分别代表 5%和 1%的显著性水平

6.5 进一步讨论 2：未婚男性子女数量与家庭置业意愿

6.5.1 基准回归分析

本节将针对性别差异下未婚男性子女数量对于家庭置业意愿的影响展开进一步讨论。表 6.31 报告了未婚男性子女数量与家庭置业意愿的相应估计结果。其中，第（1）列和第（2）列报告了 OLS 模型的回归结果，第（3）列和第（4）列报告了 Probit 模型的回归结果。在第（1）列和第（3）列的模型中，本节加入了年龄、年龄^2、家庭规模、性别、受教育年限、婚姻状况、健康状况、子女数量变量等相对外生的控制变量与省份虚拟变量。而在第（2）列和第（4）列的模型中，本节则进一步增加控制了金融知识、对数家庭收入、自有住房、对数家庭资产等相对内生的控制变量。从表 6.31 的回归结果中不难发现，在 OLS 模型和 Probit 模型的回归结果中，核心解释变量未婚男性子女数量的回归系数（平均边际效应）均在 1%水平上显著大于 0。以第（4）列模型回归结果为例，控制其他因素，家庭中未婚男性子女数量每增加 1 名，家庭有新建或新购住房打算的概率将会提高 2.0%。这一回归结果表明，家庭中未婚男性子女数量越多，家庭对于住房的购买欲望越强。结合学界关于房产与家庭金融市场参与的相关研究，未婚男性子女数

量的增加刺激了家庭的房产偏好，并可能使得家庭在未来由于置业而挤出风险金融市场参与。在其他控制变量的回归结果中，户主受教育年限越高的家庭，其有置业打算的概率越高，但这一影响在加入金融知识变量后被替代；男性户主对于住房资产有着更强的偏好；家庭规模越大，其置业需求越高；家庭收入和资产水平越高，家庭越可能有置业打算。

表 6.31　未婚男性子女数量与家庭置业意愿

项目	(1)	(2)	(3)	(4)
	置业意愿	置业意愿	置业意愿	置业意愿
	OLS		Probit	
未婚男性子女数量	0.030*** (2.97)	0.029*** (2.91)	0.021*** (2.90)	0.020*** (2.75)
年龄	−0.171*** (−14.13)	−0.153*** (−12.68)	−0.059*** (−4.83)	−0.042*** (−3.47)
年龄^2	0.010*** (9.86)	0.008*** (8.63)	−0.001 (−0.68)	−0.002 (−1.62)
受教育年限	0.002*** (3.05)	−0.000 (−0.65)	0.002*** (3.39)	−0.000 (−0.29)
性别	0.018*** (3.00)	0.020*** (3.35)	0.018*** (2.93)	0.019*** (3.22)
婚姻状况	−0.019** (−2.54)	−0.024*** (−3.33)	−0.019** (−2.38)	−0.026*** (−3.25)
健康状况	−0.007*** (−2.85)	−0.003 (−1.33)	−0.008*** (−2.84)	−0.003 (−1.25)
家庭规模	0.020*** (9.47)	0.019*** (8.49)	0.023*** (11.40)	0.021*** (10.50)
子女数量	−0.039*** (−5.17)	−0.036*** (−4.82)	−0.035*** (−6.30)	−0.033*** (−5.91)
金融知识		0.017*** (3.40)		0.016*** (3.37)
自有住房		−0.087*** (−11.51)		−0.082*** (−12.33)
对数家庭收入		0.011*** (7.34)		0.013*** (6.28)
对数家庭资产		0.011*** (7.10)		0.012*** (6.61)
截距项	0.796*** (17.83)	0.565*** (11.76)		
省份虚拟变量	控制	控制	控制	控制
样本数	21 375	21 375	21 375	21 375
调整后的 R^2	0.093	0.103		
pseudo R^2			0.110	0.123

注：OLS 模型报告回归系数，括号内为 t 值，Probit 模型报告平均边际效应，括号内为 z 值

、*分别代表 5%、1% 的显著性水平

6.5.2 稳健性检验

为进一步验证 6.5.1 节得出的未婚男性子女数量对于家庭置业意愿具有显著正向影响这一结论的稳健性，避免子女数量和质量替代，以及有子女与没有子女家庭特征差异等因素造成的结论偏差。本节将选取样本家庭中未婚子女数量为 1 的家庭作为研究对象，并重新运行表 6.31 中各列模型进行稳健性检验。

表 6.32 报告了相应的回归结果，各列模型中除不再控制子女数量变量外，其余模型设置和变量选择均与表 6.31 保持一致。从回归结果中不难看出，未婚男性子女数量变量对于置业意愿变量具有显著的正向影响，其回归系数（平均边际效应）均在 1%水平上显著大于 0，以第（4）列回归结果为例，控制其他条件，未婚子女为男性的家庭有购房或建房打算的概率较未婚子女为女性的家庭高 3.7%。这说明在研究样本改变之后，未婚男性子女数量对于家庭置业意愿具有显著正向影响这一结论仍然稳健。

表 6.32　子样本稳健性检验

项目	（1）	（2）	（3）	（4）
	置业意愿	置业意愿	置业意愿	置业意愿
	OLS		Probit	
未婚男性子女数量	0.039*** (3.07)	0.037*** (2.95)	0.039*** (3.09)	0.037*** (2.94)
外生控制变量	控制	控制	控制	控制
内生控制变量		控制		控制
省份虚拟变量	控制	控制	控制	控制
样本数	4495	4495	4495	4495
调整后的 R^2	0.044	0.059		
pseudo R^2			0.047	0.061

注：OLS 模型报告回归系数，括号内为 t 值，Probit 模型报告平均边际效应，括号内为 z 值
***代表 1%的显著性水平

在表 6.32 中，本节以未婚男性子女数量作为核心解释变量，为进一步验证本节结论的稳健性，本节将改变未婚男性子女数量的测算方式，使用家庭的未婚男性数量作为未婚男性子女数量变量的数值，并重新对表 6.32 中各列模型展开稳健性探讨。表 6.33 报告了相应的回归结果。从回归结果中可以看出，在改变测算方式后，未婚男性子女数量变量的回归系数（平均边际效应）仍均在 1%水平上显著大于 0，未婚男性数量对家庭置业意愿具有显著的正向影响，本节结论依然保持稳健。

表 6.33　男性未婚家庭成员与家庭置业意愿

项目	（1）	（2）	（3）	（4）
	置业意愿	置业意愿	置业意愿	置业意愿
未婚男性子女数量	0.059*** （5.87）	0.058*** （5.85）	0.050*** （6.08）	0.049*** （6.00）
样本数	21 375	21 375	21 375	21 375
调整后的 R^2	0.095	0.105		
pseudo R^2			0.112	0.125

注：OLS 模型报告回归系数，括号内为 t 值，Probit 模型报告平均边际效应，括号内为 z 值，模型及控制变量设置同表 6.25 对应列

***代表 1%的显著性水平

6.5.3　异质性探讨

本节将讨论未婚男性子女数量对于家庭置业意愿在不同群体间的影响差异。本节将样本按照收入水平和受教育年限进行划分。其中，将收入水平后 50%的家庭划分为低收入组，将收入水平前 50%的家庭划分为高收入组，将户主受教育年限为 0～9 年的家庭划分为低教育组，将户主受教育年限为 10 年及以上的家庭划分为高教育组。表 6.34 报告了相应的回归结果。从结果中不难发现，高收入组和高教育组中未婚男性子女数量变量的平均边际效应系数大小和显著性水平直观上相较于低教育组和低收入组中明显提升，但组间系数差异的检验结果并未拒绝组间系数相同的可能性。

表 6.34　异质性探讨

项目	高教育组	低教育组	高收入组	低收入组
	置业意愿	置业意愿	置业意愿	置业意愿
未婚男性子女数量	0.024** （2.27）	0.015 （1.58）	0.029*** （2.78）	0.010 （1.07）
外生控制变量	控制	控制	控制	控制
内生控制变量	控制	控制	控制	控制
省份虚拟变量	控制	控制	控制	控制
样本数	9538	11 837	10 689	10 686
pseudo R^2	0.113	0.122	0.108	0.128
似无相关检验（p）	0.790		0.367	

注：Probit 模型报告平均边际效应，括号内为 z 值

、*分别代表 5%、1%的显著性水平

6.6　本 章 小 结

尽管之前的一些研究已经证实，女性不太可能投资于风险资产，但本书将主要关注点从个人偏好转向更广泛的地区层面。本书基于 2010～2014 年的中国家庭追踪调查数据，研究了中国地区性别差异对家庭风险金融投资参与的影响，对第 3 章的理论模型进行检验。工具变量策略用于处理内生性问题。本章的主要研究结果显示，地区性别差异对家庭风险金融投资参与具有负面影响。以高中入学率差异衡量的性别差异每增加一个单位，家庭股市参与率将下降 1.6 个百分点，为平均参与率（7.2%）的 22%；以劳动参与率差异衡量的性别差异每增加 1 个单位，家庭股市参与率将下降 1.8 个百分点，为平均参与率（7.2%）的 25%。从广义风险金融投资参与来看，以高中入学率差异衡量的性别差异每增加 1 个单位，家庭参与广义风险金融投资的概率将会下降 1.6 个百分点，为平均参与率（9.8%）的 16%；以劳动参与率差异衡量的性别差异每增加 1 个单位，家庭参与广义风险金融投资的概率将会下降 2.5 个百分点，为平均参与率（9.8%）的 26%。通过一系列的稳健性检验，这些结果是可靠的。此外，位于中国北方地区和中西部地区的投资者受到性别差异的影响更大。我们发现，性别差异引起的家庭社会交往能力下降可能是导致这一结果的重要原因。

关于性别结构与家庭风险金融投资参与的进一步讨论发现。地区性别结构失衡对于家庭风险金融市场参与概率和参与程度均具有显著的抑制作用，Probit 模型的回归结果显示，控制其他条件，家庭所处地区男女性别比（以女性数量为1）每提高 1 个单位，家庭参与风险金融市场的概率下降 8.8 个百分点。Tobit 模型的回归结果显示，地区男女性别比（以女性数量为 1）每提高 1 个单位，家庭风险金融市场参与程度的真实值将会下降 0.506 个单位；机制检验发现，地区性别结构失衡显著提升了家庭的房产偏好水平，使得家庭参与风险金融市场的概率和程度下降。关于中介效应的进一步检验中，发现房产偏好水平在地区性别结构对于家庭风险金融市场参与的影响中发挥了显著的中介效应；稳健性检验中，在使用 IV-Probit 模型、IV-Tobit 模型、Bootstrap、逐步回归中介效应检验、解释变量替换等方法进行一系列稳健性探讨后，上述结论依然保持稳健。

关于未婚男性子女数量与家庭置业意愿的进一步探讨中发现：未婚男性子女数量对于家庭置业意愿具有显著的正向影响，并可能因此挤出家庭未来的风险金融市场参与。Probit 模型回归结果显示，控制其他因素，未婚男性子女数量每增加 1 名，家庭有新建或新购住房意愿的概率将会提高 2.0 个百分点。在进行了样本变化和解释变量替换的稳健性检验后，上述结论依然保持稳健；异质性探讨中，未发现未婚男性子女数量对家庭置业意愿的影响在分组间存在显著差异。

　　有几种可能的途径可供未来研究使用。首先，由于数据的限制，本章的模型没有考虑家庭议价能力。对于已婚家庭而言，如果丈夫在家庭事务中拥有绝对的话语权，那么性别差异对家庭投资行为的影响可能与本章的研究结果存在一定的差异。其次，Booth 等（2019）发现，由于社会规范和制度的变革促进了性别平等，中国女性具有强烈的竞争偏好，甚至比男性更加激烈。因此，研究竞争偏好在性别差异与家庭风险金融投资参与之间的关系中的作用是很有价值的。

7 数字不对等对家庭风险金融资产投资的影响：来自机会差异的不平衡

基于第四章中关于数字不对等对家庭风险金融投资影响的理论模型构建与分析，本章将利用 2017 年中国家庭金融调查数据，从数字接入水平和数字应用水平两个角度切入，针对数字不对等对于我国家庭风险金融资产投资参与的影响展开实证检验，并针对年龄、文化程度、地区受教育水平等因素对于家庭数字接入及应用水平的影响展开进一步探讨。

7.1 引　　言

伴随着信息技术和互联网金融的快速发展，多种形式的"数字鸿沟"逐渐在我国开始显现，数字不对等是否会影响家庭风险金融投资参与这一问题也引发了学界的广泛关注。学界目前关于数字不对等对于家庭风险金融投资参与影响的相关探讨，主要停留在数字接入水平的相关研究之上，认为互联网接入在降低了家庭风险金融投资参与成本的同时提高了家庭社会互动水平，进而促进家庭风险金融市场参与（周广肃和梁琪，2018）。但是，随着信息技术迭代升级，不同人群在信息技术接入和应用上存在的差异导致了另一种新型机会不平衡"数字鸿沟"的产生（Bonfadelli，2002；邱泽奇等，2016），目前仍鲜有研究涉及家庭在数字应用能力、应用目的和应用设备上的差异，即数字应用水平对于家庭风险金融投资参与的影响，也鲜有研究通过实证研究方式探讨家庭数字不对等的起因。

承接上述研究背景，本章立足于互联网信息技术普及发展的社会现实背景，旨在从数字接入水平和数字应用水平两个角度针对数字不对等对于家庭风险金融投资参与的影响及其在其他因素对于家庭风险金融投资参与影响中发挥的渠道作用展开系统考察，并拟解决以下三个方面的关键问题：第一，数字接入水平对于家庭风险金融投资参与具有何种影响；第二，数字应用水平是否能够改变家庭风险金融投资参与决策；第三，数字接入及应用水平是否能够在户主年龄和受教育水平对于家庭风险金融投资参与的影响中发挥渠道作用。

本章研究具有以下潜在贡献：第一，学界目前关于数字水平与家庭风险金融市场参与的探讨主要停留于互联网接入对于家庭风险金融市场参与概率和参与程度的影响分析，鲜有研究涉及数字应用水平对于家庭风险金融市场参与决策的影响。本章则从应用能力、应用目的和应用设备三个方向综合衡量家庭数字应用水平，将其纳入实证检验中。第二，学界目前鲜有文献考察数字接入水平和数字应用水平在户主年龄、受教育水平及地区受教育水平对于家庭风险金融市场参与的影响中发挥的传导渠道作用，本章研究对此形成有益补充。

本章其余部分安排如下。7.2 节阐述了本章数据来源、变量设置以及实证方法。7.3 节介绍本章的主要回归结果和一系列稳健性检验。7.4 节为针对数字不对等影响因素及其渠道作用的进一步讨论。7.5 节是本章的总结。

7.2　数据、变量和实证模型

7.2.1　数据和变量

本章使用数据来自 2017 年中国家庭金融调查，其由中国家庭金融调查与研究中心在 2017 年开展。该调查项目访问了全国 29 个省区市，355 个县（区、县级市）共 40 011 户家庭，采集其人口特征、资产与负债、保险与保障、支出与收入等相关信息。由于在该调查中，极少农村家庭样本参与风险金融市场，数据上并不具有代表性，因此，本章根据研究需要，选取城镇家庭作为研究样本。在删除了异常值和存在着关键变量缺失的样本后，最终得到了 13 339 个有效家庭样本。

为考察数字不对等对于家庭风险金融资产投资参与的相关影响，本章将结合数字不对等于家庭层面的直接体现，从家庭数字接入水平和数字应用水平两个角度展开实证研究。参照 2017 年中国家庭金融调查的问卷设置与相关文献的研究经验（尹志超等，2014；周广肃等，2018），本章选取广义风险金融投资参与、股市参与、广义风险金融投资参与深度和股市参与深度作为核心被解释变量，以分别探讨家庭风险金融资产投资参与概率和参与深度的影响因素。例如，1.4.2 节概念界定所述，参考尹志超等（2014）、陈永伟等（2015）和蓝嘉俊等（2018）的研究经验，本章的金融资产将主要包括现金、银行存款、股票、基金、金融理财产品、债券、金融衍生品、非人民币资产、黄金和其他金融资产。其中，风险金融资产将主要包括股票、基金、公司债券、金融理财产品、非政府债券、金融衍生品、非人民币资产、黄金和其他金融资产，股票资产则只包含股票。

解释变量的选取上，在探讨数字接入水平对于家庭风险金融资产投资参与的影响时，本章将使用数字接入水平作为核心解释变量。在探讨数字应用水平与家庭风险金融资产投资参与的关系时，本章则将从应用能力、应用目的和应用设备三个维度衡量家庭数字应用水平，并以此考察数字应用水平对于家庭风险金融资产投资决策的影响。

在控制变量选择上，参照相关文献研究经验，本章选取的控制变量主要包括了投资者特征变量（年龄、性别、健康状况、婚姻状况、受教育年限、金融知识等）、家庭特征变量（家庭规模、对数家庭收入、自有住房、对数家庭资产等）和省份虚拟变量。本章具体的变量设置方式及描述性统计如表 7.1 所示。

表 7.1　描述性统计

	变量	变量描述	均值	标准差	最小值	最大值
关键变量	广义风险金融投资参与	广义风险金融投资参与（1 = 是，0 = 否）	0.139	0.346	0.000	1.000
	股市参与	股市参与（1 = 是，0 = 否）	0.0832	0.2760	0.0000	1.0000
	股市参与深度	家庭广义风险金融资产占总金融资产的比重	0.0772	0.2200	0.0000	1.0000
	广义风险金融投资参与深度	家庭股票资产占总金融资产的比重	0.0406	0.1600	0.0000	1.0000
	数字接入水平	虚拟变量，表示家庭的数字接入水平，户主能够使用互联网则赋值为1，不使用互联网则赋值为0	0.535	0.499	0.000	1.000
	应用能力	虚拟变量，表示家庭数字应用水平中的能力维度，以户主是否有过网络交易经历衡量，进行过网络交易赋值为1，未进行过网络交易赋值为0	0.697	0.460	0.000	1.000
	应用目的	虚拟变量，表示家庭数字应用水平中的应用目的维度，以户主是否使用财经类 App 或网页浏览作为关注经济信息的主要渠道衡量，是赋值为1，否则赋值为0	0.345	0.500	0.000	1.000
	应用设备	虚拟变量，表示家庭数字应用水平中的应用设备维度，以户主使用互联网的主要设备是否为电脑衡量，是电脑时赋值为1，否则赋值为0	0.157	0.364	0.000	1.000
控制变量	婚姻状况	婚姻状况（1 = 有配偶，0 = 无配偶）	0.770	0.421	0.000	1.000
	受教育年限	户主的受教育年数	10.240	4.133	0.000	22.000
	年龄	按照 2017 年计的户主年龄除以 10	5.538	1.545	1.800	9.800
	年龄^2	年龄变量值的平方项	33.060	17.020	3.240	96.040
	性别	性别（1 = 男，0 = 女）	0.661	0.473	0.000	1.000

续表

变量		变量描述	均值	标准差	最小值	最大值
控制变量	健康状况	户主的自评健康状况	2.508	0.973	1.000	5.000
	对数家庭收入	家庭总收入加 1 后的对数	10.700	1.770	0.000	15.420
	家庭规模	家庭规模	2.712	1.377	1.000	15.000
	对数家庭资产	家庭总资产加 1 后的对数	12.860	2.009	0.000	17.220
	金融知识	当户主对于问卷中关于风险收益问题和投资组合风险问题的全部回答均正确时赋值为 1，其他赋值为 0	0.483	0.500	0.000	1.000
	自有住房	家庭拥有自有住房时赋值为 1，此外赋值为 0	0.781	0.414	0.000	1.000

7.2.2　实证模型

本书提出如下假设。

H3.1：家庭数字接入水平对于家庭风险金融投资参与具有正向影响。

H3.2：家庭数字应用水平对于家庭风险金融投资参与具有正向影响。

本章将通过实证研究的方式针对以上假设展开实证检验，深入考察数字接入水平和数字应用水平两个角度对家庭风险金融资产投资决策的影响。由于，被解释变量广义风险金融投资参与和股市参与为二值变量，为解决变量特征带来的估计偏差问题，本章将首先使用 Probit 模型针对数字接入水平对家庭风险金融投资（股票投资）参与概率的影响进行基准回归分析，其模型设定如下：

$$Y_i^* = \beta_0 + \beta_1 \text{internet}_i + \beta_2 X_i + \beta_3 \text{Prov}_i + \varepsilon_i$$

$$\begin{aligned} \Pr(Y_i = 1) &= \Pr(Y_i^* > 0) \\ &= \Phi(\beta_0 + \beta_1 \text{internet}_i + \beta_2 X_i + \beta_3 \text{Prov}_i) \end{aligned} \quad (7.1)$$

其中，i 为第 i 个家庭；Y_i^* 为潜变量，当 $Y_i^* > 0$ 时，被解释变量取值为 1，即家庭 i 参与风险金融市场（股票市场）；internet_i 为家庭 i 的数字接入水平。X_i 为控制变量集，包括了性别、受教育年限、婚姻状况、健康状况、金融知识、对数家庭收入、对数家庭资产、家庭规模和自有住房等。为了控制地区差距，本章还在模型中加入了家庭所在省份的虚拟变量（Prov_i）。

由于风险金融资产（股票资产）占总金融资产的比重是截断的，使用传统 OLS 估计方法可能会产生偏误，参考相关研究经验，本章采用更加适宜删截数据的 Tobit 模型针对数字接入水平与家庭风险金融投资（股票投资）参与深度的关系展开实证检验，具体的模型设定如下所示：

$$r_i^* = \beta_0 + \beta_1 \text{internet}_i + \beta_2 X_i + \beta_3 \text{Prov}_i + \varepsilon_i$$

$$R_i = \max(0, r_i^*) \tag{7.2}$$

其中，r_i^* 为风险金融市场（股票市场）参与深度的真实值；R_i 为风险金融市场（股票市场）参与深度，表示家庭 i 持有的风险金融资产（股票资产）占总金融资产的比重，其他变量设置同前。

关于数字应用水平与家庭风险金融资产投资参与的实证检验中，本章将以应用能力（ability）、应用目的（purpose）和应用设备（equipment）作为衡量家庭数字应用水平的变量集以展开机制分析，同时仅以户主能够使用互联网的家庭作为研究样本。使用 Probit 模型初步分析家庭数字应用水平对家庭风险金融资产投资参与概率的影响，使用 Tobit 模型探讨数字应用水平对家庭风险金融资产投资参与深度的影响，具体的模型设置如下所示：

$$Y_i^* = \beta_0 + \beta_1 \text{ability}_i + \beta_2 \text{purpose}_i + \beta_3 \text{equipment}_i + \beta_4 X_i + \beta_5 \text{Prov}_i + \varepsilon_i$$
$$\Pr(Y_i = 1) = \Pr(Y_i^* > 0)$$
$$= \Phi(\beta_0 + \beta_1 \text{ability}_i + \beta_2 \text{purpose}_i + \beta_3 \text{equipment}_i + \beta_4 X_i + \beta_5 \text{Prov}_i)$$
$$\tag{7.3}$$

$$r_i^* = \beta_0 + \beta_1 \text{ability}_i + \beta_2 \text{purpose}_i + \beta_3 \text{equipment}_i + \beta_4 X_i + \beta_5 \text{Prov}_i + \varepsilon_i$$
$$R_i = \max(0, r_i^*) \tag{7.4}$$

本章还将展开关于家庭数字水平影响因素的进一步讨论，将使用 Probit 模型与 Logit 模型分析户主年龄（Age）、受教育水平（Education）和地区受教育水平（Edu-avg）对于家庭数字接入及应用水平的影响。具体的模型设置如下：

$$\text{internet}_i^* = \beta_0 + \beta_1 \text{Age}_i + \beta_2 \text{Education}_i + \beta_3 \text{Edu\_avg}_i + \beta_4 X_i + \beta_5 \text{Prov} + \varepsilon_i$$
$$\Pr(\text{internet}_i = 1) = \Pr(\text{internet}_i^* > 0)$$
$$= \Phi(\beta_0 + \beta_1 \text{Age}_i + \beta_2 \text{Education}_i + \beta_3 \text{Edu\_avg}_i + \beta_4 X_i + \beta_5 \text{Prov})$$
$$\tag{7.5}$$

$$\Pr(\text{internet}_i = 1) = \frac{\exp(\beta_0 + \beta_1 \text{Age}_i + \beta_2 \text{Education}_i + \beta_3 \text{Edu\_avg}_i + \beta_4 X_i + \beta_5 \text{Prov})}{1 + \exp(\beta_0 + \beta_1 \text{Age}_i + \beta_2 \text{Education}_i + \beta_3 \text{Edu\_avg}_i + \beta_4 X_i + \beta_5 \text{Prov})}$$
$$\tag{7.6}$$

其中，式（7.5）为 Probit 模型；式（7.6）为 Logit 模型；internet_i 为家庭 i 的数字接入水平，$\text{internet}_i = 1$ 即家庭 i 的户主能够使用互联网。在关于户主年龄和受教育水平对于家庭数字应用水平影响的检验部分，本章将分别使用应用能力变量、应用目的变量和应用设备变量作为被解释变量，替换式（7.5）中的数字接入水平变量展开分析。

本章将针对家庭数字接入及应用水平在户主受教育水平和地区受教育水平对于家庭风险金融投资参与的影响中发挥的中介作用展开进一步考察。本章将参考 Iacobucci（2012）的研究经验，针对受教育水平、家庭数字接入水平与家庭风险金融资产投资参与关系中可能存在的中介效应展开分析与检验。具体的模型设置如下：

$$\Pr(\text{internet}_i = 1) = \frac{\exp(\beta_0 + \beta_1 \text{Education}_i + \beta_2 X_i + \beta_3 \text{Prov})}{1 + \exp(\beta_0 + \beta_1 \text{Education}_i + \beta_2 X_i + \beta_3 \text{Prov})} \quad (7.7)$$

$$\Pr(Y_i = 1) = \frac{\exp(\beta_0 + \beta_1 \text{Education}_i + \beta_2 X_i + \beta_3 \text{Prov} + \beta_4 \text{internet}_i)}{1 + \exp(\beta_0 + \beta_1 \text{Education}_i + \beta_2 X_i + \beta_3 \text{Prov} + \beta_4 \text{internet}_i)} \quad (7.8)$$

$$Z_{\text{Mediation}} = z_a z_b / \left(z_a^2 + z_b^2 + 1\right)^{\wedge} 0.5 \quad (7.9)$$

其中，式（7.7）和式（7.8）使用 Logit 模型展开估计；$Z_{\text{Mediation}}$ 为中介效应检验 z 值，当其超过显著性水平临界值时，认定数字接入水平变量在受教育年限变量对于广义风险金融投资参与变量的影响中发挥显著的中介效应；z_a 表示式（7.7）中受教育年限变量回归系数的 z 值；z_b 为式（7.8）中，internet 变量回归系数的 z 值，其他变量设置同前。检验第一步，使用式（7.7）进行回归，检验户主受教育水平对于家庭数字接入水平的影响并获得 z_a。第二步，使用式（7.8），检验家庭数字接入水平对于家庭风险金融资产投资参与概率的影响并获得 z_b。第三步，利用式（7.9）计算 $Z_{\text{Mediation}}$ 并判断中介效应显著水平。在之后关于股票市场参与概率、广义风险金融投资参与深度和股票市场参与深度的中介效应检验中，本章还会将广义风险金融投资参与变量分别替换为股市参与变量、广义风险金融投资深度变量和股市投资深度变量以展开探讨。在进行参与深度的中介效应检验时，式（7.8）将被替换为线性最小二乘估计。在地区受教育水平的机制检验部分，本章则将在式（7.7）~式（7.9）的基础上额外增加解释变量区县级人均受教育年限，检验数字接入水平在地区受教育水平对于家庭风险金融资产投资影响中发挥的中介效应。

在稳健性检验中，本章还将进一步利用 IV-Probit 模型、IV-Tobit 模型、处理效应模型、Bootstrap、逐步回归中介效应检验、子样本检验、模型设定变更和变量替换等方式展开稳健性探讨。

7.3 数字不对等与家庭风险金融资产投资参与

7.3.1 基准回归结果

本节将从数字接入水平和数字应用水平两个角度切入，深入分析数字不对等对于家庭风险金融投资参与的影响。首先将分别使用广义风险金融投资参与变量与股市参与变量，构建 Probit 模型进行回归分析，以综合检验数字接入水平对于家庭风险金融资产投资参与概率的影响。表 7.2 报告了家庭数字接入水平与家庭风险金融投资参与概率相应的估计结果。其中，第（1）～（3）列模型的被解释变量为广义风险金融投资参与变量，第（4）～（6）列模型的被解释变量为股市参与变量。在回归中，本章参考周广肃等（2018）的研究经验，逐步加入相对外生的控制变量和相对内生的控制变量，在第（1）列和第（4）列中，本章仅加入了省份虚拟变量。在第（2）列和第（5）列中，本章加入了家庭规模、性别、受教育年限、婚姻状况、健康状况等相对外生的控制变量与省份虚拟变量。而在第（3）列和第（6）列，本章则进一步增加控制了金融知识、对数家庭收入、对数家庭资产和自有住房等相对内生的控制变量。从表 7.2 中可以看出，Probit 模型的回归结果中，核心解释变量数字接入水平变量在各列模型中的回归结果较为一致，数字接入水平变量的边际效应均在 1%水平上显著大于 0。这一结果表明，家庭数字接入水平对于广义风险金融投资参与（股票参与）概率具有显著的正向影响。以第（3）列模型为例，在控制其他条件情况下，户主能够使用互联网的家庭相较于其他家庭，其参与风险金融投资的概率要高 7.3%。这一回归结果说明，家庭数字接入水平的提升能够显著促进家庭的风险金融市场参与概率。

表 7.2　数字接入水平对家庭风险金融投资参与决策的影响

项目	（1）广义风险金融投资参与	（2）广义风险金融投资参与	（3）广义风险金融投资参与	（4）股市参与	（5）股市参与	（6）股市参与
数字接入水平	0.179*** (0.006)	0.126*** (0.007)	0.073*** (0.005)	0.116*** (0.004)	0.071*** (0.004)	0.044*** (0.003)
年龄		0.062*** (0.011)	0.042*** (0.009)		0.053*** (0.007)	0.036*** (0.005)
年龄^2		−0.004*** (0.001)	−0.003*** (0.001)		−0.004*** (0.001)	−0.003*** (0.000)
受教育年限		0.017*** (0.001)	0.008*** (0.001)		0.009*** (0.001)	0.004*** (0.000)
性别		−0.006 (0.005)	−0.006 (0.004)		−0.000 (0.003)	−0.001 (0.002)
婚姻状况		0.033*** (0.007)	0.011* (0.006)		0.015*** (0.004)	0.005 (0.003)
健康状况		0.000 (0.003)	0.006*** (0.002)		0.000 (0.002)	0.002** (0.001)
家庭规模		−0.002 (0.002)	−0.010*** (0.002)		−0.001 (0.001)	−0.004*** (0.001)
金融知识			0.031*** (0.004)			0.011*** (0.002)
自有住房			−0.040*** (0.006)			−0.018*** (0.003)
对数家庭收入			0.020*** (0.003)			0.006*** (0.001)
对数家庭资产			0.034*** (0.002)			0.015*** (0.001)
省份虚拟变量	控制	控制	控制	控制	控制	控制
样本数	13 339	13 339	13 339	13 339	13 339	13 339
pseudo R^2	0.139	0.196	0.268	0.160	0.215	0.266

注：括号内为稳健标准误
*、**、***分别代表 10%、5%和 1%的显著性水平

在其他解释因素方面：户主年龄与家庭风险金融投资参与概率呈现"驼峰"形关系；户主受教育年限越高的家庭，其参与风险金融市场（股票市场）的概率越大；家庭规模扩大对于家庭风险金融资产投资参与具有抑制作用；收入和资产水平更高的家庭倾向于投资风险金融资产；家庭对住房投资的偏好会挤出风险金融资产投资参与。回归结果中，少数控制变量回归结果不符合预期，性别变量在Probit 模型中的平均边际效应为负，与传统中男性相较于女性会更倾向于偏好风险的观点不一致，但这一结果与尹志超等（2014）、周广肃等（2018）和蓝嘉俊等（2018）实证研究结果相一致，这可能是由于在控制了多数重要经济变量指标后，户主的人口性别特征因素被部分解释。健康状况变量在不同模型间存在着显著性和回归系数差异，参考何兴强等（2009）和吴卫星等（2011）的研究经验，这一回归结果，可能是由于健康对于家庭风险金融资产投资参与的影响被收入及资产因素解释。总体而言，多数控制变量的回归结果与学界既有研究的结论相同，在一定程度上说明了本章研究的合理性。

表7.3 报告了户主年龄与家庭风险金融资产投资参与深度的 Tobit 模型回归结果。其中，第（1）～（3）列模型的被解释变量为广义风险金融投资参与深度变量，第（4）～（6）列模型的被解释变量为股市参与深度变量。与表 7.2 中使用的研究方法相似，表 7.3 回归中依然通过逐步加入相对外生的控制变量和相对内生的控制变量以检验研究结论的稳健。各列模型中，除被解释变量外，变量设置均与表 7.2 中对应列相同。

表 7.3　数字接入水平对家庭风险金融投资配置决策的影响

项目	(1) 广义风险金融投资参与深度	(2) 广义风险金融投资参与深度	(3) 广义风险金融投资参与深度	(4) 股市参与深度	(5) 股市参与深度	(6) 股市参与深度
数字接入水平	0.860*** (0.028)	0.664*** (0.035)	0.488*** (0.035)	1.030*** (0.042)	0.774*** (0.047)	0.635*** (0.048)
年龄		0.343*** (0.055)	0.286*** (0.054)		0.558*** (0.072)	0.486*** (0.073)
年龄^2		−0.023*** (0.005)	−0.019*** (0.005)		−0.047*** (0.007)	−0.041*** (0.007)
受教育年限		0.085*** (0.004)	0.048*** (0.004)		0.084*** (0.005)	0.052*** (0.006)
性别		−0.039 (0.027)	−0.046* (0.026)		−0.008 (0.032)	−0.013 (0.032)
婚姻状况		0.165*** (0.036)	0.068* (0.035)		0.160*** (0.046)	0.073 (0.045)
健康状况		0.000 (0.014)	0.037*** (0.013)		−0.005 (0.017)	0.026 (0.017)

续表

项目	（1）广义风险金融投资参与深度	（2）广义风险金融投资参与深度	（3）广义风险金融投资参与深度	（4）股市参与深度	（5）股市参与深度	（6）股市参与深度
家庭规模		−0.016 (0.010)	−0.068*** (0.011)		−0.020 (0.013)	−0.057*** (0.014)
金融知识			0.184*** (0.024)			0.134*** (0.030)
自有住房			−0.241*** (0.035)			−0.234*** (0.042)
对数家庭收入			0.118*** (0.016)			0.072*** (0.017)
对数家庭资产			0.208*** (0.012)			0.202*** (0.014)
截距项	−1.782*** (0.159)	−3.740*** (0.224)	−6.731*** (0.258)	−2.502*** (0.248)	−4.874*** (0.310)	−7.373*** (0.338)
省份虚拟变量	控制	控制	控制	控制	控制	控制
样本数	13 339	13 339	13 339	13 339	13 339	13 339
pseudo R^2	0.125	0.177	0.241	0.148	0.196	0.239

注：括号内为稳健标准误

*、***分别代表 10%、1%的显著性水平

表 7.3 的回归结果显示，各列中数字接入水平变量的回归系数均在 1%水平上显著大于 0，家庭数字接入水平对于家庭风险金融投资（股票投资）参与深度呈现出显著的正向影响。以第（3）列和第（6）列模型的回归结果为例，户主能够使用互联网的家庭，其对于风险金融资产（股票资产）投资比重的真实值广义风险金融投资参与深度（股市参与深度）较其他家庭高 0.488（0.635）个单位。这一回归结果说明，家庭数字接入水平对于家庭风险金融投资参与的影响既存在于家庭风险金融资产投资参与概率中，又存在于家庭风险金融资产投资参与深度中。

在其他投资者特征变量与家庭特征变量的回归结果中，多数控制变量的回归系数方向及显著性水平均与家庭风险金融资产投资参与概率的 Probit 模型回归结果相同，这与相关研究中认为家庭风险金融资产投资参与概率的影响因素会进一步改变家庭风险金融资产投资参与深度的观点相一致。综合表 7.2 和表 7.3 的检验结果，可以看出 H3.1 得到了相应验证。

表 7.4 报告了数字应用水平对家庭风险金融资产投资参与概率影响的检验结果。其中，各列模型的控制变量设定均与表 7.2 中对应列相同，且研究样本仅包含了户主能够使用互联网的家庭。从回归结果中可以发现，应用能力变量、应用目的变量和应用设备变量的边际效应均在 1%水平上显著大于 0。这一回归结果说

明，以应用能力、应用目的和应用设备衡量的数字应用水平对于广义风险金融投资参与（股市参与）概率均具有显著的正向影响。

表 7.4　数字应用水平对家庭风险金融投资参与决策的影响

项目	(1) 广义风险金融投资参与	(2) 广义风险金融投资参与	(3) 广义风险金融投资参与	(4) 股市参与	(5) 股市参与	(6) 股市参与
应用能力	0.073*** (0.011)	0.113*** (0.013)	0.077*** (0.012)	0.060*** (0.009)	0.068*** (0.010)	0.047*** (0.009)
应用目的	0.208*** (0.010)	0.184*** (0.010)	0.149*** (0.010)	0.161*** (0.008)	0.132*** (0.008)	0.109*** (0.007)
应用设备	0.089*** (0.013)	0.051*** (0.013)	0.049*** (0.012)	0.075*** (0.010)	0.050*** (0.009)	0.046*** (0.008)
年龄		0.121*** (0.024)	0.087*** (0.023)		0.143*** (0.018)	0.115*** (0.017)
年龄^2		−0.007*** (0.002)	−0.004** (0.002)		−0.012*** (0.002)	−0.009*** (0.002)
受教育年限		0.022*** (0.002)	0.012*** (0.002)		0.013*** (0.001)	0.007*** (0.001)
性别		−0.032*** (0.010)	−0.032*** (0.010)		−0.016** (0.008)	−0.015** (0.007)
婚姻状况		0.062*** (0.015)	0.026* (0.014)		0.029*** (0.011)	0.010 (0.010)
健康状况		0.004 (0.006)	0.014** (0.005)		0.003 (0.004)	0.008** (0.004)
家庭规模		−0.013*** (0.005)	−0.023*** (0.004)		−0.007** (0.003)	−0.012*** (0.003)
金融知识			0.066*** (0.009)			0.029*** (0.007)
自有住房			−0.066*** (0.014)			−0.037*** (0.010)
对数家庭收入			0.029*** (0.005)			0.012*** (0.003)
对数家庭资产			0.065*** (0.005)			0.037*** (0.003)
省份虚拟变量	控制	控制	控制	控制	控制	控制
样本数	7135	7135	7135	7135	7135	7135
pseudo R^2	0.123	0.174	0.229	0.146	0.186	0.222

注：括号内为稳健标准误

*、**、***分别代表 10%、5%、1%的显著性水平

表 7.5 报告了数字应用水平对于家庭风险金融资产投资参与深度影响的检验结果。其中，各列模型控制变量设定均与表 7.4 相同。可以看出，应用能力变量、应用目的变量和应用设备变量在各列中的回归系数均在 1%水平上显著大于 0。以

应用能力、应用目的和应用设备三个维度衡量的数字应用水平均促进了家庭对于广义风险金融投资（股市）的参与深度。综合表 7.4 与表 7.5 的实证研究结果，不难发现，H3.2 提出的家庭数字应用水平对于家庭风险金融投资参与具有正向影响这一假设得到了相应检验。

表 7.5　数字应用水平对家庭风险金融投资参与决策的影响

项目	（1）广义风险金融投资参与深度	（2）广义风险金融投资参与深度	（3）广义风险金融投资参与深度	（4）股市参与深度	（5）股市参与深度	（6）股市参与深度
应用能力	0.169*** (0.031)	0.284*** (0.033)	0.202*** (0.033)	0.209*** (0.037)	0.264*** (0.041)	0.196*** (0.041)
应用目的	0.545*** (0.025)	0.486*** (0.025)	0.408*** (0.025)	0.594*** (0.029)	0.540*** (0.031)	0.475*** (0.031)
应用设备	0.242*** (0.032)	0.144*** (0.031)	0.139*** (0.030)	0.277*** (0.036)	0.212*** (0.037)	0.205*** (0.036)
年龄		0.349*** (0.061)	0.263*** (0.061)		0.605*** (0.077)	0.518*** (0.079)
年龄^2		−0.020*** (0.006)	−0.014** (0.006)		−0.049*** (0.007)	−0.042*** (0.008)
受教育年限		0.054*** (0.004)	0.028*** (0.004)		0.050*** (0.005)	0.029*** (0.005)
性别		−0.092*** (0.027)	−0.093*** (0.026)		−0.066** (0.032)	−0.066** (0.032)
婚姻状况		0.167*** (0.038)	0.078** (0.037)		0.120*** (0.046)	0.049 (0.045)
健康状况		0.010 (0.015)	0.035** (0.014)		0.011 (0.018)	0.032* (0.018)
家庭规模		−0.039*** (0.012)	−0.069*** (0.012)		−0.033** (0.014)	−0.055*** (0.014)
金融知识			0.168*** (0.025)			0.117*** (0.031)
自有住房			−0.166*** (0.036)			−0.141*** (0.043)
对数家庭收入			0.078*** (0.013)			0.046*** (0.014)
对数家庭资产			0.169*** (0.012)			0.153*** (0.014)
省份虚拟变量	控制	控制	控制	控制	控制	控制
样本数	7135	7135	7135	7135	7135	7135
pseudo R^2	0.109	0.156	0.204	0.128	0.164	0.193

注：括号内为稳健标准误

*、**、***分别代表 10%、5%、1%的显著性水平

7.3.2　稳健性检验

7.3.2.1　内生性处理

考虑到基准回归部分可能存在的内生性问题，本节将首先利用相关研究中（张号栋和尹志超，2016；周广肃等，2018）较常使用的 IV-Probit 模型和 IV-Tobit 模型展开内生性处理，之后则将进一步使用更适合内生变量为二值变量的处理效应模型展开进一步分析，重点针对数字应用能力对家庭风险金融资产投资参与影响检验中可能存在的内生性问题进行探讨。关于机制部分，数字接入水平与家庭风险金融资产投资参与的内生性问题，由于学界已有文献（周广肃和梁琪，2018）展开分析，本章将不再展开赘述。本章参考周广肃和梁琪（2018）的研究经验，使用家庭所在区县平均网络交易使用率、使用网络作为主要经济信息关注渠道的概率、网络主要使用设备为电脑的概率和户主使用互联网年限作为工具变量组。工具变量的设定原因是：一方面，地区内其他家庭对于互联网的应用能力和使用偏好将会通过社会互动影响家庭自身数字应用水平，而地区平均数字应用水平与家庭风险金融资产投资参与并不直接相关；另一方面，户主使用互联网年数与其数字应用水平正向关联，而历史上户主开始使用互联网时间并不会受到家庭当期风险金融资产投资参与因素影响。此外，为进一步保证工具变量组对于被解释变量的影响仅通过内生变量实现，在内生性处理中，本章还进一步控制了区县对数人均收入、区县对数人均资产、区县性别结构、区县城乡结构、区县受教育水平和区县抚养比等因素。

表 7.6 报告了 IV-Probit 模型和 IV-Tobit 模型相应的回归结果，各列模型中均控制所有控制变量。其中第（1）列和第（2）列报告了两阶段 IV-Probit 模型回归结果，第（3）列和第（4）列报告了两阶段 IV-Tobit 模型回归结果。可以看出，在使用工具变量组后，应用能力变量的回归系数在除第（3）列外的各列模型中于 1%水平上大于 0。应用目的变量的回归系数在各列模型中均在 1%水平上大于 0。应用设备变量的显著性水平在各列中有所差异，但其在关于风险金融资产投资参与概率和参与深度的检验模型中均在 1%水平上显著大于 0。上述回归结果相较表 7.4 与表 7.5 中检验结果并未发生明显改变，研究结论保持稳健。Wald 检验与 AR 检验拒绝了原变量外生与内生回归系数和为 0（弱工具变量）的可能，过度识别检验未拒绝所有工具变量均为外生的假设，说明工具变量组的使用是有效且有必要的。

表 7.6 内生性探讨

项目	（1） 广义风险金融投资参与	（2） 股市参与	（3） 广义风险金融投资参与深度	（4） 股市参与深度
应用能力	1.183*** （2.63）	1.877*** （3.64）	0.680** （2.43）	1.254*** （3.56）
应用目的	0.923*** （2.91）	0.921*** （2.59）	0.630*** （3.20）	0.717*** （2.97）
应用设备	1.403*** （3.01）	1.061** （2.02）	0.901*** （3.12）	0.681* （1.91）
Wald 检验	0.000	0.000	0.000	0.000
AR 检验	0.000	0.000	0.000	0.000
过度识别检验	0.161	0.471	0.142	0.511
外生控制变量	控制	控制	控制	控制
内生控制变量	控制	控制	控制	控制
省份虚拟变量	控制	控制	控制	控制
样本数	7135	7135	7135	7135

注：IV-Probit 模型和 IV-Tobit 模型报告回归系数，括号内为 z 值

*、**、***分别代表 10%、5%、1%的显著性水平

表 7.7 报告了处理效应模型的回归结果，其中，各列模型 1 阶段均使用 Probit 模型展开估计，第（1）列和第（2）列模型 2 阶段使用 Probit 模型展开估计，第（3）列和第（4）列模型 2 阶段使用线性模型估计。从各列模型的回归结果中可以看出，应用能力变量、应用目的变量和应用设备变量的平均处理效应在各列模型中均在 1%水平上显著大于 0，以应用能力、应用目的和应用设备衡量的数字应用水平对于家庭风险金融投资参与概率和参与深度具有正向影响这一结论，在经过内生性处理后保持稳健。

表 7.7 内生性探讨（处理效应模型）

项目	（1） 广义风险金融投资参与	（2） 股市参与	（3） 广义风险金融投资参与深度	（4） 股市参与深度
应用能力	0.278*** （6.17）	0.291*** （8.88）	0.206*** （7.59）	0.157*** （7.24）
应用目的	0.397*** （5.58）	0.369*** （4.17）	0.309*** （8.07）	0.252*** （7.63）

续表

项目	（1）广义风险金融投资参与	（2）股市参与	（3）广义风险金融投资参与深度	（4）股市参与深度
应用设备	0.558*** (3.42)	0.563*** (3.67)	0.431*** (3.57)	0.331*** (3.27)
外生控制变量	控制	控制	控制	控制
内生控制变量	控制	控制	控制	控制
省份虚拟变量	控制	控制	控制	控制
样本数	7135	7135	7135	7135

注：处理效应模型报告平均处理效应，括号内为 z 值

***代表在 1% 的显著性水平

7.3.2.2　子样本稳健性检验

为避免单人家庭特殊性对研究结论可能产生的影响，本节将剔除样本家庭中单人家庭以展开进一步稳健性探讨。表 7.8 报告了剔除单人样本后，数字接入水平对于家庭风险金融投资参与概率及参与深度影响的检验结果。其中，各列模型均包含了表 7.2 中使用的全部控制变量。从表 7.8 的回归结果中不难发现，在进行了样本筛选和模型设定变更后，数字接入水平变量的回归结果并未发生显著变化。数字接入水平（数字接入水平变量）对于家庭风险金融投资（股票投资）的参与概率和参与深度具有显著正向影响这一结论保持稳健。

表 7.8　稳健性检验：子样本检验（数字接入水平）

项目	（1）广义风险金融投资参与	（2）股市参与	（3）广义风险金融投资参与深度	（4）股市参与深度
数字接入水平	0.083*** (0.006)	0.052*** (0.004)	0.496*** (0.036)	0.645*** (0.051)
外生控制变量	控制	控制	控制	控制
内生控制变量	控制	控制	控制	控制
省份虚拟变量	控制	控制	控制	控制
样本数	11 082	11 082	11 082	11 082
pseudo R^2	0.273	0.266	0.274	0.275

注：括号内为稳健标准误

***代表 1% 的显著性水平

表 7.9 报告了剔除单人样本后，从应用能力（应用能力变量）、应用目的（应用目的变量）和应用设备（应用设备变量）三个维度衡量的数字应用水平对于家庭风险金融投资参与概率及参与深度影响的子样本检验结果。其中，各列模型设定均与表 7.4 相同。从表 7.9 可以发现，以应用能力（应用能力变量），应用目的（应用目的变量）与应用设备（应用设备变量）衡量的数字应用水平对于家庭风险金融投资参与概率和参与深度在剔除单人样本后仍具有显著正向影响，本章研究结论保持稳健。

表 7.9　稳健性检验：子样本检验（数字应用水平）

项目	（1）广义风险金融投资参与	（2）股市参与	（3）广义风险金融投资参与深度	（4）股市参与深度
应用能力	0.075*** (0.013)	0.047*** (0.010)	0.191*** (0.034)	0.180*** (0.043)
应用目的	0.151*** (0.011)	0.111*** (0.008)	0.382*** (0.026)	0.438*** (0.032)
应用设备	0.050*** (0.013)	0.048*** (0.010)	0.134*** (0.031)	0.192*** (0.037)
外生控制变量	控制	控制	控制	控制
内生控制变量	控制	控制	控制	控制
省份虚拟变量	控制	控制	控制	控制
样本数	6125	6125	6125	6125
pseudo R^2	0.232	0.217	0.206	0.188

***代表在 1% 的显著性水平

7.4　进一步讨论

7.4.1　数字不对等的影响因素

7.4.1.1　年龄与家庭数字水平

本节将针对户主年龄对于家庭数字接入水平和家庭数字应用水平的影响展开探讨，考察户主年龄变化是否能够通过影响家庭数字接入及应用水平改变家庭风险金融资产投资参与决策，以针对人口老龄化背景下数字不对等对于家庭风险金融投资的影响展开进一步考察。本节将分别检验户主年龄对于家庭数字接入水平的影响和数字接入水平对于家庭风险金融投资参与概率及参与深度的影响，以验证年龄在群体间数字不对等中发挥的作用。

表 7.10 报告了户主年龄与家庭数字接入水平的回归结果。其中，第（1）~（3）列模型使用 Probit 模型展开估计，第（4）~（6）列模型使用 Logit 模型展开估计，各列模型中被解释变量均为数字接入水平变量，其他控制变量设置方式与表 7.2 中对应列相同。不难发现，Probit 模型和 Logit 模型的回归结果中，年龄变量的边际效应均在 1%水平上显著小于 0。以第（3）列模型回归结果为例，在其他条件不变的情况下，户主年龄每提高 1 个单位（10 岁），其使用互联网的概率下降 23.4 个百分点，即随着户主年龄的增长，家庭数字接入水平显著降低。

表 7.10　户主年龄对家庭数字接入水平的影响

项目	（1）	（2）	（3）	（4）	（5）	（6）
	数字接入水平	数字接入水平	数字接入水平	数字接入水平	数字接入水平	数字接入水平
年龄	−0.254*** (0.004)	−0.228*** (0.005)	−0.234*** (0.005)	−0.271*** (0.005)	−0.249*** (0.005)	−0.256*** (0.006)
外生控制变量		控制	控制		控制	控制
内生控制变量			控制			控制
省份虚拟变量	控制	控制	控制	控制	控制	控制
样本数	13 339	13 339	13 339	13 339	13 339	13 339
pseudo R^2	0.295	0.415	0.448	0.295	0.416	0.449

注：括号内为稳健标准误

***代表 1%的显著性水平

参照邱泽奇等（2016）的研究经验，随着互联网普及，不同群体间数字接入水平差异逐渐缩小，而数字应用水平差异开始在不同人群中得以体现。不同人群对于互联网的利用水平和利用方式存在着显著差异。因此，本节将进一步从应用能力、应用目的和应用设备三个维度衡量家庭数字应用水平，并以此探讨户主年龄对于家庭数字应用水平的相应影响。本节实证研究中仅以户主使用互联网的家庭作为研究样本，总研究样本数量为 7135。

表 7.11 报告了 Probit 模型的检验结果。其中，第（1）列、第（3）列和第（5）列模型仅控制相对外生的控制变量，而第（2）列、第（4）列和第（6）列模型则进一步控制相对内生的控制变量。从回归结果中可以发现，年龄变量的平均边际效应在第（1）列至第（4）列中均于 1%水平上显著小于 0，在第（5）列和第（6）列中于 1%水平上显著大于 0。户主年龄增长对于数字应用水平中应用能力和应用目的维度具有负向影响，对于应用设备维度具有正向作用。

表 7.11 户主年龄对家庭数字应用水平的影响

项目	（1）	（2）	（3）	（4）	（5）	（6）
	应用能力	应用能力	应用目的	应用目的	应用设备	应用设备
年龄	−0.116*** (−35.48)	−0.118*** (−35.15)	−0.020*** (−4.76)	−0.024*** (−5.48)	0.039*** (11.94)	0.039*** (11.37)
外生控制变量	控制	控制	控制	控制	控制	控制
内生控制变量		控制		控制		控制
省份虚拟变量	控制	控制	控制	控制	控制	控制
样本数	7135	7135	7135	7135	7135	7135
pseudo R^2	0.245	0.265	0.085	0.103	0.062	0.063

注：括号内为稳健标准误
***代表1%的显著性水平

　　为确定户主年龄对于家庭数字应用水平的总体影响方向，表7.12进一步报告了针对年龄对于应用能力和应用目的总体负向影响与年龄对于应用设备正向影响的系数差异检验结果。可以看出，Suest系数差异检验中，应用能力变量和应用目的变量对年龄变量的加总回归系数与应用设备变量对年龄变量回归系数之差均在1%水平上显著小于0，说明户主年龄对于应用能力和应用目的的总体负向影响力度高于对于应用设备的正向影响力度。

表 7.12 户主年龄对家庭数字应用水平的影响（Suest 检验）

项目	$A + P - E$	$A + P - E$
年龄	−0.678*** （0.025）	−0.712*** （0.027）
外生控制变量	控制	控制
内生控制变量		控制
省份虚拟变量	控制	控制
样本数	7135	7135

注：A、P、E分别表示应用能力变量、应用目的变量、应用设备变量对年龄变量的回归系数

　　综合年龄与家庭数字接入及应用水平部分的回归结果，户主年龄对于家庭数字接入水平具有显著的负向作用，且户主年龄增长对于数字应用水平中应用能力和应用目的的总体负向影响力度高于对于应用设备的正向影响力度。在本章关于数字接入及应用水平与家庭风险金融投资参与部分的研究中发现，家庭数字接入及应用水平对于家庭风险金融投资参与具有促进作用。因此，随着人口老龄化进程的深入，户主年龄增长可能会通过降低家庭数字接入水平，进而抑制家庭对于风险金融投资的参与概率和参与深度，对我国金融市场活跃程度产生冲击。

7.4.1.2　受教育水平与家庭数字水平

7.3 节的实证研究已针对数字接入水平和数字应用水平对于家庭风险金融投资参与的影响展开分析，并发现数字接入水平和数字应用水平对于家庭风险金融投资参与具有正向影响。因此，本节将首先针对户主文化程度对于家庭数字接入及应用水平的影响展开检验，以探讨受教育程度差异是否是群体间数字不对等产生的原因。之后本节还将进一步分析数字接入及应用水平是否在户主受教育水平对于家庭风险金融投资参与的影响中发挥了中介效应。

表 7.13 报告了户主文化程度对家庭数字接入水平影响的检验结果。与之前章节研究相似，在回归中，本节先后加入相对外生的控制变量与相对内生的控制变量。第（1）列与第（4）列模型中，本节仅针对省份虚拟变量加以控制，在第（2）列与第（5）列模型中则加入了相对外生的控制变量（年龄、年龄^2、家庭规模、性别、婚姻状况、健康状况），而在第（3）列和第（6）列模型中，本节则进一步增加控制了相对内生的控制变量（金融知识、对数家庭收入、对数家庭资产、自有住房）。从各列模型的回归结果中可以看出，受教育年限变量在各列模型中的边际效应均在 1%水平上显著大于 0。以第（3）列回归结果为例，在其他条件不变的情况下，户主受教育年限每提高 1 年，户主能够使用互联网的概率会相应上升5.9%。户主文化程度对于家庭数字接入水平具有显著的正向作用。结合 7.3 节中得出的数字接入水平对于家庭风险金融投资参与概率和参与深度具有显著正向影响的结论，可以发现，户主文化程度能够通过改变家庭数字接入水平影响家庭风险金融投资参与决策。

表 7.13　户主文化程度对家庭数字接入水平的影响

项目	（1）数字接入水平	（2）数字接入水平	（3）数字接入水平	（4）数字接入水平	（5）数字接入水平	（6）数字接入水平
受教育年限	0.083*** (0.002)	0.070*** (0.002)	0.059*** (0.002)	0.088*** (0.002)	0.078*** (0.002)	0.066*** (0.002)
外生控制变量		控制	控制		控制	控制
内生控制变量			控制			控制
省份虚拟变量	控制	控制	控制	控制	控制	控制
样本数	13 339	13 339	13 339	13 339	13 339	13 339
pseudo R^2	0.238	0.415	0.448	0.239	0.416	0.449

注：括号内为稳健标准误

***代表 1%的显著性水平

　　本节参考 Iacobucci（2012）的研究经验，补充使用数字接入水平变量作为中介变量展开的中介效应检验。表 7.14 报告了户主文化程度、数字接入水平与家庭风险金融投资参与的中介效应检验结果。其中，步骤 1 检验了受教育年限变量对于户主互联网使用概率的影响，各列模型使用 Logit 模型估计，控制变量包含了表 7.2 中使用的全部控制变量。从步骤 1 的回归结果中不难发现，受教育年限变量的回归系数在 1%水平上显著大于 0。户主文化程度的提高对于家庭数字接入水平具有显著的正向影响。步骤 2 检验了数字接入水平变量对家庭风险金融投资参与概率和参与深度的影响，其中，第（1）列和第（2）列使用 Logit 模型展开估计，第（3）列和第（4）列使用 OLS 模型展开估计，其他控制变量的设置方式同步骤 1。从回归结果中不难发现，数字接入水平变量在步骤 2 中的回归系数均在 1%水平显著大于 0，户主使用互联网显著提高了家庭参与风险金融市场（股票市场）的概率及程度。利用步骤 1 和步骤 2 的回归结果，使用式（7.9），本节计算了中介效应 z 值。不难发现，在各列模型中，$Z_{Mediation}$ 值均显著大于 1%显著水平临界值，说明数字接入水平变量在受教育年限变量对于家庭风险金融投资参与概率和参与深度的影响中发挥了显著的中介效应，户主文化程度的提高增大了其使用互联网的概率，并因此促进了家庭风险金融投资的参与概率和参与深度。

表 7.14　数字接入水平中介效应检验

项目	（1）	（2）	（3）	（4）
步骤 1				
	数字接入水平	数字接入水平	数字接入水平	数字接入水平
受教育年限	0.268*** （28.73）	0.268*** （28.73）	0.268*** （28.73）	0.268*** （28.73）
pseudo R^2	0.451	0.451	0.451	0.451
步骤 2				
	广义风险金融投资参与	股市参与	广义风险金融投资参与深度	股市参与深度
数字接入水平	1.203*** （13.37）	1.659*** （12.50）	0.070*** （14.86）	0.044*** （13.47）
$Z_{Mediation}$（受教育年限—数字接入水平）	12.12***	11.46***	13.19***	12.19***
外生控制变量	控制	控制	控制	控制
内生控制变量	控制	控制	控制	控制
省份虚拟变量	控制	控制	控制	控制
样本数	13 339	13 339	13 339	13 339
pseudo R^2	0.269	0.264		
调整后的 R^2			0.138	0.080

　　注：Logit 模型报告回归系数，括号内为 z 值，OLS 模型报告回归系数，括号内为 t 值，$Z_{Mediation}$ 表示中介效应检验 z 值

　　***代表 1%的显著性水平

表 7.15 报告了户主文化程度与家庭数字应用水平相应的检验结果。其中，与之前部分研究方法相似，本节剔除了样本中户主不使用互联网的家庭以避免接入差异对结论造成的影响，因此，本节的研究样本数量为 7135。与表 7.2 相似，本节在研究中依旧先后加入相对外生和相对内生的控制变量。从回归结果中可以看出，各列模型中，受教育年限变量的边际效应均在 1%水平上显著大于 0。在其他条件不变的情况下，户主受教育年限每提高 1 年，家庭使用互联网交易功能概率将会相应上升 2.8%，使用互联网作为关注经济信息主要渠道的概率上升 3.2%，使用互联网主要设备为电脑的概率上升 1.3%。户主文化程度对于以应用能力（应用能力变量）、应用目的（应用目的变量）和应用设备（应用设备变量）衡量的家庭数字应用水平具有显著的正向影响。结合 7.3 节中得出的数字应用水平对于家庭风险金融投资参与概率和参与深度具有显著正向影响的结论，可以发现，户主文化程度不仅能够通过改变家庭数字接入水平影响家庭风险金融投资参与决策，还能进一步通过提升家庭数字应用水平促进家庭风险金融投资参与。

表 7.15　户主受教育水平对家庭数字接入水平的影响

项目	(1)	(2)	(3)	(4)	(5)	(6)
	应用能力	应用能力	应用目的	应用目的	应用设备	应用设备
受教育年限	0.035*** (0.002)	0.028*** (0.002)	0.040*** (0.002)	0.032*** (0.002)	0.014*** (0.001)	0.013*** (0.001)
外生控制变量	控制	控制	控制	控制	控制	控制
内生控制变量		控制		控制		控制
省份虚拟变量	控制	控制	控制	控制	控制	控制
样本数	7135	7135	7135	7135	7135	7135
pseudo R^2	0.245	0.265	0.167	0.180	0.063	0.065

注：括号内为稳健标准误
***代表 1%的显著性水平

表 7.16 报告了数字应用水平的中介效应检验结果。其中，步骤 1 分别报告了受教育年限变量对于应用能力变量、应用目的变量和应用设备变量影响的检验结果，各列模型中均使用 Logit 模型进行估计，并包含了全部的控制变量。从回归结果中可以看出，受教育年限变量的回归系数在各列模型中均在 1%水平上显著大于 0，说明户主文化程度从应用能力、应用目的和应用设备三个维度对家庭数字应用水平产生正向影响。步骤 2 分别报告了应用能力变量、应用目的变量和应用设备变量对于广义风险金融投资参与变量、股市参与变量、广义风险金融投资参与深度变量和股市参与深度变量影响的检验结果，其中第（1）列和第（2）列模型使用 Logit 模型估计，第（3）列和第（4）列模型使用 OLS 模型估计。从回归

结果中可以发现，应用能力变量、应用目的变量和应用设备变量的回归系数在各列模型中均在1%水平上显著大于0，说明以应用能力、应用目的和应用设备三个维度衡量的家庭数字应用水平对于家庭风险金融投资的参与概率和参与深度均具有显著的正向影响。利用式（7.9）和上述步骤中的回归结果，本节计算了应用能力变量、应用目的变量和应用设备变量在各模型中的中介效应 z 值，不难看出，中介效应检验结果均在 1%水平上显著。说明三个维度衡量的数字应用水平均在户主文化程度对于家庭风险金融投资参与概率和参与深度的影响中发挥了显著的中介效应，即户主文化程度显著提高了以应用能力、应用目的和应用设备衡量的家庭数字应用水平，进而对于家庭风险金融投资的参与概率和参与深度产生正向作用。

表 7.16　数字应用水平的中介效应检验

项目	（1）	（2）	（3）	（4）
步骤 1				
变量名	应用能力	应用目的	应用设备	
受教育年限	0.154*** (13.85)	0.150*** (14.94)	0.103*** (8.49)	
pseudo R^2	0.266	0.105	0.064	
步骤 2				
变量名	广义风险金融投资参与	股市参与	广义风险金融投资参与深度	股市参与
应用能力	0.564*** (6.29)	0.571*** (5.21)	0.039*** (5.45)	0.021*** (3.83)
应用目的	1.076*** (15.43)	1.265*** (15.34)	0.114*** (15.57)	0.077*** (13.03)
应用设备	0.336*** (3.94)	0.507*** (5.33)	0.043*** (4.59)	0.037*** (4.76)
$Z_{Mediation}$				
受教育年限—应用能力	5.71***	4.87***	5.06***	3.68***
受教育年限—应用目的	10.72***	10.69***	10.77***	9.81***
受教育年限—应用设备	3.55***	4.49***	4.02***	4.13***
外生控制变量	控制	控制	控制	控制
内生控制变量	控制	控制	控制	控制
省份虚拟变量	控制	控制	控制	控制
样本数	7135	7135	7135	7135
pseudo R^2	0.229	0.221		
调整后的 R^2			0.176	0.107

注：Logit 模型报告回归系数，括号内为 z 值，OLS 模型报告回归系数，括号内为 t 值，$Z_{Mediation}$ 表示中介效应检验 z 值

***代表 1%的显著性水平

7.4.1.3　地区受教育水平与家庭数字水平

与户主受教育水平对于家庭数字水平影响检验部分相一致，由于在 7.3 节的实证研究中，本章已针对数字接入水平对于家庭风险金融市场参与决策的影响展开分析，并认为数字接入水平对于家庭风险金融市场参与概率及程度具有正向影响。因此，本节首先将直接针对地区受教育水平对于家庭数字接入水平的影响展开检验，之后则依然将针对数字接入水平是否在地区受教育水平对于家庭风险金融市场参与的影响中发挥中介作用展开分析。

表 7.17 报告了地区受教育水平与家庭数字接入水平的回归结果。其中，各列模型控制变量设定均与表 7.14 相一致。从回归结果中可以看出，区县级人均受教育年限变量在各列模型中的回归系数（平均边际效应）均在 1%水平上显著大于 0。以第（4）列回归结果为例，在其他条件不变的情况下，地区人均受教育年限每提高 1 年，户主能够使用互联网的概率将会相应上升 1.6%。地区受教育水平的提升对于家庭数字接入水平具有显著的正向作用。结合 7.3 节关于数字接入水平对于家庭风险金融市场参与概率和参与程度具有正向影响这一结论，可以发现，地区受教育水平能够通过提高家庭数字接入水平，促进家庭的风险金融市场参与。

表 7.17　地区受教育水平与家庭数字接入水平

项目	（1）	（2）	（3）	（4）
	数字接入水平	数字接入水平	数字接入水平	数字接入水平
	OLS		Probit	
区县级人均受教育年限	0.018*** (3.37)	0.019*** (3.70)	0.014*** (2.78)	0.016*** (3.26)
外生控制变量	控制	控制	控制	控制
内生控制变量		控制		控制
省份虚拟变量	控制	控制	控制	控制
样本数	13 339	13 339	13 339	13 339
调整后的 R^2	0.441	0.459		
pseudo R^2			0.428	0.453

注：OLS 模型报告回归系数，括号内为 t 值，Probit 模型报告平均边际效应，括号内为 z 值
***代表 1%的显著性水平

表 7.18 报告了地区受教育水平、数字接入水平与家庭风险金融市场参与的中介效应检验结果，其中，各列中均包含了表 7.17 中所使用的全部控制变量。步骤 1 检验了区县级人均受教育年限变量与数字接入水平变量的关系。可以看出，在

控制了户主文化程度和区县经济背景因素下，区县级人均受教育年限变量的边际效应仍在 1%水平上显著大于 0，即地区受教育水平的提升对于户主使用互联网的概率具有显著的正向影响。步骤 2 的回归结果中，数字接入水平变量在各列中的回归系数在 1%水平上显著大于 0，说明户主使用互联网对于家庭风险金融市场参与概率和参与程度具有促进作用。利用上述回归结果，本节计算了各列模型中的中介效应 z 值。不难发现，在各列模型中，$Z_{\text{Mediation}}$ 值均显著大于 1%显著水平临界值，说明数字接入水平在地区受教育水平对于家庭风险金融市场参与概率与参与程度的影响中均发挥了显著的中介作用。

表 7.18 数字接入水平的中介效应检验

项目	（1）	（2）	（3）	（4）
步骤 1				
变量名	数字接入水平	数字接入水平	数字接入水平	数字接入水平
区县级人均受教育年限	0.135*** （3.25）	0.135*** （3.25）	0.135*** （3.25）	0.135*** （3.25）
pseudo R^2	0.456	0.456	0.456	0.456
步骤 2				
变量名	广义风险金融投资参与	股市参与	广义风险金融投资参与深度	股市参与深度
数字接入水平	1.169*** （12.92）	1.620*** （12.14）	0.067*** （14.23）	0.042*** （12.94）
$Z_{\text{Mediation}}$（区县级人均受教育年限-数字接入水平）	3.14***	3.13***	3.16***	3.14***
外生控制变量	控制	控制	控制	控制
内生控制变量	控制	控制	控制	控制
省份虚拟变量	控制	控制	控制	控制
样本数	13 339	13 339	13 339	13 339
pseudo R^2	0.273	0.271		
调整后的 R^2			0.142	0.082

注：Logit 模型报告回归系数，括号内为 z 值，OLS 模型报告回归系数，括号内为 t 值，$Z_{\text{Mediation}}$ 表示中介效应检验 z 值

***代表 1%的显著性水平

7.4.2 稳健性检验

考虑到本节实证研究中可能存在的内生性问题，本节将使用工具变量法展开进一步内生性处理。由于在 7.3 节的实证研究中，已针对数字应用水平对家庭风

险金融投资参与影响中可能存在的内生性问题展开分析，因此，本节将首先围绕户主文化程度与家庭数字接入及应用水平回归中可能存在的内生性问题展开探讨，之后则将分析地区受教育水平对于家庭风险资产投资决策影响检验中可能存在的内生性问题。

本节将以学界较常使用的户主配偶受教育年限和户主兄弟姐妹数量作为户主文化程度的工具变量组（Wooldridge，2006；郭冬梅等，2014；刘阳阳和王瑞，2017），使用 IV-Probit 模型和 IVMediate 模型针对机制检验部分可能存在的内生性问题展开进一步探讨，以排除无法观测的户主能力水平对于本节研究结论的影响。

使用户主配偶受教育年限作为工具变量的原因是：通常而言，由于婚姻市场匹配等原因，户主配偶的受教育年限往往与户主受教育年限高度相关，而其与户主能力等因素关系并不紧密。使用户主兄弟姐妹数量作为工具变量的原因是：子女数量的增加显著提高了家庭的生活成本，导致分配在每个子女上的教育资源受到挤压，使得个人教育水平与兄弟姐妹数量呈负向关系。由于在 2017 年中国家庭金融调查数据中，仅针对年龄 40 岁以下受访者及其配偶的兄弟姐妹数量进行调查，在使用户主配偶受教育年限和户主兄弟姐妹数量作为工具变量组时，能够利用的样本数为 1532 户，损失了大量研究样本。因此，为保证研究结论的可靠，本节还将报告仅使用户主配偶受教育年限作为工具变量的内生性处理结果。

表 7.19 报告了使用户主配偶受教育年限和户主兄弟姐妹数量作为工具变量组的 IV-Probit 模型相应的回归结果。其中，各列模型均包含了全部控制变量，第（2）列至第（4）列中使用的样本仅包括使用了互联网的家庭。从回归结果中可以发现，在使用了工具变量尝试解决内生性问题后，受教育年限变量对于数字接入水平变量、应用能力变量、应用目的变量和应用设备变量仍具有显著的正向影响，其回归系数均在 1% 水平上显著大于 0，户主文化程度对于家庭数字接入及应用水平具有显著的正向影响这一结论保持稳健。此外可能由于样本大量缺失，Wald 外生性检验在第（2）列至第（4）列中并未于 5% 水平显著，但 AR 弱工具变量检验拒绝了内生回归系数和为 0（弱工具变量）的可能性，过度识别检验也未拒绝全部工具变量均为外生的原假设。

表 7.19　内生性探讨一（IV-Probit）

项目	（1）	（2）	（3）	（4）
变量名	数字接入水平	应用能力	应用目的	应用设备
受教育年限	0.265*** （6.45）	0.137*** （5.24）	0.116*** （6.27）	0.081*** （3.40）
两阶段第一步				

续表

项目	（1）	（2）	（3）	（4）
变量名	受教育年限	受教育年限	受教育年限	受教育年限
兄弟姐妹数量	−0.161*** （−3.04）	−0.202*** （−3.89）	−0.204*** （−4.05）	−0.215*** （−3.04）
配偶受教育年限	0.607*** （29.14）	0.619*** （30.35）	0.615*** （30.70）	0.623*** （0.001）
外生控制变量	控制	控制	控制	控制
内生控制变量	控制	控制	控制	控制
省份虚拟变量	控制	控制	控制	控制
样本数	13 339	7 135	7 135	7 135
Wald 检验	0.001	0.067	0.052	0.366
AR 检验	0.000	0.000	0.000	0.003
过度识别检验	0.286	0.178	0.929	0.898

注：IV-Probit 模型报告回归系数，括号内为 z 值

***代表 1%的显著性水平

表 7.20 报告了仅使用户主配偶受教育年限作为工具变量的 IV-Probit 模型回归结果。其中，除工具变量设定外，其他模型设定均与表 7.19 一致。从回归结果中可以看出，使用户主配偶受教育年限作为工具变量处理内生性后，受教育年限变量对于数字接入水平变量、应用能力变量、应用目的变量和应用设备变量仍具有显著的正向影响，且 Wald 外生性检验与 AR 弱工具变量检验也拒绝了原变量外生与内生回归系数和为 0（弱工具变量）的可能性，说明使用户主配偶受教育年限作为工具变量是有效且有必要的。

表 7.20　内生性探讨二（IV-Probit）

项目	（1）	（2）	（3）	（4）
变量名	数字接入水平	应用能力	应用目的	应用设备
受教育年限	0.259*** （22.62）	0.165*** （12.30）	0.122*** （10.31）	0.080*** （5.92）
两阶段第一步				
变量名	受教育年限	受教育年限	受教育年限	受教育年限
配偶受教育年限	0.482*** （57.15）	0.526*** （46.90）	0.526*** （46.90）	0.526*** （46.90）
外生控制变量	控制	控制	控制	控制

续表

项目	（1）	（2）	（3）	（4）
内生控制变量	控制	控制	控制	控制
省份虚拟变量	控制	控制	控制	控制
样本数	13 339	7 135	7 135	7 135
Wald 检验	0.000	0.000	0.001	0.018
AR 检验	0.000	0.000	0.000	0.000

注：IV-Probit 模型报告回归系数，括号内为 z 值

***代表 1%的显著性水平

表 7.21 报告了 IVMediate 模型的检验结果。从回归结果中可以看出，在使用了工具变量后，数字接入水平变量、应用能力变量和应用目的变量在受教育年限变量对于家庭风险金融投资（股票投资）参与概率及参与深度的影响中发挥的中介效应在 1%水平上显著大于 0，应用设备变量在受教育年限变量对家庭风险金融投资（股票投资）参与概率及程度影响中发挥的中介效应在 5%水平上显著大于 0。本书关于中介效应的结论在经过内生性处理后依然保持稳健。

表 7.21　内生性探讨（IVMediate）

项目	（1）广义风险金融投资参与	（2）股市参与	（3）广义风险金融投资参与深度	（4）股市参与深度
受教育年限—数字接入水平	0.045***（7.70）	0.030***（6.79）	0.027***（7.50）	0.016***（6.38）
受教育年限—应用能力	0.047***（4.72）	0.036***（4.46）	0.030***（4.67）	0.019***（4.23）
受教育年限—应用目的	0.077***（3.41）	0.058***（3.35）	0.049***（3.39）	0.031***（3.23）
受教育年限—应用设备	0.065**（2.10）	0.050**（2.09）	0.042**（2.11）	0.027**（2.07）

注：IVMediate 模型报告间接效应回归系数，括号内为 t 值

、*分别代表 5%、1%的显著性水平

针对地区受教育水平实证部分可能存在的内生性问题展开讨论，本节将使用以 2015 年中国家庭金融调查数据计算的家庭所在市人均受教育年限 15 年区县级人均受教育年限变量作为工具变量展开进一步的内生性处理。使用 15 年区县级人均受教育年限变量作为工具变量的主要原因是，一方面，2015 年家庭所在市的人均受教育水平与 2017 年家庭所在区县的人均受教育水平具有高度的关联性；另一方面，2015 年家庭所在市的人均受教育年限与家庭 2017 年的风险金融市场参与

并不直接相关。因此，本节认为使用 15 年区县级人均受教育年限变量作为工具变量是合理的。

表 7.22 报告了相应的检验结果，其中各列模型均控制了全部控制变量。可以看出，在使用了工具变量处理内生性问题后，各列模型中，区县级人均受教育年限变量的回归系数均在 1%水平显著大于 0，地区受教育水平的提升对于家庭风险金融市场参与概率和参与程度仍具有显著正向作用。Wald 外生性检验与 AR 弱工具变量检验也拒绝了原变量外生与内生回归系数和为 0（弱工具变量）的可能，说明工具变量是有效且有必要的。

表 7.22　内生性探讨

项目	（1）	（2）	（3）	（4）
	MLE 估计 IV-Probit		MLE 估计 IV-Tobit	
	广义风险金融投资参与	股市参与	广义风险金融投资参与深度	股市参与深度
区县级人均受教育年限	0.471*** (3.65)	0.729*** (5.46)	0.400*** (3.77)	0.638*** (4.52)
Wald 检验	0.004	0.000	0.002	0.000
	两阶段 IV-Probit		两阶段 IV-Tobit	
	广义风险金融投资参与	股市参与	广义风险金融投资参与深度	股市参与深度
区县级人均受教育年限	0.485*** (3.40)	0.795*** (4.51)	0.400*** (3.77)	0.638*** (4.52)
	两阶段第一步			
	区县级人均受教育年限	区县级人均受教育年限	区县级人均受教育年限	区县级人均受教育年限
15 年区县级人均受教育年限	0.142*** (24.76)	0.142*** (24.76)	0.142*** (24.76)	0.142*** (24.76)
Wald 检验	0.004	0.000	0.002	0.000
AR 检验	0.001	0.001	0.000	0.006

注：IV-Probit 模型和 IV-Tobit 模型报告回归系数，括号内为 z 值
***代表 1%的显著性水平

为针对机制部分关于中介效应的研究结论展开进一步稳健性探讨，本节还将使用 Bootstrap 和逐步回归中介效应检验方法针对数字接入及应用水平存在的中介效应展开进一步检验。

表 7.23 报告了使用 Bootstrap 进行的户主受教育水平部分数字接入水平及数字应用水平中介效应检验结果，本节分别对数字接入及应用水平在户主文化程度对于家庭风险金融投资（股票投资）的参与概率及参与深度的影响中发挥的中介

效应依次展开检验,各模型随机抽样次数均设定为 1000 次,回归结果均经过偏差矫正。从检验结果中可以看出,各行中的间接效应的 95%置信区间均不包含 0,其间接效应均在 1%水平上显著大于 0。这一结果说明,机制部分得出的户主文化程度上升提高了家庭数字接入水平与以应用能力、应用目的和应用设备衡量的家庭数字应用水平,并因此对于其家庭的风险金融市场参与概率与参与深度产生正向影响这一结论保持稳健。

表 7.23　Bootstrap 稳健性检验

项目	间接效应	95%置信区间	直接效应	95%置信区间
受教育年限—数字接入水平—广义风险金融投资参与	0.148***	[0.125, 0.168]	0.265***	[0.223, 0.302]
受教育年限—数字接入水平—股市参与	0.177***	[0.151, 0.198]	0.266***	[0.220, 0.314]
受教育年限—数字接入水平—广义风险金融投资参与深度	0.085***	[0.074, 0.096]	0.136***	[0.116, 0.155]
受教育年限—数字接入水平—股市参与深度	0.074***	[0.064, 0.085]	0.091***	[0.072, 0.112]
受教育年限—数字应用水平—广义风险金融投资参与	0.119***	[0.101, 0.135]	0.169***	[0.128, 0.206]
受教育年限—数字应用水平—股市参与	0.131***	[0.110, 0.149]	0.154***	[0.113, 0.199]
受教育年限—数字应用水平—广义风险金融投资参与深度	0.083***	[0.071, 0.095]	0.084***	[0.061, 0.110]
受教育年限—数字应用水平—股市参与深度	0.074***	[0.062, 0.087]	0.056***	[0.032, 0.080]

***代表 1%的显著性水平

　　表 7.24 报告了使用 OLS 逐步回归法展开的户主文化程度、数字接入水平与家庭风险金融投资参与的中介效应检验结果。其中,各列模型均针对表 7.2 中使用的全部控制变量加以控制。步骤 1 报告了受教育年限变量对于家庭风险金融投资(股票投资)参与概率和参与深度的直接回归结果,可以看出,受教育年限变量在各列中的回归系数均在 1%水平上显著大于 0,户主文化程度对于家庭风险金融投资(股票投资)参与概率和参与深度均具有显著的正向影响。步骤 2 报告了受教育年限变量对于数字接入水平变量的影响。从回归结果中可以看出,受教育年限变量在各列模型中的回归系数均在 1%水平上显著大于 0,以第(1)列为例,控制其他条件不变,户主受教育年限每提高 1 年,其能够使用互联网的概率将会上升 3.1%。步骤 3 报告了受教育年限变量和数字接入水平变量对于家庭风险金融投资(股票投资)参与概率和参与深度影响的检验结果。从回归结果中可以看出,数字接入水平变量在各列模型中回归系数均在 1%水平上显著大于 0,户主使用互联网将显著提高家庭参与风险金融市场(股票市场)的概率和参与深度。受教育年限变量的回归系数相

较于步骤 1 的回归结果在一定程度上缩小但仍于 1%水平上显著大于 0。综合上述步骤的回归结果，可以看出，户主文化程度的上升，提高了其能够使用互联网的概率，并因此对于其家庭的风险金融市场（股票市场）参与概率与参与深度产生正向影响这一结论，在使用了 OLS 逐步回归中介效应检验方法后仍然保持稳健。

表 7.24　使用逐步回归法的稳健性探讨（数字接入水平）

项目	（1）	（2）	（3）	（4）
步骤 1				
变量名	广义风险金融投资参与	股市参与	广义风险金融投资参与深度	股市参与深度
受教育年限	0.016*** (0.001)	0.010*** (0.001)	0.009*** (0.001)	0.005*** (0.000)
调整后的 R^2	0.157	0.108	0.125	0.070
步骤 2				
变量名	数字接入水平	数字接入水平	数字接入水平	数字接入水平
受教育年限	0.031*** (0.001)	0.031*** (0.001)	0.031*** (0.001)	0.031*** (0.001)
调整后的 R^2	0.455	0.455	0.455	0.455
步骤 3				
变量名	广义风险金融投资参与	股市参与	广义风险金融投资参与深度	股市参与深度
数字接入水平	0.109*** (0.007)	0.079*** (0.005)	0.070*** (0.005)	0.044*** (0.003)
受教育年限	0.012*** (0.001)	0.008*** (0.001)	0.007*** (0.001)	0.003*** (0.000)
调整后的 R^2	0.170	0.119	0.138	0.080
外生控制变量	控制	控制	控制	控制
内生控制变量	控制	控制	控制	控制
省份虚拟变量	控制	控制	控制	控制
样本数	13 339	13 339	13 339	13 339

注：括号内为稳健标准误

***代表 1%的显著性水平

表 7.25～表 7.27 报告了使用逐步回归法展开的户主文化程度、数字应用水平与家庭风险金融投资参与的中介效应检验结果，其中各列模型控制变量设定均与表 7.2 中对应列相同。步骤 1 报告了在户主使用互联网的样本家庭中，受教育年限变量对于家庭风险金融投资（股票投资）参与概率和参与深度的回归结果，可以看出，受教育年限变量在各列中的回归系数均在 1%水平上显著大于 0，户主文

化程度对于家庭风险金融投资（股票投资）参与概率和参与深度均具有显著的正向影响。步骤 2 中各列模型分别报告了受教育年限变量对于应用能力变量、应用目的变量和应用设备变量影响的检验结果。从回归结果中可以看出，受教育年限变量在各列模型中的回归系数均在 1%水平上显著大于 0，户主文化程度对于其使用网络交易功能的概率、使用互联网作为主要经济信息关注渠道的概率和主要互联网使用设备为电脑的概率均具有显著的正向影响。步骤 3 报告了受教育年限变量、应用能力变量、应用目的变量和应用设备变量对于家庭风险金融投资（股票投资）参与概率和参与深度影响的检验结果。从回归结果中可以看出，应用能力变量、应用目的变量和应用设备变量的回归系数在各列模型中均在 1%水平上显著大于 0，即以应用能力、应用目的和应用设备衡量的家庭数字应用水平对于其风险金融市场的参与概率和参与深度均具有显著的正向影响。受教育年限变量的回归系数相较于步骤 1 的回归结果在一定程度上缩小但仍于 1%水平显著。综合上述结果，户主文化程度通过提高家庭数字应用水平，进而促进家庭的风险金融市场（股票市场）参与概率与参与深度这一结论的稳健性，并不会受到中介效应检验方法变更的影响。

表 7.25　使用逐步回归法的应用水平机制稳健性探讨（步骤 1）

项目	（1）	（2）	（3）	（4）
变量名	广义风险金融投资参与	股市参与	广义风险金融投资参与深度	股市参与深度
受教育年限	0.020*** (0.001)	0.015*** (0.001)	0.011*** (0.001)	0.006*** (0.001)
外生控制变量	控制	控制	控制	控制
内生控制变量	控制	控制	控制	控制
省份虚拟变量	控制	控制	控制	控制
样本数	7135	7135	7135	7135
调整后的 R^2	0.162	0.114	0.132	0.071

注：括号内为稳健标准误

***代表 1%的显著性水平

表 7.26　使用逐步回归法的应用水平机制稳健性探讨（步骤 2）

项目	（1）	（2）	（3）
变量名	应用能力	应用目的	应用设备
受教育年限	0.023*** (0.002)	0.030*** (0.002)	0.013*** (0.001)
外生控制变量	控制	控制	控制

续表

项目	（1）	（2）	（3）
变量名	应用能力	应用目的	应用设备
内生控制变量	控制	控制	控制
省份虚拟变量	控制	控制	控制
样本数	7135	7135	7135
调整后的 R^2	0.280	0.222	0.052

注：括号内为稳健标准误
***代表1%的显著性水平

表 7.27　使用逐步回归法的应用水平机制稳健性探讨（步骤3）

项目	（1）	（2）	（3）	（4）
变量名	广义风险金融投资参与	股市参与	广义风险金融投资参与深度	股市参与深度
应用能力	0.066*** (0.010)	0.048*** (0.009)	0.039*** (0.007)	0.021*** (0.006)
应用目的	0.177*** (0.011)	0.156*** (0.010)	0.114*** (0.007)	0.077*** (0.006)
应用设备	0.054*** (0.014)	0.064*** (0.012)	0.043*** (0.009)	0.037*** (0.008)
受教育年限	0.013*** (0.001)	0.008*** (0.001)	0.006*** (0.001)	0.003*** (0.001)
外生控制变量	控制	控制	控制	控制
内生控制变量	控制	控制	控制	控制
省份虚拟变量	控制	控制	控制	控制
样本数	7135	7135	7135	7135
调整后的 R^2	0.174	0.126	0.144	0.080

注：括号内为稳健标准误
***代表1%的显著性水平

　　与户主受教育水平的机制稳健性检验方法相一致，本节依然将使用 Bootstrap 和逐步回归中介效应检验方法，针对机制部分结论展开稳健性探讨。表 7.28 报告了使用 Bootstrap 的中介效应检验结果，其中，各行检验模型设定中逐步控制相对内生和相对外生的控制变量，随机抽样次数均设定为 1000 次，检验结果均经过偏差矫正。从表 7.28 中可以看出，各行模型的检验结果中，数字接入水平变量间接效应的 95% 置信区间均不包含 0，其间接效应均在 1% 水平上显著大于 0，即在使用 Bootstrap 的中介效应稳健性检验中，机制部分得出的地区受教育水平上升提高了家庭数字接入水平，进而促进家庭风险金融市场的参与概率与参与程度这一结论依然保持稳健。

表 7.28 **Bootstrap 稳健性检验**

中介渠道	间接效应	95%置信区间	直接效应	95%置信区间
区县级人均受教育年限—数字接入水平—广义风险金融投资参与	0.036***	[0.010, 0.062]	0.073*	[−0.003, 0.147]
区县级人均受教育年限—数字接入水平—广义风险金融投资参与	0.035***	[0.014, 0.058]	0.118***	[0.030, 0.193]
区县级人均受教育年限—数字接入水平—股市参与	0.041***	[0.011, 0.069]	0.070*	[−0.018, 0.166]
区县级人均受教育年限—数字接入水平—股市参与	0.043***	[0.016, 0.068]	0.114***	[0.022, 0.194]
区县级人均受教育年限—数字接入水平—广义风险金融投资参与深度	0.019***	[0.004, 0.033]	0.092***	[0.051, 0.132]
区县级人均受教育年限—数字接入水平—广义风险金融投资参与深度	0.019***	[0.007, 0.030]	0.098***	[0.059, 0.136]
区县级人均受教育年限—数字接入水平—股市参与深度	0.016***	[0.004, 0.027]	0.068***	[0.031, 0.110]
区县级人均受教育年限—数字接入水平—股市参与深度	0.016***	[0.007, 0.027]	0.072***	[0.033, 0.113]

***代表 1%的显著性水平

表 7.29 报告了使用 OLS 模型的地区受教育水平、数字接入水平与家庭风险金融市场参与的中介效应检验结果，其中各列模型均控制了表 7.2 中使用的全部控制变量。步骤 1 各列模型分别检验了区县级人均受教育年限变量对于家庭风险金融市场（股票市场）参与概率和参与程度的总体影响。从回归结果中可以看出，区县级人均受教育年限变量在各列中的回归系数均在 1%水平上显著大于 0，在 OLS 模型估计下，家庭所处区县的人均受教育年限对于其家庭的风险金融市场（股票市场）的参与概率和参与程度依然具有显著的正向作用。步骤 2 使用 OLS 模型检验了地区受教育水平对于家庭数字接入水平的影响。从回归结果中不难发现，区县级人均受教育年限变量在各列模型中的回归系数均在 1%水平上显著大于 0，即家庭所处区县的人均受教育年限对于户主使用互联网的概率具有显著的正向作用。步骤 3 模型中同时加入了区县级人均受教育年限变量和数字接入水平变量。从回归结果中可以发现，数字接入水平变量在各列模型中回归系数均在 1%水平上显著大于 0，区县级人均受教育年限变量的回归系数相较于步骤 1 中的回归结果缩小，但仍在 1%水平上显著大于 0。即在使用逐步回归法展开中介效应的稳健性探讨后，地区受教育水平对家庭数字接入水平产生正向作用，进而提高家庭对于风险金融市场的参与概率与参与程度这一结论依然保持稳健。

表 7.29 使用逐步回归法的接入水平机制稳健性探讨

项目	（1）	（2）	（3）	（4）
步骤 1				
变量名	广义风险金融投资参与	股市参与	广义风险金融投资参与深度	股市参与深度
区县级人均受教育年限	0.017*** (3.94)	0.011*** (3.13)	0.015*** (5.26)	0.008*** (3.86)
调整后的 R^2	0.163	0.114	0.131	0.075
步骤 2				
变量名	数字接入水平	数字接入水平	数字接入水平	数字接入水平
区县级人均受教育年限	0.019*** (3.70)	0.019*** (3.70)	0.019*** (3.70)	0.019*** (3.70)
调整后的 R^2	0.459	0.459	0.459	0.459
步骤 3				
变量名	广义风险金融投资参与	股市参与	广义风险金融投资参与深度	股市参与深度
数字接入水平	0.104*** (14.69)	0.075*** (14.01)	0.067*** (14.21)	0.042*** (12.88)
区县级人均受教育年限	0.015*** (3.51)	0.010*** (2.74)	0.013*** (4.87)	0.007*** (3.50)
调整后的 R^2	0.175	0.124	0.143	0.084
外生控制变量	控制	控制	控制	控制
内生控制变量	控制	控制	控制	控制
省份虚拟变量	控制	控制	控制	控制
样本数	13 339	13 339	13 339	13 339

注：OLS 模型报告回归系数，括号内为 t 值
***代表 1%的显著性水平

　　为进一步确保实证结果的可靠，本节还针对研究结论进行了样本变更的稳健性检验。表 7.30 报告了剔除单人家庭样本后，户主年龄对于家庭数字接入及应用水平影响的检验结果。其中，第（1）列的模型及变量设定与表 7.2 中第（2）列相同，第（2）列至第（4）列模型及变量设定分别与表 7.4 中第（2）列、第（4）列和第（6）列相同，第（5）列 Suest 系数差异检验方式与表 7.12 中第（2）列相一致。从表 7.30 的回归结果中可以看出，在进行了样本筛选后，各列模型中年龄变量的回归结果和 Suest 系数差异检验结果与筛选前相比并未发生显著变化。户主年龄增长对于家庭数字接入水平和总体数字应用水平具有负向影响这一结论的稳健并不会受到样本筛选的影响。

表7.30　户主年龄与家庭数字接入及应用水平（剔除单人家庭样本）

项目	（1）	（2）	（3）	（4）	（5）
变量名	数字接入水平	应用能力	应用目的	应用设备	$A+P-E$
年龄	-0.229^{***} (0.006)	-0.137^{***} (0.005)	-0.027^{***} (0.005)	0.043^{***} (0.004)	-0.709^{***} (0.030)
外生控制变量	控制	控制	控制	控制	控制
内生控制变量	控制	控制	控制	控制	控制
省份虚拟变量	控制	控制	控制	控制	控制
样本数	11 082	6 125	6 125	6 125	6 125
pseudo R^2	0.421	0.238	0.104	0.067	

注：括号内为稳健标准误。A、P、E分别表示应用能力变量、应用目的变量、应用设备变量对年龄变量的回归系数

***代表1%的显著性水平

综合表7.28至表7.30回归结果，年龄变量对于应用能力变量和应用目的变量的总体负向影响力度显著高于年龄变量对于应用设备变量的正向影响力度，且应用能力变量和应用目的变量对于家庭风险金融资产投资参与的总体正向影响力度显著高于应用设备变量的正向影响力度。因此，户主年龄增长降低了家庭数字接入水平和总体的数字应用水平，并因此抑制家庭风险金融资产投资参与概率和参与深度这一结论的稳健，并不会受到样本筛选的影响。

本节还将探讨户主年龄、数字接入及应用水平与家庭风险金融资产投资参与这一传导路径在异质性群体间存在的差异。本节分别按照家庭收入水平和户主受教育年限对样本进行分组。收入水平组中按照最低50%收入水平的低收入组和最高50%收入水平的高收入组划分。受教育年限组中按照户主接受过0~9年教育的低教育组和接受过10年及以上教育的高教育组划分。

表7.31报告了户主年龄与数字接入水平在各个分组间的回归结果。其中各列模型中均包含了表7.2中所使用的全部控制变量。比较各列模型中的回归结果，可以看出，年龄对于户主使用互联网概率的负向影响力度直观上在户主低教育水平和低收入水平家庭中更为显著，但组间系数差异的检验结果仅在收入分组中拒绝年龄变量组间系数相等的原假设。

表7.31　年龄与数字接入水平的异质性探讨

项目	高教育组	低教育组	高收入组	低收入组
变量名	数字接入水平	数字接入水平	数字接入水平	数字接入水平
年龄	-0.105^{***} (0.004)	-0.188^{***} (0.006)	-0.153^{***} (0.005)	-0.230^{***} (0.007)
外生控制变量	控制	控制	控制	控制

项目	高教育组	低教育组	高收入组	低收入组
变量名	数字接入水平	数字接入水平	数字接入水平	数字接入水平
内生控制变量	控制	控制	控制	控制
省份虚拟变量	控制	控制	控制	控制
样本数	6125	7214	6669	6670
pseudo R^2	0.381	0.333	0.391	0.432
似无相关检验（p）	0.658		0.002	

注：括号内为稳健标准误

***代表 1%的显著性水平

表 7.32 报告了户主年龄与数字应用水平在各个分组间相应的回归结果。其中，各列模型控制变量设定均与表 7.31 相同。比较各列模型中的回归结果，户主年龄对于数字应用水平中应用能力维度的负向影响力度在低教育组中更为显著，而对于应用设备维度的正向影响力度也在低教育组中更为显著，组间系数差异检验结果也在 5%显著性水平拒绝了年龄变量组间系数相等的可能性。其他分组回归结果中，组间系数差异检验结果则并未拒绝原假设。

表 7.32　年龄与数字应用水平的异质性探讨

项目		高教育组	低教育组	高收入组	低收入组
应用能力	年龄	−0.117***（0.005）	−0.164***（0.011）	−0.105***（0.005）	−0.175***（0.008）
	pseudo R^2	0.289	0.163	0.265	0.233
	似无相关检验（p）	0.018		0.757	
应用目的	年龄	−0.028***（0.006）	−0.017**（0.008）	−0.033***（0.007）	−0.013**（0.006）
	pseudo R^2	0.084	0.043	0.101	0.070
	似无相关检验（p）	0.794		0.134	
应用设备	年龄	0.039***（0.004）	0.041***（0.006）	0.042***（0.005）	0.035***（0.005）
	pseudo R^2	0.051	0.107	0.065	0.067
	似无相关检验（p）	0.010		0.624	
外生控制变量		控制	控制	控制	控制
内生控制变量		控制	控制	控制	控制
省份虚拟变量		控制	控制	控制	控制
样本数		4766	2369	3567	3568

注：括号内为稳健标准误

、*分别代表 5%和 1%的显著性水平接下来，本节将探讨户主文化程度对于家庭风险金融投资参与的影响及其传导机制在各个群体间的差异，并主要关注文化程度对于家庭风险金融投资参与的影响及其传导机制。因此，与年龄部分的相关探讨不同，本节将分别按照收入水平和户主年龄对样本进行分组，以探讨文化程度在各分组间的影响差异。收入水平组中按照最低 50%收入的低收入组和最高 50%收入的高收入组划分。年龄组中按照户主年龄在 60 岁及以上的家庭和户主年龄为 60 岁以下的家庭划分。

表 7.33 报告了户主文化程度对于家庭风险金融投资参与深度影响在各差异分组中的回归结果。比较高收入组、低收入组及 60 岁及以上组和 60 岁以下组的对应回归结果，可以发现，户主文化程度对于家庭风险金融投资参与深度影响力度在低收入组和 60 岁以下组中更为显著，且组间系数差异检验结果也拒绝了受教育年限变量组间回归系数不存在差异的可能性。

表 7.33　文化程度与家庭风险金融投资参与深度的异质性探讨

项目	60 岁及以上组	60 岁以下组	高收入组	低收入组
变量名	广义风险金融投资参与	广义风险金融投资参与	股市参与	股市参与
受教育年限	0.050^{***} （9.32）	0.063^{***} （15.56）	0.050^{***} （15.24）	0.080^{***} （9.08）
外生控制变量	控制	控制	控制	控制
内生控制变量	控制	控制	控制	控制
省份虚拟变量	控制	控制	控制	控制
样本数	8 347	12 972	10 659	10 660
pseudo R^2	0.240	0.221	0.158	0.178
似无相关检验（p）	0.038		0.001	

注：括号内为稳健标准误

***代表 1%的显著性水平

表 7.34 报告了户主文化程度对于家庭数字接入水平的影响在各个分组中的回归结果，各列模型均使用 Probit 模型展开估计，控制变量设定与表 7.33 相一致。从表 7.34 的检验结果中可以看出，在 60 岁以下组中，户主文化程度对于数字接入水平的影响力度略微高于 60 岁及以上组，且组间系数差异检验结果拒绝了年龄分组间受教育年限变量不存在系数差异的可能性。

表 7.34　文化程度与数字接入水平的异质性探讨

项目	60 岁及以上组	60 岁以下组	高收入组	低收入组
变量名	数字接入水平			
受教育年限	0.032^{***} （0.002）	0.035^{***} （0.002）	0.039^{***} （0.002）	0.050^{***} （0.003）

续表

项目	60 岁及以上组	60 岁以下组	高收入组	低收入组
变量名	数字接入水平			
外生控制变量	控制	控制	控制	控制
内生控制变量	控制	控制	控制	控制
省份虚拟变量	控制	控制	控制	控制
样本数	5728	7611	6669	6670
pseudo R^2	0.288	0.380	0.392	0.434
似无相关检验（p）	0.002		0.563	

注：括号内为稳健标准误

***代表 1%的显著性水平

表 7.35 报告了户主文化程度与家庭数字应用水平的分组回归结果。可以看出，相较于 60 岁及以上组，60 岁以下组中户主文化程度的上升对于以应用能力、应用目的和应用设备衡量的数字应用水平的正向影响力度更为显著，且组间系数差异检验结果也均在 1%水平上拒绝了应用能力变量、应用目的变量和应用设备变量在年龄分组间系数不存在差异的可能。

表 7.35　文化程度与数字应用水平的异质性探讨

项目		60 岁及以上组	60 岁以下组	高收入组	低收入组
应用能力	受教育年限	0.024***（0.005）	0.024***（0.002）	0.019***（0.002）	0.029***（0.003）
	pseudo R^2	0.155	0.223	0.265	0.234
应用目的	受教育年限	0.021***（0.004）	0.036***（0.002）	0.034***（0.003）	0.028***（0.003）
	pseudo R^2	0.069	0.112	0.101	0.070
应用设备	受教育年限	0.010***（0.004）	0.014***（0.002）	0.017***（0.002）	0.009***（0.002）
	pseudo R^2	0.043	0.054	0.066	0.070
外生控制变量		控制	控制	控制	控制
内生控制变量		控制	控制	控制	控制
省份虚拟变量		控制	控制	控制	控制
样本数		1469	5662	3567	3568
应用能力似无相关检验（p）		0.019		0.476	
应用目的似无相关检验（p）		0.027		0.733	
应用设备似无相关检验（p）		0.006		0.130	

注：括号内为稳健标准误

***代表 1%的显著性水平

表 7.36 报告了地区受教育水平与家庭风险资产投资深度的分组回归结果。相应的回归结果。从结果中不难发现，区县级人均受教育年限变量在 60 岁以下组和低收入组中的回归系数大小直观上要高于 60 岁及以上组和高收入组，但组间系数差异检验结果并未拒绝区县级人均受教育年限变量在年龄分组（收入分组）间系数相同的原假设。

表 7.36 异质性探讨

项目	60 岁及以上组	60 岁以下组	高收入组	低收入组
变量名	广义风险金融投资参与深度	广义风险金融投资参与深度	广义风险金融投资参与深度	广义风险金融投资参与深度
区县级人均受教育年限	0.058** (1.97)	0.088*** (4.91)	0.080*** (4.82)	0.094** (2.30)
外生控制变量	控制	控制	控制	控制
内生控制变量	控制	控制	控制	控制
省份虚拟变量	控制	控制	控制	控制
样本数	8 347	12 972	10 659	10 660
pseudo R^2	0.247	0.224	0.162	0.185
似无相关检验（p）	0.390		0.767	

注：Tobit 模型报告回归系数，括号内为 t 值
、*分别表示在 5%、1%水平上显著

7.5 本 章 小 结

本章使用 2017 年中国家庭金融调查的截面数据，从数字接入水平和数字应用水平两个角度切入，考察了数字不对等对于家庭风险金融资产投资参与产生的影响，并进一步针对数字不对等产生的原因进行补充分析，探讨了户主年龄和受教育水平对于家庭数字接入及应用水平的相应影响。实证研究主要从家庭风险金融资产投资参与概率分析、参与深度分析和稳健性检验等方面展开。

其中关于数字不对等与家庭风险金融资产投资参与的相关研究发现：家庭数字接入水平对于家庭风险金融投资参与具有显著的正向影响，户主能够使用互联网的家庭相较于其他家庭，其参与广义风险金融投资（股票投资）的概率要高 7.3（4.4）个百分点；从应用能力、应用目的和应用设备三个维度衡量的家庭数字应用水平对于家庭风险金融投资参与均具有显著的正向作用，使用网络交易的家庭、以互联网作为主要经济信息收集渠道的家庭和主要上网设备为电脑的家庭，其参与广义风险金融投资（股票投资）的概率相较于其他家庭分别高 7.7（4.7）、14.9（10.9）和 4.9（4.6）个百分点；在稳健性检验中，本章利用 IV-Probit 模型、IV-Tobit

模型和处理效应模型展开内生性处理，并进行了子样本稳健性检验，上述研究结论依然保持稳健。

关于数字不对等的进一步讨论中发现：户主年龄增长会降低其使用互联网的概率，并因此对于家庭风险金融资产投资参与概率和参与深度产生负向影响。以Probit 模型的回归结果为例，控制其他因素，户主年龄每提高 1 个单位（10 岁），其使用互联网的概率将下降 23.4 个百分点；户主年龄增长对于数字应用水平中应用能力和应用目的维度具有负向影响，对于应用设备维度具有正向作用，但针对系数差异的检验发现，户主年龄增长对于数字应用水平中应用能力和应用目的总体负向影响力度高于对于应用设备的正向影响力度，且应用能力和应用目的维度对于家庭风险金融资产投资参与概率及程度的总体正向影响力度高于应用设备维度的正向影响力度。因此，户主年龄增长降低了家庭总体的数字应用水平，并因此抑制家庭对于风险金融投资的参与概率和参与深度。关于户主文化程度、数字接入及应用水平与家庭风险金融市场参与的相关研究发现，数字接入水平和数字应用水平在户主文化程度对于家庭风险金融市场参与概率和参与程度的影响中均发挥着渠道作用，户主文化程度的提高显著提升了家庭数字接入和应用水平，进而促进家庭的风险金融市场参与。以 Probit 模型回归结果为例，控制其他因素条件下，户主受教育年限每提高 1 年，其能够使用互联网的概率上升 5.9 个百分点，能够使用互联网交易功能的概率上升 2.8 个百分点，以互联网作为主要经济信息关注渠道的概率上升 3.2 个百分点，以电脑作为主要上网设备的概率上升 1.3 个百分点。关于中介效应的进一步检验发现，数字接入水平和数字应用水平均在户主文化程度对于家庭风险金融市场参与的正向影响中发挥了显著的中介作用。关于地区受教育水平与家庭数字接入水平的进一步探讨发现，地区受教育水平对于家庭数字接入水平具有显著的正向影响，Probit 模型的回归结果显示，地区人均受教育年限每提高 1 个单位，家庭接入互联网的概率将提高 1.6 个百分点，家庭数字接入水平在地区受教育水平对于家庭风险金融市场参与的正向影响中发挥着传导渠道作用，地区受教育水平通过提高家庭数字接入水平刺激家庭的风险金融市场参与。在稳健性检验中，在使用 IV-Probit 模型、IVMediate 模型、子样本检验、Bootstrap 和逐步回归中介效应检验法等方法进行一系列稳健性检验后，上述结论依然保持稳健。在异质性探讨中发现，户主年龄对于其使用互联网概率的负向影响在低收入水平的家庭中力度更大。户主年龄在 60 岁以下的家庭中，户主文化程度对于家庭数字接入及应用水平的影响力度，相较于户主年龄在 60 岁及以上的家庭均更加显著。

8 健康不均等对家庭风险金融资产投资的影响:来自可行能力差异的不平衡

健康作为人的基本可行能力,是人口的重要特征之一。本章在第 4 章的理论分析基础上,利用 2012~2014 年中国家庭层面的微观调查数据,首先测度了区县层面的健康不均等程度,然后根据测度数据检验了健康不均等对家庭风险金融投资决策的影响,并重点检验了第 4 章 H4.2 关于教育人力资本投资的作用,最后基于教育人力资本投资这一作用机制,考察了健康不均等对不同类型家庭的风险金融投资参与的异质性影响。

8.1 引　　言

党的十七大报告首次提出"创造条件让更多群众拥有财产性收入",党的十八大报告提出"多渠道增加居民财产性收入",党的十九大报告再次重申"拓宽居民劳动收入和财产性收入渠道",提高居民收入水平[①]。作为家庭财产性收入重要来源的金融资产投资一直以来受到研究者的关注,是家庭金融研究的核心问题之一(Campbell,2006)。目前中国家庭的投资结构并不合理,金融资产占家庭资产总额的比重仅为 11.3%,远低于同期美国家庭的 42.6%。同时,家庭对风险金融资产的持有比例更低,股票、基金、债券占比分别为 8.1%、3.2%、0.7%(路晓蒙和甘犁,2019)。那么,到底是什么因素影响了家庭投资决策呢?现有研究主要从微观家庭和个体的异质性层面给出了解释,包括年龄、性别、婚姻、认知能力、受教育水平和收入等(Vissing-Jørgensen,2002;Bertocchi et al.,2011;孟亦佳,2014;Bonaparte et al.,2014)。然而,有关区域特征如何影响家庭投资决策的研究仍处于起步阶段。最近的一项研究探讨了机会不均等对风险资产投资的影响。Song 等(2020)发现由个体不可控因素包括性别、户籍、家庭背景导致的机会不均等对金融市场的参与和对风险资产的投资比例具有显著的正向影响。

① 资料来源:《高举中国特色社会主义伟大旗帜　为夺取全面建设小康社会新胜利而奋斗——在中国共产党第十七次全国代表大会上的报告》《坚定不移沿着中国特色社会主义道路前进　为全面建成小康社会而奋斗——在中国共产党第十八次全国代表大会上的报告》《决胜全面建成小康社会　夺取新时代中国特色社会主义伟大胜利——在中国共产党第十九次全国代表大会上的报告》。

党的十八届五中全会首次提出"健康中国"概念。中共中央、国务院印发《"健康中国 2030"规划纲要》来作为推进健康中国建设的宏伟蓝图和行动纲领。20 世纪末以来，中国总体国民健康水平在不断改善。根据北京大学中国社会科学调查中心在 2012~2018 年对全国城乡家庭的抽样调查数据，若将居民家庭按照当年家庭人均收入中位数分为高收入家庭和低收入家庭，高收入家庭中自评健康状态为非常健康、很健康和比较健康（本书合计为健康）的居民占比在样本期间均高于低收入家庭，并且高收入家庭中自评健康状态为"不健康"的居民占比始终低于低收入家庭。这揭示出中国存在亲富人的健康不均等现象。现有文献主要分析了健康不均等的来源和影响因素，却鲜有涉及健康不均等对社会经济影响的研究。本书基于家庭金融投资视角探讨了健康不均等的微观经济影响。

本书利用微观家庭调查数据，考察区县层面的健康不均等对家庭风险金融投资决策的影响，并探讨影响背后的作用机制。健康不均等是指在不同地区/国家之间、同一地区/国家的不同社会群体之间、同一地区/国家的不同经济特征人群之间的系统的、可避免的、不公平的健康结果差异（McCartney et al.，2019）。本书所研究的健康不均等是指不同社会经济特征群体的健康差异。大量研究发现各国存在不同程度的亲富人的健康不均等，即收入越高的个体健康状况越好（van Doorslaer et al.，1997；解垩，2009；黄潇，2012）。健康是构成能力的一个重要部分，健康不均等会造成能力贫困和机会丧失（Sen，1999），从而影响家庭的风险金融投资。

本章剩余部分的结构安排为：8.2 节介绍数据来源及处理、健康不均等的测度及模型设定与变量选择；8.3 节报告主要的经验分析结果并进行稳健性检验；8.4 节探讨健康不均等影响家庭风险金融投资的作用机制，并进行异质性讨论；8.5 节是本章的结论。

8.2　数据与方法

为检验被访家庭所在地区的健康不均等程度与家庭投资决策之间的因果关系，本书使用的数据来源于 2012 年和 2014 年中国家庭追踪调查，该数据覆盖了中国除宁夏、青海、内蒙古、海南、新疆、西藏、香港、澳门、台湾以外的 25 个省区市。

本书关注地区健康不均等对家庭投资行为的影响，其中健康不均等的衡量指标为健康集中指数，根据被访者自评健康构造，自评健康及人口统计学特征变量等数据来自成人问卷，而家庭资产、住房、收入、人口结构等数据来自家庭经济问卷和家庭关系问卷。本书根据相应年份的家庭代码对成人问卷、家庭经济问卷和家庭关系问卷数据进行匹配,剔除农村数据①、自评健康状况不清晰和变量缺失样本。

在住户调查中,与客观健康状况的衡量指标如住院指标、疾病指标等相比,主观自评健康(self-assessed health,SAH)这一健康指标的可获得性通常较高并且相对齐全,具有很强的效度,能够较好地反映被访者的综合健康信息(Idler and Benyamini,1997)。本章以家庭户主为代表,基于户主的自评健康状况测算区县层面与社会经济地位相关的健康不均等程度。中国家庭追踪调查数据库提供了"你认为自己身体的健康状况如何"的调查数据,受访者根据自身情况做出健康自评(1=非常健康,2=很健康,3=比较健康,4=一般,5=不健康②)。其统计特征如表 8.1 所示。我们采用 Wagstaff 和 van Doorslaer(1994)提出的方法将序数性质的自评健康进行转化获得健康指数来测量健康不均等程度。首先计算每一自评健康水平上的人数占总人数的比例,其次根据正态分布表进行指数换算,得到每一健康水平对应的健康得分,这一健康得分是一个负向指标,得分值越大代表健康状况越差。该方法假设人们对自身健康状况的评价赋值实际上是一个连续的服从标准正态分布的变量,这一设定的依据在于现实中人们往往对自身健康状况作出偏良好的评价,符合对数正态分布。

表 8.1 自评健康类别赋值

年份	自评健康状况	样本比例	健康不良得分
2012	非常健康	0.103	0.175
	很健康	0.205	0.431
	比较健康	0.332	0.935
	一般	0.184	1.871
	不健康	0.176	4.344
2014	非常健康	0.145	0.210
	很健康	0.211	0.508
	比较健康	0.340	1.079
	一般	0.145	2.121
	不健康	0.156	4.639

接下来,基于转化后的健康不良得分测度地区健康不均等。依据前人研究(Wagstaff et al.,1991),本书采用健康集中指数测度区县层面的健康不均等程度,其数学表达式为

---

① 城乡金融环境存在较大差异,且农村参与风险金融投资活动的家庭很少。中国家庭追踪调查显示,2012 年,8126 户农村家庭中仅有 39 户持有股票;2014 年,6598 户农村家庭中仅有 24 户持有股票。

② 中国家庭追踪调查 2010 年的自评健康选项设置为:1=健康,2=一般,3=比较不健康,4=不健康,5=非常不健康。考虑到不一致的选项可能会影响健康不均等的测度,本章最终选取 2012 年和 2014 年的数据作为分析样本。

$$\text{concentration}_j = \frac{2}{n_j u_j} \sum_{i-1}^{n_j} \text{score}_i \times \text{rank}_{ij} - 1 \qquad (8.1)$$

$$\text{rank}_{ij} = \frac{2i-1}{2n_j} \qquad (8.2)$$

其中，concentration_j 为第 j 个区县的健康不均等程度；n_j 为第 j 个区县的家庭户数；u_j 为第 j 个区县所有家庭健康不良得分的均值；score_i 为第 i 个家庭户主的健康不良得分；rank_{ij} 为第 i 个家庭在所在区县 j 收入分布中的分布秩序。Bollen 等（2001）认为社会经济地位是指个体、家庭或其他组织在收入、财富、受教育程度、声望等维度上的社会分层。Brooks 等（2011）认为社会经济地位是指研究主体在物质资源、文化背景、社会资源等不同维度的优势组合。目前学术界关于社会经济地位并没有形成统一的定义，大多数研究仅采用其中一个或几个维度进行刻画。同时，在健康集中指数的计算中，衡量社会经济地位的指标必须是连续变量（彭晓博和王天宇，2017）。因此，本书最终采用家庭人均收入衡量家庭的社会经济地位。

基于 2012 年和 2014 年的中国家庭追踪调查样本数据，图 8.1 描绘了中国城镇地区健康不均等在不同收入人群中的分布。45 度线为健康公平线，表示健康在

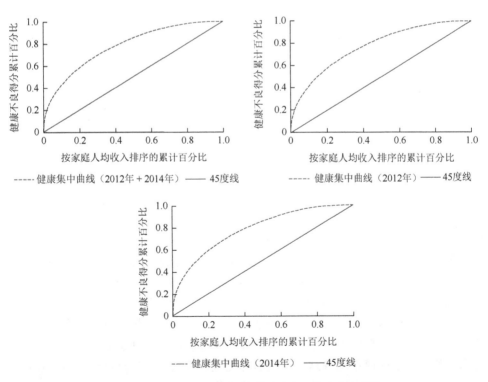

图 8.1　2012 年和 2014 年中国城镇人口健康集中曲线

不同收入人群间平均分布，此时健康集中指数为 0，健康集中曲线为根据实际健康不良得分绘制的健康集中曲线。当健康集中曲线位于公平线上方（下方）时，随着横轴取值增大，曲线斜率变小（变大），这表明健康不良得分的累计速度变慢，即随着居民家庭收入的提高（降低），健康状况差的人数占比越来越小（大）。需要注意的是，当健康指标为正向指标时，关于健康集中曲线的解释相反。图 8.1 显示，2012 年和 2014 年健康集中曲线均位于健康公平线上方，这表明我国存在亲富人的健康不均等，社会经济地位越高的人健康状况越好。

本书提出如下假设。

H4.1：地区健康不均等影响居民投资决策，家庭所在地区亲富人的健康不均等程度越高，家庭投资风险金融资产的可能性越大。

H4.2：地区健康不均等通过影响家庭教育人力资本投资来影响家庭投资决策。亲富人健康不均等程度的下降降低了家庭教育人力资本投资，从而导致家庭风险金融投资下降。

为检验 H4.1 和 H4.2 所述的地区健康不均等对家庭风险金融投资的影响，本书设定如下 Probit 模型：

$$Y_{ijt} = 1\,(y_{ijt}^* \geq 0)$$

$$y_{ijt}^* = \alpha_0 + \alpha_1 \text{concentration}_{jt} + \alpha_2 X_{it} + \alpha_3 \text{prov} + \alpha_4 \delta_t + \varepsilon_{it} \qquad (8.3)$$

其中，Y_{ijt} 为第 t 年位于地区 j 的第 i 个家庭是否参与风险金融投资的虚拟变量；y_{ijt}^* 为潜变量。中国家庭追踪调查的家庭经济模块提供了丰富的信息，使我们能够构建一系列衡量家庭投资行为的指标。中国家庭追踪调查调查了家庭金融资产的持有情况，包括现金、政府债券、股票、基金以及认购权证、指数期货、商品期货、银行理财产品、信托产品、外汇产品等金融产品。依据前文定义，本书以股市参与和广义风险金融投资参与作为研究对象。其中，如果家庭股票持有量大于 0，表明家庭参与股市，否则表明家庭没有参与股市；如果家庭股票和基金持有量之和大于 0，表明家庭参与广义风险金融投资，否则表明家庭没有参与广义风险金融投资。$\text{concentration}_{jt}$ 表示衡量家庭所在区县 j 的健康不均等状况的变量，如果健康集中指数值大于 0，说明该区县存在亲穷人的健康不均等，如果健康集中指数值小于 0，则表示存在亲富人的健康不均等，若等于 0 则表明该区县不存在健康不均等；X_{it} 表示家庭层面和户主个人层面的控制变量；prov 表示省份虚拟变量；δ_t 表示年份虚拟变量；ε_{it} 为随机扰动项。省份虚拟变量可以控制金融市场环境以及其他经济变量的地区差距，年份虚拟变量则可以控制家庭风险金融投资的时间趋势。由于健康不均等这一关键解释变量在区县层面计算得到，本书在估计中使用区县层面的聚类标准误进行显著性检验。

使用如下模型检验家庭教育人力资本投资在地区健康不均等与风险金融投资关系中的作用：

$$\ln \text{ex\_edu}_{it} = \beta_0 + \beta_1 \text{concentration}_{jt} + \beta_2 X_{it} + \beta_3 \text{prov} + \beta_4 \delta_t + \mu_{it} \quad (8.4)$$

$$Y_{ijt} = 1(y_{ijt}^* \geqslant 0)$$

$$y_{ijt}^* = \gamma_0 + \gamma_1 \ln \text{ex\_edu}_{it} + \gamma_2 X_{it} + \gamma_3 \text{prov} + \gamma_4 \delta_t + \nu_{it} \quad (8.5)$$

其中，$\ln \text{ex\_edu}_{it}$ 为家庭教育培训支出的对数值；μ_{it}、ν_{it} 为随机误差项。

表 8.2 的统计结果显示，我国风险金融市场投资参与表现出明显的"有限参与"特征，家庭平均股市参与率和广义风险金融投资参与率分别为 7.3%和 10.0%。区县层面健康集中指数均值为–0.176，表明平均而言，越富有的群体健康状况越佳。图 8.2 为区县平均风险金融投资参与概率与健康集中指数拟合图。由图 8.2 可知，无论是平均股市参与还是广义风险金融投资参与都与区县健康集中指数呈负相关关系，即随着健康集中指数的增大（亲富人的健康不均等程度降低），区县平均股市参与率（广义风险金融投资参与率）降低。就人口统计学特征而言，样本中男性户主占比为 53.2%，平均年龄为 49.978 岁，83.7%的户主处于已婚状态，52.6%的家庭户主拥有非农业户口，中共党员占比 13.1%，平均受教育程度为初中学历，平均自评身体健康状况较好，63.2%的家庭户主目前有工作，1.3%的户主从事的行业为金融行业。就家庭特征而言，家庭预防性储蓄动机平均为 12.5%，家庭人口规模平均为 3 人，16 岁以下人口占比平均为 12.0%，65 岁以上人口占比平均为 16.2%，81.4%的家庭拥有现住房产权，家庭人均收入水平为 2.169 万元，家庭净资产平均为 68.245 万元。根据国家统计局发布的 CPI 指数，本章以 2010 年为基期对家庭收入和资产净值进行平减。

表 8.2　变量定义和描述性统计

变量名称		变量描述	均值	标准差	最小值	最大值
关键变量	股市参与	股市参与（1 = 是，0 = 否）	0.073	0.261	0.000	1.000
	广义风险金融投资参与	广义风险金融投资参与（1 = 是，0 = 否）	0.100	0.300	0.000	1.000
	健康集中指数	健康集中指数	–0.176	0.122	–0.889	0.412
控制变量	性别	性别（1 = 男，0 = 女）	0.532	0.499	0.000	1.000
	年龄	年龄	49.978	14.544	16.000	95.000
	婚姻状况	婚姻状况（1 = 有配偶，0 = 无配偶）	0.837	0.369	0.000	1.000
	户籍	户籍（1 = 非农业户口，0 = 农业户口）	0.526	0.499	0.000	1.000
	中共党员	中共党员（1 = 是，0 = 否）	0.131	0.338	0.000	1.000

续表

变量名称		变量描述	均值	标准差	最小值	最大值
控制变量	学历	学历（1＝文盲/半文盲，2＝小学，3＝初中，4＝高中，5＝大专，6＝本科，7＝硕士，8＝博士）	3.027	1.382	1.000	8.000
	健康状况良好	健康状况良好	0.638	0.480	0.000	1.000
	健康状况一般	健康状况一般	0.203	0.402	0.000	1.000
	健康状况很差	健康状况很差	0.158	0.366	0.000	1.000
	就业状况	就业状况（1＝有工作，0＝无工作）	0.632	0.482	0.000	1.000
	行业性质	行业性质（1＝金融行业，0＝非金融行业）	0.013	0.112	0.000	1.000
	预防性储蓄动机	预防性储蓄动机	0.125	0.235	0.002	0.967
	家庭规模	家庭规模	3.478	1.674	1.000	17.000
	少儿比	16 岁以下人口占比	0.120	0.159	0.000	0.750
	老年比	65 岁以上人口占比	0.162	0.300	0.000	1.000
	住房产权	是否拥有现住房产权（1＝是，0＝否）	0.814	0.389	0.000	1.000
	家庭人均收入	家庭人均收入（万元）	2.169	4.638	0.000	366.614
	家庭净资产	家庭净资产（万元）	68.245	184.521	−365.537	9942.170

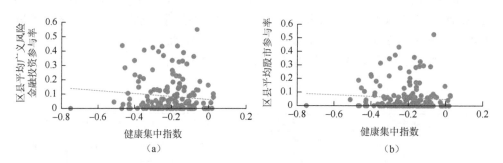

图 8.2　2012 年和 2014 年区县平均风险金融投资参与概率与健康集中指数拟合图

（a）是区县平均广义风险金融投资参与率与健康集中指数拟合图，（b）是区县平均股市参与率与健康集中指数拟合图

8.3　健康不均等影响家庭风险金融资产投资的经验分析

8.3.1　基准回归结果

使用 2012 年和 2014 年的中国家庭追踪调查数据，我们分别检验了地区健康

不均等对家庭股市参与和广义风险金融投资参与的影响，估计结果见表8.3，其中，第（1）～（3）列采用家庭是否持有股票作为被解释变量，第（4）～（6）列采用家庭是否持有股票或基金作为被解释变量。第（1）列和第（4）列仅控制了省份和年份虚拟变量。结果显示，健康集中指数对家庭股市参与的负向影响在10%的统计水平下显著，对家庭广义风险金融投资参与的负向影响在1%的统计水平下显著。第（2）列和第（5）列加入了户主的人口统计学特征作为控制变量。估计结果显示，健康集中指数的增大降低了家庭投资风险金融资产的概率，但仅在投资对象为广义风险金融资产时显著。第（3）列和第（6）列进一步纳入了家庭层面的控制变量。估计结果显示，健康集中指数对家庭股市参与的影响并不显著，而对广义风险金融投资的影响在5%的统计水平下显著为负。具体来看，健康集中指数每增加1个单位，家庭进行广义风险金融投资的可能性将下降5.61个百分点[①]，占家庭广义风险金融投资平均参与率（10.0%）的56.1%，具有显著的经济效果。以上估计结果验证了H4.1，地区亲富人健康不均等程度的下降显著降低了当地家庭参与广义风险金融投资的概率。

表8.3　健康不均等对家庭风险金融投资参与的影响

项目	（1）股市参与	（2）股市参与	（3）股市参与	（4）广义风险金融投资参与	（5）广义风险金融投资参与	（6）广义风险金融投资参与
健康集中指数	-0.572* (0.299)	-0.377 (0.289)	-0.433 (0.286)	-0.639*** (0.294)	-0.513* (0.275)	-0.561** (0.272)
性别		-0.147*** (0.055)	-0.139** (0.060)		-0.199*** (0.047)	-0.206*** (0.055)
年龄		0.102*** (0.016)	0.106*** (0.020)		0.106*** (0.014)	0.112*** (0.016)
年龄 ^{2}		-0.099*** (0.015)	-0.102*** (0.020)		-0.101*** (0.013)	-0.105*** (0.017)
婚姻状况		0.265*** (0.084)	0.250*** (0.086)		0.206*** (0.067)	0.151** (0.074)
户籍		0.589*** (0.082)	0.594*** (0.081)		0.567*** (0.072)	0.558*** (0.070)
中共党员		0.104 (0.077)	0.057 (0.084)		0.240*** (0.069)	0.179** (0.076)
受教育年限		0.327*** (0.030)	0.246*** (0.031)		0.330*** (0.025)	0.255*** (0.027)
健康状况良好						
健康状况一般		-0.079 (0.073)	-0.046 (0.083)		-0.078 (0.072)	-0.065 (0.079)

① 边际效应根据式（6.3）右侧控制变量的平均值计算得到。

续表

项目	(1) 股市参与	(2) 股市参与	(3) 股市参与	(4) 广义风险金融投资参与	(5) 广义风险金融投资参与	(6) 广义风险金融投资参与
健康状况很差		0.067 (0.051)	0.014 (0.056)		0.050 (0.047)	−0.017 (0.052)
就业状况		−0.032 (0.054)	−0.053 (0.061)		−0.021 (0.051)	−0.063 (0.056)
行业性质		0.356** (0.163)	0.402** (0.170)		0.513*** (0.141)	0.578*** (0.145)
预防性储蓄动机			−3.618* (1.851)			−3.770* (2.144)
家庭规模			−0.034 (0.025)			−0.031 (0.024)
少儿比			0.394* (0.227)			0.388* (0.209)
老年比			−0.071 (0.132)			−0.075 (0.124)
住房产权			−0.292*** (0.095)			−0.292*** (0.082)
家庭人均收入			0.201*** (0.036)			0.203*** (0.039)
家庭净资产			0.089 (0.072)			0.122 (0.094)
截距项	−1.189*** (0.094)	−5.559*** (0.458)	−8.253*** (1.029)	−0.950*** (0.091)	−5.446*** (0.405)	−8.578*** (1.218)
年份虚拟变量	控制	控制	控制	控制	控制	控制
省份虚拟变量	控制	控制	控制	控制	控制	控制
样本数	11 166	9 878	8 646	11 166	9 878	8 896
pseudo R^2	0.106	0.246	0.286	0.092	0.241	0.298

注：括号内的值为县级层面的聚类标准误

*、**、***分别代表10%、5%、1%的显著性水平

8.3.2 稳健性检验

8.3.2.1 健康集中指数的再测度

健康集中曲线包含两个基本元素：度量健康的指标和衡量社会经济地位的指标（彭晓博和王天宇，2017），本书在基准回归中采用家庭人均收入衡量社会经济地位。人们在自报收入时往往存在回忆偏倚或隐瞒现象（厉旦等，2022），这可能会导致据此计算的健康集中指数与现实不符。因此，我们以家庭人均消费性支出

衡量社会经济地位重新测度区域健康不均等，并对式（8.3）再次进行回归。表 8.4 第（1）列和第（2）列的回归结果表明，与消费相关的亲富人健康不均等程度的下降显著降低了家庭风险金融投资参与概率。在表 8.4 第（3）列和第（4）列中，本书使用 Erreygers 指数作为健康不均等的代理变量，再次验证了基准回归结果的稳健性。首先，参照 van Doorslaer 和 Jones（2003）、齐良书和李子奈（2011）的研究，我们使用 Ordered Probit 模型（有序 Probit 模型）将序数形式的自评健康变量调整成为连续变量。其次，利用转换后的基数性质的自评健康计算 Erreygers 指数[①]。回归结果显示，Erreygers 指数的提高阻碍了家庭风险金融资产投资，与基准回归结果一致。

表 8.4 稳健性检验：健康集中指数的再测度

项目	（1）	（2）	（3）	（4）
	股市参与	广义风险金融投资参与	股市参与	广义风险金融投资参与
健康集中指数	-0.519^{**} (0.235)	-0.509^{**} (0.222)		
Erreygers 指数			-0.566^{**} (0.271)	-0.491^{*} (0.255)
控制变量	控制	控制	控制	控制
年份虚拟变量	控制	控制	控制	控制
省份虚拟变量	控制	控制	控制	控制
样本数	8646	8896	8646	8896
pseudo R^2	0.287	0.299	0.286	0.298

注：括号内的值为县级层面的聚类标准误
*、**分别代表 10%和 5%的显著性水平

8.3.2.2 风险金融资产投资的再定义

基准回归结果显示，地区亲富人健康不均等程度的下降对家庭风险资产投资参与具有显著的负向影响，健康不均等对家庭风险金融资产的投资深度是否也具有同样影响呢？我们分别使用家庭所持股票市值占家庭金融资产总额的比重、股票和基金市值之和占家庭金融资产总额的比重来衡量投资强度，并考察健康不均等如何影响家庭的投资深度。由于资产比例变量介于 0 和 1 之间且存在大量 0 值，本书采用以下 Tobit 模型来估计健康不均等对风险投资强度的影响：

$$r_i^* = \theta_0 + \theta_1 \text{concentration}_j + \theta_2 X_i + \varsigma_i$$

① Erreygers 指数的计算及推导过程见 Erreygers G. 2009. Correcting the concentration index. Journal of Health Economics，28（2）：514-515。

$$R_i = \max(0, r_i^*) \qquad (8.6)$$

其中，R_i 为股票市值、股票和基金市值之和占家庭金融资产总额的比例。r_i^* 为一个潜变量。X_i 为一系列控制变量，包括户主的人口特征和家庭特征。ς_i 为随机误差项。

表 8.5 汇报了 Tobit 模型估计结果。其中，第（1）列和（2）列的被解释变量为股票市值占家庭金融资产总额的比例（即股市参与深度），第（3）列和（4）列的被解释变量为股票和基金市值之和占家庭金融资产总额的比例（即广义风险金融投资参与深度），其他变量的设定同表 8.3。估计结果显示，地区亲富人健康不均等程度下降显著降低了股票市值占比以及股票和基金市值之和的占比。健康集中指数每提高 1 个单位，股票市值占比将下降 3.66 个百分点，股票和基金市值之和占比将降低 5.32 个百分点[1]，具有显著的经济效果。以上回归结果表明，地区亲富人健康不均等程度下降不仅降低了家庭风险金融投资的参与深度，而且显著降低了风险金融资产占金融资产总额的比例。

表 8.5　稳健性检验：风险金融资产投资的再定义

项目	（1）	（2）	（3）	（4）
	股市参与深度	股市参与深度	广义风险金融投资参与深度	广义风险金融投资参与深度
健康集中指数	−0.387** (0.182)	−0.462*** (0.159)	−0.637** (0.253)	−0.346** (0.161)
控制变量	控制	控制	控制	控制
年份虚拟变量	控制	控制	控制	控制
省份虚拟变量	控制	控制	控制	控制
样本数	4473	4473	9154	9154
pseudo R^2	0.290	0.293	0.293	0.270

注：括号内的值为县级层面的聚类标准误。中国家庭追踪调查 2014 年数据缺少有关家庭对股票或基金持有份额的详细信息，因此，表中的第（1）列和第（2）列仅包含 2012 年的数据

、*分别代表 5%、1%的显著性水平

除了对家庭股票和基金投资的调查，中国家庭追踪调查还提供了家庭总的金融产品的持有状况信息，金融产品包括股票、基金、债券、信托产品、外汇产品等。根据王稳和孙晓珂（2020）的研究，本书分别以家庭是否持有金融产品和家庭所持金融产品占家庭金融资产总额的比重衡量家庭风险金融投资广度和深度，考察地区健康不均等对家庭投资决策的影响，表 8.5 的第（3）列和第（4）列的估计结果显示，健康集中指数提高显著降低了家庭参与金融产品投资的概率和投资深度，与基准回归结果一致。

---

① 边际效应根据式（8.6）右侧控制变量的平均值计算得到。

8.3.2.3 样本剔除

健康工人效应（healthy worker's effect）表明，在业者的总体健康状况比无业者更佳（严予若，2012），同时考虑到个体在工作期与退休期收入上的差异，本书利用剔除了退休家庭的样本进一步检验了地区健康不均等对家庭投资决策的影响。样本期间，我国女性法定退休年龄为55周岁，男性法定退休年龄为60周岁。我们首先剔除原始数据中女性户主大于55周岁的家庭以及男性户主大于60周岁的家庭，并在此基础上重新测度地区健康集中指数。表8.6第（1）列和（2）列的估计结果表明我们的基准回归结果是稳健可靠的。

表 8.6　稳健性检验：样本剔除

项目	（1）	（2）	（3）	（4）
	股市参与	广义风险金融投资参与	股市参与	广义风险金融投资参与
健康集中指数	−0.290 (0.221)	−0.436** (0.204)	−0.425 (0.284)	−0.542** (0.267)
控制变量	控制	控制	控制	控制
年份虚拟变量	控制	控制	控制	控制
省份虚拟变量	控制	控制	控制	控制
样本数	5872	6081	8646	8896
pseudo R^2	0.276	0.292	0.288	0.301

注：括号内的值为县级层面的聚类标准误
**代表5%的显著性水平

8.3.2.4 极端值处理

本书的健康不均等是指与社会经济地位相关的健康不均等，并以家庭人均收入衡量家庭的社会经济地位。然而，极端人均收入值可能会增大我们计算的地区健康集中指数的误差，从而使估计结果产生偏误。因此，使用 Winsor 缩尾方法，我们对家庭人均收入极端值进行了处理，并重新估计了健康不均等对家庭风险金融投资的影响。表8.6第（3）列和第（4）列的估计结果发现地区亲富人健康不均等程度的下降对家庭风险金融投资仍具有负向影响，验证了本书的基准回归结果。

8.3.2.5 考虑遗漏变量的影响

可能的关键变量的遗漏会导致估计结果偏误。因此，本章进一步控制地区医保覆盖率和收入差距，估计结果如表 8.7 所示。地区健康不均等与医保覆盖率高度相关，医保覆盖率越高，医疗服务可及性越趋向于公平，健康不均等程度越低。为了控制医保对估计结果的影响，在表 8.7 的第（1）列和（2）列的回归中，本书将县域医保覆盖率作为控制变量纳入模型。此时，健康集中指数的系数依然为负，且在广义风险金融投资参与显著，与基准回归结果一致。收入差距与地区健康不均等高度相关。收入差距的扩大不仅导致医疗资源配置不均等，还会降低社会凝聚力和社会信任水平，从而加剧区域健康不均等（Subramanian and Kawachi，2004）。与此同时，收入差距还会影响家庭投资决策（周广肃等，2018）。在表 8.7 的第（3）列和第（4）列的回归中，本书控制了地区收入基尼系数。结果显示，关键解释变量的估计系数分别为-0.423 和-0.552，分别与表 8.3 的第（3）列和第（6）列的基准回归结果（-0.433 和-0.561）基本一致。表 8.7 的第（5）列和第（6）列将上述可能的遗漏变量全部纳入模型，并同时控制表 8.3 列示的所有控制变量以及年份和省份虚拟变量，健康不均等对家庭广义风险金融投资参与的影响仍显著为负，即随着亲富人的健康不均等程度的下降，家庭参与广义风险金融投资的意愿将显著降低。

表 8.7　稳健性检验：可能的遗漏变量

项目	（1）股市参与	（2）广义风险金融投资参与	（3）股市参与	（4）广义风险金融投资参与	（5）股市参与	（6）广义风险金融投资参与
健康集中指数	-0.449 (0.276)	-0.572** (0.269)	-0.423 (0.284)	-0.552** (0.270)	-0.442 (0.275)	-0.563** (0.268)
医保覆盖率	-1.041*** (0.328)	-0.543* (0.307)			-0.992*** (0.312)	-0.500* (0.286)
收入基尼系数			0.739** (0.339)	0.735** (0.317)	0.681*** (0.326)	0.708** (0.309)
控制变量	控制	控制	控制	控制	控制	控制
年份虚拟变量	控制	控制	控制	控制	控制	控制
省份虚拟变量	控制	控制	控制	控制	控制	控制
样本数	8646	8896	8646	8896	8646	8896
pseudo R^2	0.288	0.299	0.287	0.300	0.289	0.300

注：括号内的值为县级层面的聚类标准误

*、**、***分别代表 10%、5%、1%的显著性水平

8.3.2.6 估计偏误的测算

为了检验是否仍然存在一些未知的或无法观测的变量使得本书的估计结果有偏，我们采用 Altonji 等（2005）的方法评估可能的遗漏变量导致的估计偏误的严重性。首先，用健康集中指数或健康集中指数和少数控制变量（本书选择性别和婚姻状况）对家庭投资决策进行受约束控制变量回归，得到健康集中指数的系数 β_s；其次，用关键解释变量和全部控制变量对家庭投资决策进行回归，得到健康集中指数的系数 β_m；最后根据关键解释变量的系数计算统计量 F 值：$F = |\beta_m / (\beta_s - \beta_m)|$。若 F 值大于 1，则表明估计结果稳健。表 8.8 的评估结果显示，所有 F 值均大于 1。当被解释变量为"是否持有股票"时，上述四种情形下的 F 值介于 3.086 和 3.512 之间；当被解释变量为"是否持有广义风险资产"时，四种情形下的 F 值介于 3.181 和 7.408 之间。这表明，如果要提升表 8.3 第（3）列和第（6）列的估计结果的稳健性，那么不可观测变量的数量至少需要达到目前所有控制变量的 3.086 倍，这样的可能性极小，本书的核心结论稳健。

表 8.8 稳健性检验：潜在估计偏误的评估及排除

情形	受约束控制变量回归	全部控制变量	F 值	
			是否持有股票	是否持有广义风险资产
情形一	不加控制变量	加入表 8.3 的全部控制变量	3.086	7.192
情形二	不加控制变量	加入表 8.3 的全部控制变量，以及表 8.5 新增的控制变量	3.400	7.408
情形三	加入性别和婚姻状况	加入表 8.3 的全部控制变量	3.512	3.206
情形四	加入性别和婚姻状况	加入表 8.3 的全部控制变量，以及表 8.5 新增的控制变量	3.323	3.181

8.3.2.7 内生性问题的处理：滞后效应与工具变量法

健康不均等与家庭投资决策之间可能存在双向因果关系而导致内生性问题。投资成功或失败会改变一个家庭的财务状况，从而影响家庭成员的健康水平（Fichera and Gathergood，2016）。因此，为了缓解内生性问题对估计结果的干扰，表 8.9 估计了健康不均等的滞后效应，即以当期的家庭投资决策作为被解释变量，以滞后一期的健康集中指数作为解释变量，使得家庭投资决策在时间上滞后于健康不均等指标，可以在一定程度上克服反向因果问题。本书将 2012 年的区县层面的健康集中指数与 2014 年的家庭投资决策按照区县代码进行匹配，其余控制变量也采用 2014 年的数据。估计结果表明，2012 年的健康集中指数对 2014 年的家庭风险金融投资决策显著为负，且估计系数的绝对值明显增大。这一结果表明健康不均等对家庭投资行为存在滞后影响。

表 8.9 内生性问题的处理：滞后效应

项目	(1) 股市参与（2014 年）	(2) 股市参与（2014 年）	(3) 广义风险金融投资参与（2014 年）	(4) 广义风险金融投资参与（2014 年）
健康集中指数（2012 年）	-1.385*** (0.482)	-1.147*** (0.390)	-1.417*** (0.455)	-1.193*** (0.342)
控制变量	No	控制	No	控制
年份虚拟变量	控制	控制	控制	控制
省份虚拟变量	控制	控制	控制	控制
样本数	5243	4216	5243	4440
pseudo R^2	0.118	0.289	0.105	0.305

注：括号内的值为县级层面的聚类标准误
***代表 1%的显著性水平

本书还考虑采用工具变量法解决内生性问题，使用县级层面流动人口占总人口的比重作为当期健康不均等的工具变量，进行 IV-Probit 估计。流动人口是指在现居地居住半年以上，且居住地不同于户口所在地的人口。根据中国家庭追踪调查成人问卷，我们计算了各区县流动人口占比。表 8.10 的第（1）列和第（4）列为工具变量第一阶段估计结果。第（1）列和第（4）列的估计结果显示，区县流动人口占比的估计系数在 1%的统计水平下显著为负，这说明地区流动人口占比与健康集中指数具有负相关关系。第（3）列和第（6）列的工具变量回归结果表明，亲富人健康不均等程度的降低能显著减少家庭投资风险金融资产，与基准回归结果一致。

表 8.10 内生性问题的处理：工具变量（IV-Probit）

项目	(1) 健康集中指数	(2) 残差	(3) 股市参与	(4) 健康集中指数	(5) 残差	(6) 广义风险金融投资参与
健康集中指数			-5.097** (1.908)			-4.591** (1.172)
流动人口占比	-0.171*** (0.014)	0.070** (0.030)		-0.181*** (0.014)	0.115*** (0.032)	

续表

项目	（1）健康集中指数	（2）残差	（3）股市参与	（4）健康集中指数	（5）残差	（6）广义风险金融投资参与
控制变量	控制	控制	控制	控制	控制	控制
年份虚拟变量	控制	控制	控制	控制	控制	控制
省份虚拟变量	控制	控制	控制	控制	控制	控制
样本数	8646	8648	8646	8896	8898	8896
R^2	0.148	0.700		0.147	0.728	
Wald 检验（p）			0.044			0.045
F 统计量	35.50			35.51		

注：括号内的值为县级层面的聚类标准误。由于极大似然法不能进行弱工具变量检验，我们在第（1）列和第（4）列汇报了采用两步法得到的一阶段回归结果

、*分别代表 5%、1%的显著性水平

接下来，本书检验区县流动人口占比作为工具变量的有效性。与本地市民相比，流动人口平均收入水平较低，在医疗健康服务的获取上明显处于劣势（杨菊华，2011；叶紫烟，2018）。所以，本书预期一个地区流动人口占比越大，亲富人的健康不均等程度越高。对区县层面的亲富人健康不均等与区县流动人口占比的相关关系进行检验（表 8.10 第（1）列和第（4）列所示），区县流动人口占比的回归系数分别为–0.171 和–0.181，且均在 1%的统计水平下显著，即流动人口占比越大的区县，亲富人健康不均等程度越高，因此不存在弱工具变量的问题。所以，本书使用的区县流动人口占比这一工具变量满足"相关性"要求，即与内生变量高度相关。

工具变量还需满足"外生性"要求，本书在表 8.10 的第（2）列和第（5）列报告了工具变量对基准回归模型残差项的实证检验结果，发现工具变量与残差项显著正相关。这一结果表明我们所使用的工具变量并非严格外生的。参照刘畅等（2017）的做法，本书在 Conley 等（2012）提出的"近似外生工具变量"框架下，通过放松工具变量严格外生的假定，放弃点估计在不同的外生性近似程度之下考察内生变量估计系数的变化趋势。本书采用 Conley 等（2012）提出的基于置信区间集合（union of confidence interval，UCI）方法对工具变量非严格外生时估计结果的稳健性进行检验。将工具变量记为 Z_j，在方程左侧消除工具变量对因变量的直接影响，则式（8.3）可转换为

$$Y_i = 1\,(y_i^* \geqslant 0)$$

$$y_i^* - \gamma Z_j = \alpha_0 + \alpha_1 \text{concentration}_j + \alpha_2 X_i + \varepsilon_i \qquad (8.7)$$

　　为确定 γ 的分布范围，我们将内生变量地区健康集中指数和工具变量地区流动人口占比同时放入式（8.3）中，估计结果如表 8.11 所示。根据表 8.11 的估计结果可知 γ 为一个非负数，因此可假定 $\gamma \in [0, 2\theta]$，其中 θ 为表 8.11 估计出的工具变量的回归系数。利用 plausexog 命令可确定由近似外生工具变量估计出的系数区间。表 8.11 的第（3）列和第（4）列显示，当被解释变量为股市参与时，地区健康集中指数值介于 –8.464 到 30.835 之间，当被解释变量为广义风险金融投资参与时，地区健康集中指数值介于 –10.393 到 24.501 之间，均覆盖了表 8.10 的第（2）列和第（4）列的估计系数。图 8.3 绘制了在 γ 可能分布的范围内，健康集中指数估计系数的稳健置信区间。随着 γ 值的增大，工具变量严格外生假定被违背的程度逐渐增强，估计系数的稳健置信区间逐渐扩大，但估计值相对稳定且仍然保持较高的显著性水平。这一检验表明本书使用的工具变量估计所得出的结论是稳健可靠的。

表 8.11　工具变量估计结果的稳健性检验

项目	（1） 股市参与	（2） 广义风险金融 投资参与	（3） 股市参与	（4） 广义风险金融投资参与
健康集中指数	–0.349 (0.285)	–0.486* (0.274)	[–8.464, 30.835]	[–10.393, 24.501]
流动人口占比	0.940** (0.393)	0.831*** (0.313)		
控制变量	控制	控制	控制	控制
年份虚拟变量	控制	控制	控制	控制
省份虚拟变量	控制	控制	控制	控制
样本数	8 646	8 896	10 480	10 480
pseudo R^2	0.288	0.300		

注：括号内的值为县级层面的聚类标准误
*、**、***分别代表 10%、5%、1%的显著性水平

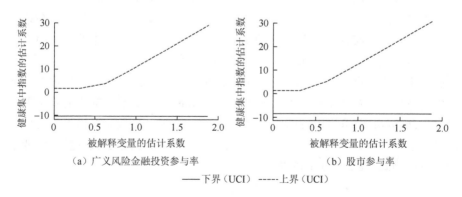

（a）广义风险金融投资参与率　　　　　（b）股市参与率

——下界（UCI）　-----上界（UCI）

图 8.3　Conley 等（2012）框架下健康不均等对家庭风险金融投资参与的稳健置信区间

图中虚线分别绘制了 UCI 假定下不同估计系数在 95%显著性水平下的稳健置信区间

8.4　机制探讨与异质性分析

8.4.1　健康不均等对家庭风险金融资产投资影响机制的探讨

由于鲜有文献研究健康不均等的社会经济影响，并且影响人的行为的因素众多，本书就何种因素有助于解释地区层面的健康不均等对家庭风险金融投资的影响进行尝试性的探究。

不同社会经济地位群体或个人在占有或使用社会资源方面存在差异（袁迎春，2016）。社会经济地位通常由收入水平、受教育程度和职业地位衡量（Rosenfield，2012）。社会经济地位较高群体在生活方式、医疗设施可及性、工作环境等方面都更加优越，从而健康状况更佳（郑莉和曾旭晖，2016）。对于大多数中国人而言，教育是实现向更高社会阶层流动的最可靠的途径。作为改善个体收入、促进社会阶层正向流动的有效手段（喻家驹和徐晔，2018），教育人力资本投资通过改变家庭总的风险敞口或预期收入挤出或促进风险金融资产投资（Athreya et al.，2017；周弘，2015；胡振和臧日宏，2016；Thakurata，2021）。一方面，教育可以通过促进人力资本积累，提高家庭的未来收入预期（刘生龙，2008），与此同时，收入预期又会影响家庭当期及远期资金的使用与分配（林博，2018），如果预期未来收入增加且稳定，那么当期风险资产配置也可能增加；另一方面，由于学习能力、教育质量以及其他未预期因素的影响，教育培训投资并不一定能获得相应的人力资本积累从而获得预期收入的提高（刘文和罗润东，2010），与此同时，对教育的投资不仅占用了部分资金还可能占用工作时间。因此，Athreya 等（2017）认为教育人力资本投资事实上是一种风险投资，其在一定程度上会挤出风险金融资产投资。然而，值得注意的是，Athreya 等（2017）的研究是基于这样一个逻辑，即进行股市投资和接受教育的是同一个个体。Bogan（2015）、吴卫星和谭浩（2017）则在分离股市投资主体与教育接受主体的基础上进行研究，他们发现较高的子代教育支出反而会促进家庭参与风险市场的概率和程度提高。

我国人们重视孝养伦理，强调对父母"敬而不违，劳而不怨"（李超，2016）。因此，即使在现代子女很少与父母共同居住，社会越来越多地承担养老功能的情况下，传统的子女应当孝顺和赡养父母的观念的影响难以完全消失，家庭内部代际互利互惠的机制仍然发挥着巨大作用（Lin and Yi，2013；Liu，2014）。亲富人健康不均等程度越高的地区，意味着社会经济地位越高的群体的健康水平也越高。那么，居民可能基于利他动机或利己动机而增加对子代的教育投资，以期提高子代未来的社会经济地位。从利他动机来看，父母将子代的人力资本看作耐用消费品（郭凯明等，2011），对子代的投资和预期子代在未来通过更高的社会经济地位获得更好的健康状况有利于提高父母的效用。从利己动机来看，居民将子代的人力资本视为投资品（刘永平和陆铭，2008），对子代教育投资越高，子代在未来获得更高社会经济地位的可能性越大，父母则有更大概率通过家庭内部的互利互惠和反哺机制，获得子代资助从而提高自身的社会经济地位，改善健康状况。

本书根据式（8.5）在表 8.12 中以教育培训支出作为家庭教育人力资本投资的代理变量对上述逻辑进行了检验。①为全样本检验结果，其中，第（1）列和第（2）列利用两阶段 OLS 估计了地区健康不均等对家庭教育人力资本投资的影响。估计结果显示，健康集中指数的增大（亲富人的健康不均等程度的下降）显著降低了家庭教育人力资本投资。第（3）列和第（4）列分别估计了教育人力资本投资对家庭股市参与和广义风险金融投资参与概率的影响。估计结果显示，家庭教育人力资本投资的增加显著促进了风险金融资产投资。为了排除人力资本投资对风险金融投资的挤出效应，我们在②中进一步剔除家庭中有成人参加自付费的非学历教育的样本进行检验。我们发现有成人参加自付费的非学历教育的家庭样本仅占总样本的 11.7%，即在本书的样本中，家庭教育培训支出作为一种风险投资而阻碍风险金融投资的概率非常小。②的估计结果与①一致。上述结果验证了 H4.2，地区亲富人健康不均等程度下降确实可能通过降低家庭教育人力资本投资，从而减少家庭投资风险金融资产的可能性。

表 8.12　健康不均等影响家庭投资决策的作用渠道：教育人力资本投资

项目	（1）健康集中指数	（2）教育培训支出	（3）股市参与	（4）广义风险金融投资参与
①全样本				
健康集中指数		−9.505*** (2.672)		
流动人口占比	−0.191*** (0.014)			
教育培训支出			0.028*** (0.009)	0.029*** (0.007)
控制变量	控制	控制	控制	控制
年份虚拟变量	控制	控制	控制	控制
省份虚拟变量	控制	控制	控制	控制
样本数	9089	9089	8584	8831

续表

项目	（1） 健康集中指数	（2） 教育培训支出	（3） 股市参与	（4） 广义风险金融投资参与
pseudo R^2			0.287	0.300
弱识别检验	179.348			
②剔除家庭中有成人参加自付费的非学历教育的样本				
健康集中指数		−7.891[*] （2.835）		
流动人口占比	−0.186[***] （0.015）			
教育培训支出			0.031[***] （0.010）	0.030[***] （0.008）
控制变量	控制	控制	控制	控制
年份虚拟变量	控制	控制	控制	控制
省份虚拟变量	控制	控制	控制	控制
样本数	7985	7985	7476	7757
pseudo R^2			0.294	0.304
弱识别检验	157.067			

注：括号内的值为县级层面的聚类标准误
*、***分别代表 10%、1%的显著性水平

8.4.2　健康不均等对家庭风险金融资产投资的异质性影响分析

8.4.2.1　子代性别差异

健康不均等对家庭风险金融投资的影响是否会因为家庭中子代性别而存在差异呢？本书将样本分为有儿子的家庭子样本和没有儿子的家庭子样本，检验健康不均等对家庭金融投资决策的异质性影响，检验结果列于表 8.13。第（1）列和第（2）列的被解释变量为家庭股市参与可能性，第（3）列和第（4）列的被解释变量为家庭广义风险金融投资参与可能性。估计结果显示，第（1）列和第（3）列中有儿子家庭子样本的健康集中指数估计系数显著为负，第（2）列和第（4）列中没有儿子家庭子样本的健康集中指数估计系数并不显著。进一步地，我们利用似无相关检验方法检验了异质性家庭估计系数是否存在显著差异。结果显示，有儿子的

家庭和没有儿子的家庭在股市参与上并不存在显著的差异，而在广义风险金融投资参与上存在显著的差异，似无相关检验 p 值为 0.022。这一结果表明，有儿子的家庭更有可能为了提高子代未来的社会经济地位而增加当前的教育人力资本投资，从而促进家庭风险金融投资水平提高。

表 8.13　健康不均等与家庭风险金融投资参与——子代性别差异

项目	（1）	（2）	（3）	（4）
	股市参与		广义风险金融投资参与	
	有儿子	没有儿子	有儿子	没有儿子
健康集中指数	−0.801** (0.329)	−0.168 (0.362)	−1.076*** (0.354)	−0.124 (0.331)
控制变量	控制	控制	控制	控制
年份虚拟变量	控制	控制	控制	控制
省份虚拟变量	控制	控制	控制	控制
样本数	4362	3986	4649	4075
pseudo R^2	0.296	0.286	0.302	0.309
似无相关检验（p）	0.165		0.022	

注：括号内的值为县级层面的聚类标准误

、*分别代表 5%、1%的显著性水平

8.4.2.2　收入水平差异

教育是实现社会阶层合理流动的有效途径（魏有兴和杨佳惠，2020），特别是对于低收入群体而言，其处于社会底层，对阶层跨越的渴望往往甚于高收入群体。那么，在教育人力资本投资作为健康不均等影响家庭风险金融投资参与的机制前提下，不同收入水平家庭在相同的健康不均等的环境压力下，其金融投资决策是否会有差异？本书以样本家庭人均收入中位数为基准，将所有样本按照家庭人均收入分为低收入家庭（家庭人均收入小于或等于中位数）和高收入家庭（家庭人均收入大于中位数）两个子样本，并分别进行回归。表 8.14 的第（1）列和第（2）列的被解释变量为家庭股市参与可能性，第（3）列和第（4）列的被解释变量为家庭广义风险金融投资参与可能性。表 8.14 的估计结果显示，第（1）列和第（3）列中高收入家庭子样本的健康集中指数估计系数并不显著，第（2）列和第（4）列中低收入家庭子样本的健康集中指数估计系数显著为负。进一步地，我们利用似无相关检验方法检验了异质性家庭估计系数是否存在显著差异。结果显示，高收入

家庭和低收入家庭在股市参与上并不存在显著的差异，而在广义风险金融投资参与上存在显著的差异，似无相关检验 p 值为 0.056。这一结果表明，低收入家庭可能具有更强烈的通过教育实现阶层跨越的意愿，从而增加当前的教育人力资本投资，提高家庭风险金融投资参与。

表 8.14 健康不均等与家庭风险金融投资参与——收入水平差异

项目	（1）	（2）	（3）	（4）
	股市参与		广义风险金融投资参与	
	高收入家庭	低收入家庭	高收入家庭	低收入家庭
健康集中指数	−0.324 （0.339）	−0.894** （0.371）	−0.375 （0.285）	−1.319** （0.509）
控制变量	控制	控制	控制	控制
年份虚拟变量	控制	控制	控制	控制
省份虚拟变量	控制	控制	控制	控制
样本数	4346	3903	4473	4154
pseudo R^2	0.234	0.258	0.245	0.278
似无相关检验（p）	0.301		0.056	

注：括号内的值为县级层面的聚类标准误
**代表5%的显著性水平

8.4.2.3 学历差异

同样的，人们会根据自身经历决定对子代的投资，因此，我们推测受教育水平较低群体的家庭金融投资决策可能受健康不均等的影响更大。本书按照家庭户主是否拥有高中及以上学历，将样本分为高学历家庭和低学历家庭两个子样本，并分别检验地区健康不均等对家庭风险金融投资参与的影响。表 8.15 的第（1）列和第（2）列的被解释变量为家庭股市参与可能性，第（3）列和第（4）列的被解释变量为家庭广义风险金融投资参与可能性。估计结果显示，第（1）列和第（3）列中高学历家庭子样本的健康集中指数估计系数并不显著，第（2）列和第（4）列中低学历家庭子样本的健康集中指数估计系数显著为负。进一步地，我们利用似无相关检验方法检验了异质性家庭估计系数是否存在显著差异。结果显示，高学历家庭和低学历家庭在股市参与上并不存在显著的差异，而在广义风险金融投资参与上存在显著的差异，似无相关检验 p 值为 0.043。这一结果表明，健康不均等对低学历家庭金融投资决策的影响更为强烈。

表 8.15　健康不均等与家庭风险金融投资参与——学历差异

项目	(1)	(2)	(3)	(4)
	股市参与		广义风险金融投资参与	
	高学历家庭	低学历家庭	高学历家庭	低学历家庭
健康集中指数	−0.237 (0.363)	−0.695* (0.401)	−0.191 (0.324)	−1.060*** (0.364)
控制变量	控制	控制	控制	控制
年份虚拟变量	控制	控制	控制	控制
省份虚拟变量	控制	控制	控制	控制
样本数	2854	5100	2950	5465
pseudo R^2	0.218	0.280	0.233	0.268
似无相关检验（p）	0.334		0.043	

注：括号内的值为县级层面的聚类标准误

*、***分别代表 10%、1%的显著性水平

8.4.2.4　地区差异

一直以来，相对于东部地区，中国中西部地区经济发展水平以及公共基础设施、公共服务发展水平都比较落后，这就可能造成中西部地区亲富人的健康不均等程度更高。例如，虽然中西部地区的医疗健康服务及配套建设普遍较落后，但是当地的高收入人群可通过获得东部地区的医疗保健服务而拥有更良好的健康状况，低收入阶层却受制于交通、住宿、人脉等而难以自由获取发达地区的医疗服务，只能依靠当地落后的医疗水平来对自身健康进行投资，健康状况可能更差。因此，本书依据家庭所处地理位置，将家庭样本分为东部地区和中西部地区子样本，估计健康不均等对家庭风险金融投资参与的异质性影响，估计结果见表 8.16。第（1）列和第（2）列的被解释变量为家庭股市参与可能性，第（3）列和第（4）列的被解释变量为家庭广义风险金融投资参与可能性。估计结果显示，第（1）列和第（3）列中东部地区家庭子样本的健康集中指数估计系数不显著，第（2）列和第（4）列中中西部地区家庭子样本的健康集中指数估计系数显著为负。进一步地，我们利用似无相关检验方法检验了异质性家庭估计系数是否存在显著差异。结果显示，无论是在股市参与还是广义风险金融投资参与上，东部地区家庭和中西部地区家庭面对健康不均等时，其投资决策都具有显著差异，似无相关检验 p 值分别为 0.012 和 0.027，即亲富人的健康不均等程度越高，中西部地区家庭投资风险金融资产的概率越大，而东部地区家庭却并不具备这种特征。

表 8.16   健康不均等与家庭风险金融投资参与——地区差异

项目	(1)	(2)	(3)	(4)
	股市参与		广义风险金融投资参与	
	东部	中西部	东部	中西部
健康集中指数	0.022 (0.361)	−1.128*** (0.380)	−0.174 (0.347)	−1.107*** (0.300)
控制变量	控制	控制	控制	控制
年份虚拟变量	控制	控制	控制	控制
省份虚拟变量	控制	控制	控制	控制
样本数	4432	4214	4432	4464
pseudo R^2	0.295	0.274	0.294	0.305
似无相关检验（p）	0.012		0.027	

注：括号内的值为县级层面的聚类标准误

***代表 1%的显著性水平

8.5 本 章 小 结

健康不均等是全世界面临的共同问题，但鲜有文献研究健康不均等的经济和社会影响。本章以家庭金融资产投资决策为着眼点，采用 2012 年和 2014 年中国家庭追踪调查数据，考察了健康不均等对中国家庭风险金融投资参与的影响，对第 3 章的理论模型进行检验。实证研究包括四个方面：地区层面的健康不均等与家庭风险金融投资参与的基准回归、稳健性检验、作用机制分析以及异质性影响。

基准回归结果表明，亲富人的健康不均等程度越低的地区，家庭参与风险金融投资的可能性也越低。地区层面亲富人的健康不均等程度下降显著降低了家庭投资广义风险金融资产的概率。健康集中指数每增加 1 个单位，家庭进行广义风险金融投资的可能性将下降 5.61 个百分点，占家庭广义风险金融投资平均参与率（10.0%）的 56.1%，具有显著的经济效果。机制检验结果表明，亲富人的健康不均等程度降低通过减少家庭教育培训支出，从而降低了家庭投资风险金融资产的可能性。以子代性别、家庭人均收入水平、户主受教育水平、家庭所处地理位置为标准进行的分组回归结果表明，地区层面的健康不均等对家庭风险金融投资参与具有异质性影响。对于有儿子的家庭、人均收入水平更低的家庭、学历水平更低的家庭以及中西部地区家庭，亲富人健康不均等程度降低对风险金融投资参与的阻碍作用更大。

本章结论表明，健康不均等对家庭的金融资产投资行为产生了重要影响，而金融投资带来的收益（损失）又会反过来影响个体健康和收入，从而形成一种往复的恶性循环。因此，政策制定者以及学术研究者需要关注健康不均等可能带来的各种潜在影响，并将健康不均等程度控制在合理的范围内。

　　本书从居民自评健康这一健康状态测度地区健康不均等，是一种结果意义上的不均等，从机会不均等如获取医疗保健资源机会，或条件不均等如相同收入人群获得相同医疗保健资源条件等方面测度健康不均等，进而研究其对家庭经济行为的影响具有重要意义。此外，在新常态经济下，促进消费、扩大内需是保持经济稳定增长的必要选择，未来研究还可以从家庭消费角度对健康不均等的经济影响进行研究。

9 研究结论与政策启示

9.1 研究结论

在家庭最优资产组合模型框架下，以社会资源分配为着眼点，本书从户籍身份差异、性别差异、数字不对等、健康不均等四个方面深入研究社会不平衡对家庭风险金融投资参与的影响。本书以传统的具有代表性的风险金融资产——股票和基金作为研究对象，从理论研究和实证分析两方面探究了社会不平衡对家庭风险金融投资参与的影响。同时研究户籍身份差异、性别差异、数字不对等以及健康不均等影响家庭金融投资行为的微观机制，试图从资源占有的优劣、不确定性偏好以及预期收入角度为微观家庭的有限参与之谜提供一个可能的解释。

首先，本书研究了社会不平衡与家庭风险金融投资关系的理论机制。本书从资源分配不均等以及由此导致的社会不平衡环境视角构建了本书的整体理论分析框架，得到社会不平衡通过影响不同个体或群体对资源的分配不均，进而影响居民家庭金融投资决策的结论。第一，关于来自社会身份差异的户籍身份差异的影响，户籍制度将居民从地理和福利上隔离为非农业户口居民和农业户口居民。农业户口身份居民在社会保障（医疗保险）和劳动力市场上与城镇居民有较大差异，从而降低农业户口身份居民家庭对风险金融资产的投资意愿并阻碍其增加对风险金融资产的投资比重。第二，相对于男性，女性在教育、就业、政治参与等方面均处于弱势地位。女性在正规教育以及劳动力市场的有限参与使女性减少了积累社会资本的机会，同时降低了整体社会互动的活力，从而提高投资者对不确定性的厌恶程度，降低居民家庭参与风险金融投资的概率。第三，家庭在数字接入水平和数字应用水平上存在的差异将显著改变家庭风险金融投资的参与决策。户主年龄与受教育程度均是影响家庭数字接入及应用水平的重要因素。第四，亲富人健康不均等意味着社会经济地位越高的人健康状况越佳。健康作为高社会经济地位的显性结果，亲富人健康不均等程度加剧促使家庭在利己和利他性动机下增加对子代的教育人力资本投资，预期未来子代收入和社会经济地位提高，从而增加当前风险金融投资。

其次，对应整体研究框架，利用中国家庭追踪调查数据，本书基于理论分析对研究假设一一进行实证检验。实证结论如下所示。

（1）针对户籍身份差异对家庭风险金融投资参与的影响的实证分析，本书发现，户籍制度对居民家庭金融投资行为具有显著的影响。非农业户口身份显著提高了家庭参与风险金融投资的概率和对风险金融资产的配置比例。就风险金融投资参与广度而言，非农业户口户主家庭参与股票投资的概率比农业户口户主家庭高2.19个百分点，参与广义风险金融投资的概率比农业户口户主家庭高3.06个百分点。就风险金融投资参与深度而言，非农业户口户主家庭对股票资产的配置比例比农业户口户主家庭高3.21个百分点，对广义风险金融资产的配置比例比农业户口户主家庭高3.82个百分点。户籍制度下的二元社会保障体系以及劳动力市场歧视降低了农业户口居民对城镇医疗保险体系的可及性和进入正规行业的可能性，从而增加其医疗支出成本以及金融参与的信息成本，这在一定程度上解释了户籍制度对家庭风险金融资产投资的影响。进一步地分析发现，基于户籍属性的婚姻匹配模式对家庭金融投资行为也具有显著影响。就婚姻本身而言，夫妻双方都为非农业户口的婚姻结合更有可能促进家庭投资风险金融资产和增加风险金融资产的投资占比，夫妻一方为非农业户口另一方为农业户口的婚姻结合以及夫妻双方都为农业户口的婚姻结合并不能提高家庭参与风险金融市场的意愿。在已婚群体中，夫妻双方都为非农业户口的居民家庭投资风险金融资产的概率和投资比例均高于夫妻中至少一方为农业户口的居民家庭。

（2）针对性别差异对家庭风险金融投资参与的影响的实证分析，本书发现，总体而言，我国存在女性弱势的性别差异。地区性别差异显著降低了当地家庭投资风险金融资产的概率。就股市参与而言，以高中入学率差异衡量的性别差异程度每提高1个单位，家庭参与股票投资的概率会下降1.6个百分点，以劳动参与率差异衡量的性别差异程度每提高1个单位，家庭参与股票投资的概率会下降1.8个百分点；就广义风险金融投资参与而言，以高中入学率差异衡量的性别差异程度每提高一个单位，家庭投资广义风险金融资产的概率将下降1.6个百分点，以劳动参与率差异衡量的性别差异程度每提高一个单位，家庭投资广义风险金融资产的概率将下降2.5个百分点。虽然男性在性别差异中处于优势地位，但就家庭风险金融投资来看，男性并不能从性别差异中获益。相对于南方家庭，北方家庭的风险金融投资决策受性别差异的影响更大。与中西部地区相比，东部地区市场经济特别是制造业服务业发展更早也更完善，对女性劳动力需求增加在一定程度上提高了女性的社会地位，因此东部地区家庭对风险金融市场的参与受性别差异的影响更小。性别差异对家庭人情礼支出和交通通信支出都具有负向影响，说明性别差异加剧会降低家庭的社会互动，从而阻碍家庭投资风险金融资产。关于性别结构和家庭风险金融投资参与的进一步讨论研究发现：地区男女性别比提高抑制了家庭的风险金融市场参与概率和参与程度，以参与概率的Probit模型回归结果为例，其他条件不变下，地区男女性别比每提高1个单位，家庭参与风险金融市场的概率将下降8.8个百分点；房产偏好机制下，地区性别结构失衡通过提升家庭房产偏好水平，降低家庭的风险金融市场参与。Tobit 模型的回归结果中，控制其他因素，家庭所处地区男女性别比每提升 1 个单位，家庭住房资产占总资产比重的真实值将上升 0.072 个单位。在 Probit 模型的回归结果中，控制其他条件，家庭房产偏好水平每提高 1 个单位，家庭参与风险金融市场的概率将会下降 13.4 个百分点；针对中介效应的检验中，房产偏好水平在地区性别结构失衡对于家庭风险金融市场参与的影响中发挥了显著的中介作用。关于未婚男性子女数量对于家庭置业意愿影响的进一步探讨发现：家庭未婚男性子女数量对于家庭置业意愿具有显著的正向影响，并可能因此挤出家庭未来的风险金融市场参与。以 Probit 模型回归结果为例，家庭未婚男性子女数量每增加 1 名，家庭有置业意愿的概率上升 2.0 个百分点；在稳健性检验中，本书分别展开了子样本和解释变量替换的稳健性检验，上述结论保持一致。

（3）针对数字不对等对家庭风险金融投资参与的影响的实证分析，本书发现：家庭数字接入水平对于家庭风险金融投资参与具有显著的正向影响，户主能够使用互联网的家庭相较于其他家庭，其参与广义风险金融投资（股票投资）的概率要高 7.3（4.4）个百分点；从应用能力、应用目的和应用设备三个维度衡量的家庭数字应用水平对于家庭风险金融投资参与均具有显著的正向作用，使用网络交易的家庭、以互联网作为主要经济信息收集渠道的家庭和主要上网设备为电脑的家庭，其参与广义风险金融投资（股票投资）的概率相较于其他家庭分别高 7.7（4.7）、14.9（10.9）和 4.9（4.6）个百分点；在稳健性检验中，本书利用 IV-Probit 模型、IV-Tobit 模型和处理效应模型展开内生性处理，并进行了子样本稳健性检验，上述研究结论依然保持稳健。关于数字不对等的进一步讨论中发现：户主年龄老化显著降低了家庭的数字接入水平，并因此抑制家庭风险金融市场的参与概率及参与程度。以 Probit 模型的回归结果为例，控制其他因素，户主年龄每提高 1 个单位（10 岁），其使用互联网的概率将下降 23.4 个百分点；户主年龄增长对于数字应用水平中应用能力和应用目的总体的负向影响力度高于对于应用设备的正向影响力度，且应用能力和应用目的对于家庭风险金融市场参与概率及程度的总体正向影响力度高于应用设备维度的正向影响力度。因此，户主文化程度提升对于其使用互联网的概率具有正向影响，并因此促进家庭风险金融市场参与。关于户主文化程度、数字接入及应用水平与家庭风险金融市场参与的相关研究发现，数字接入水平和数字应用水平在户主文化程度对于家庭风险金融市场参与概率和参与程度的影响中均发挥着渠道作用。数字接入水平渠道下，户主文化程度提升对于其使用互联网的概率具有正向影响，并因此促进家庭风险金融市场参与。数字应用水平渠道下，户主文化程度通过提升以应用能力、应用目的和应用设备三个维度衡量的家庭数字应用水平，对家庭风险金融市场参与概率和参与程度产生正向影响。以 Probit 模型回归结果为例，控制其他因素条件下，户主受教育年限每提高 1 年，其能够使用互联网的概率上升 5.9 个百分点，能够使用互联网交易功能的概率上升 2.8 个百分点，以互联网作为主要经济信息关注渠道的概率上升 3.2 个百分点，以电脑作为主要上网设备的概率上升 1.3 个百分点。关于中介效应的进一步检验发现，数字接入水平和数字应用水平均在户主文化程度对于家庭风险金融市场参与的正向影响中发挥了显著的中介作用。关于地区受教育水平、数字接入水平与家庭风险金融资产投资的进一步探讨发现：地区受教育水平对于家庭风险金融市场参与具有显著的正向影响。在 Probit 模型的回归结果中，数字接入水平是地区受教育水平影响家庭金融市场参与的传导渠道。在控制了其他条件后，地区人均受教育年限每提高 1 年，户主能够使用互联网的概率相应上升 1.6 个百分点；针对中介效应的进一步检验得出，数字接入水平在地区受教育水平对于家庭风险金融市场参与的影响中发挥了中介作用；在稳健性检验中，本书通过工具变量内生性处理、Bootstrap、逐步回归中介效应检验等方式对上述结论的稳健性展开考察，依然得到了相同的结论。异质性探讨中发现，户主年龄对于其使用互联网概率的负向影响在低收入水平的家庭中力度更大。户主年龄在 60 岁以下的家庭中，户主文化程度对于家庭数字接入及应用水平的影响力度，相较于户主年龄在 60 岁及以上的家庭均更加显著。

（4）针对健康不均等对家庭风险金融投资参与的影响的实证分析，本书发现，总体而言，我国存在亲富人的健康不均等，即收入越高的群体健康状况也越好。地区亲富人健康不均等程度的下降显著降低了当地家庭投资风险金融资产的意愿。健康集中指数每增加一个单位（亲富人的健康不均等程度每降低一个单位），家庭投资广义风险金融资产的可能性会下降 5.61 个百分点。在亲富人健康不均等的环境压力下，居民家庭基于利己或利他动机，为了改善自身的健康状况或帮助子代在未来获得更好的健康状态，将增加当前对子代的教育人力资本投资，从而预期未来收入增加，促进当前风险金融资产投资。基于对子代的教育人力资本投资这一机制分析，本书推测收入水平和受教育水平更低的家庭更渴望实现阶层跨越，同时在旧观念影响下，家庭可能将改善家庭社会地位的愿望更多寄托于儿子身上。通过分样本的实证检验，本书发现地区亲富人健康不均等对家庭风险金融投资参与的影响在有儿子的家庭、低收入家庭和低学历水平家庭更加强烈。基于地区经济发展水平差异，本书在对地区异质性影响的检验中还发现，亲富人的健康不均等对位于中西部地区的家庭影响更大。

9.2　优化路径与政策建议

家庭金融问题一直是社会各界关注的热点话题，家庭金融行为一方面对于家庭自身收入水平提高和财富积累起到了关键作用；另一方面也对我国宏观经济和社会发展具有重要影响。然而，与经典的投资组合理论相违背的是，我国家庭目前存在着广泛的风险金融市场有限参与现象，住房资产占据大量家庭财富，多数家庭仅持有银行存款等无风险金融资产，家庭资产结构较为单一。简单的家庭资产配置结构既不利于我国家庭财富保值增值，也不利于家庭投资风险的分散。因此，如何合理引导家庭参与风险金融市场，成为进一步优化我国家庭资产配置结构的重点问题，结合本书主要研究结论，本书将先后从优化路径和政策建议两个方向提出本书观点。

9.2.1　优化路径

9.2.1.1　推进金融知识普及，塑造金融投资文化

随着金融市场的发展，金融产品和金融服务种类不断增加，对投资者的金融素养水平要求提高。作为金融市场的参与者，首先需要客观评估和认识自身的金融素养水平，避免盲目自信从而出现投资失误，导致家庭陷入财务困境。就金融市场参与而言，金融素养水平高的居民家庭能够更好地收集和处理经济信息并选择合适的金融产品进行投资，而金融素养水平低的居民家庭由于缺乏对金融产品、金融市场和金融体系的了解，以及对相关信息的分析能力，更可能做出错误的投资决策，从而造成较大的财务损失（Lusardi and Mitchell，2011）。因此，居民家庭应主动通过金融书籍、报刊、互联网等介质学习金融知识，降低投资失败的概率，提升家庭福祉。与此同时，居民家庭还应根据掌握的金融知识理性看待和运用金融工具，将金融知识付诸实践，提升金融决策能力，从而增加家庭财产性收入。

从金融机构和政府层面来看，除了通过传统的电视、报纸、网络等媒介间接向居民宣传、讲解理财相关问题，还可以允许财经类培训机构、大学财经学院或金融机构宣传进中学，直接向中学生介绍相关金融知识，激发学生对投资的兴趣；鼓励大学将金融方面的课程作为通识教育，向非金融学院学生提供限定课程，从而在大学生群体中普及金融知识；还可以借鉴国外做法，修建金融主题公园或展馆，丰富居民的文化生活，营造一个良好的金融投资文化氛围。

9.2.1.2　强化居民理财意识，转变投资观念

经济增长带动家庭收入提高，中国早在 2010 年便已步入"上中等收入"国家行列（郑秉文，2011）。根据中国家庭追踪调查数据，中国家庭财富在近些年快速增长，户均净资产规模从 2009 年的 29 万元增加到 2015 年的 58 万元，其中城镇家庭户均净资产规模从 45 万元增加到 86 万元，农村家庭户均净资产规模从 14 万元增加到 29 万元。"取财"是财富获得的基础，"理财"是实现财富

保值和增值的必要路径，"取财"与"理财"二者缺一不可。然而，目前我国居民家庭理财意识不足，表现为重视固定资产而轻视金融资产，重视安全资产而轻视风险资产。中国家庭金融调查数据显示，2017 年我国家庭平均房产占比高达 73.6%，拥有两套住房及以上的家庭占比达 18.8%，而金融资产占比仅为 11.3%，远低于美国的 42.6%。金融资产的配置结构也以银行储蓄为主，2017 年居民家庭平均活期存款和定期存款额占金融资产的 42.9%，股票和基金总额占比仅为 11.3%。居民家庭应利用金融知识或寻求金融机构、理财顾问的帮助，积极参与金融投资，通过直接持有股票或购买基金等间接方式投资风险资产，充分利用经济金融发展带来的红利，平衡家庭风险与收益。

9.2.1.3　提高居民家庭对社会不平衡和金融市场的认知

居民家庭应加强对社会不平衡和风险金融市场的认识，通过家庭微观层面的改变和合理配置家庭资产增加财产性收入并为促进社会平等和谐发展出一份力。一方面，居民家庭可能缺乏对社会的一个宏观了解，从而在单个时间点上对社会不平衡并不了解，甚至自身的某些行为还与促进社会平等背道而驰。例如，虽然我国现已进一步推进户籍改革，实行居民暂住证制度，从而有益于流动人口或进城务工人员享受当地社会福利和公共服务，但人们往往只关注当前收入获得，而对政府政策并不了解。因此，居民家庭应积极主动地去了解并学习相关政策，保障自身利益。又比如，性别差异不仅表现在宏观层面的受教育、参加劳动、参与政治中，在微观家庭中也十分突出。一些家庭夫妻之间存在旧观念，这不仅不利于家庭和谐，微观积累更会加剧整个社会的性别差异程度。因此，居民家庭应主动改变传统的男性优势观念，夫妻之间相敬如宾，在对待子女上一视同仁。另一方面，我国居民家庭对风险金融市场的认知不够，往往夸大风险或收益，家庭资产的风险构成存在极端化现象（路晓蒙等，2017），这有可能导致不持有金融资产或金融资产投资较少的家庭福利损失（Cocco et al.，2005），过度持有风险金融资产的家庭会面临较高的风险。根据本书的研究结果，家庭在面临不同维度的社会不平衡时会做出不同的投资行为反应。家庭应树立正确的理财观念，提高金融素养，认识到财产性收入对改善家庭财务状况的作用，不过分受外界环境的影响，根据家庭具体情况合理配置家庭资产，实现家庭效用最大化。

9.2.1.4　加快金融创新，满足不同层次的金融需求

随着经济发展和金融体系建设完善，我国金融市场快速发展，然而与发达国家相比，我国金融发展还存在很大差距，特别是金融产品种类较少，从而限制了居民

家庭的金融投资选择。因此，需要加快金融创新，为投资者提供针对性金融产品。

金融机构在进行产品设计前，应对目标客户进行全面调查，并依据客户特征特别是风险评估结果对客户进行细分，提供个性化的金融产品以供选择。与欧美发达国家相比，中国家庭金融资产结构的风险分布两极分化（路晓蒙等，2017），资产组合风险值很高和很低的家庭占比较大，这一分布特征导致我国大部分家庭难以分享金融发展的红利，或者面临较高的金融系统风险，不利于家庭财富的保值增值。因此，金融机构应考虑增加低风险和中等风险金融产品供给。金融创新不仅包括产品创新，还包括业务流程创新，对于金融素养较低的投资者，可以考虑提供产品概念、风险和收益清晰易懂且购入与卖出流程简便的金融产品。

市场准入门槛是阻碍居民家庭参与风险金融投资的重要因素之一，许多中低收入或资产家庭往往因为收入或家庭财富水平较低而无法参与到金融市场。比如，一些银行理财产品有 5 万元的进入门槛，基金投资需要一定比例的手续费等，因此需要开发适合中低收入与资产家庭的产品工具，鼓励此类家庭参与金融投资，增加财产性收入。考虑到我国金融市场发展的不平衡性，小城市或偏远地区往往存在金融排斥现象，需要拓展和优化金融结构布局，鼓励银行、非银行金融机构在这类地区增设网点，依托银行卡、信用卡、移动支付等支付方式大力发展互联网金融，提高居民家庭对于金融产品和服务的可及性，从而促进金融投资。

9.2.1.5 建设理财顾问队伍，适当加强金融产品营销

家庭收入增加促使家庭投资理财需求增加，但是由于金融知识的缺乏，大部分家庭对金融产品、投资流程并不了解，因此迫切需要投资理财顾问的帮助。然而，事实上我国目前拥有投资顾问的家庭占比非常低，平均而言仅仅 1.3%的家庭有理财顾问（路晓蒙和甘犁，2019）。因此，金融机构需要大力建设理财顾问队伍，根据客户需求，为客户提供私人理财服务，不仅提供产品推荐，还要根据客户特征提供个性化的资产配置方案和操作流程指导，并对客户进行后续的跟踪理财建议服务。此外，还需适当加强金融产品营销，采取营销进村、营销进社区的方式向居民宣传金融产品，并在这一过程中对潜在客户适时进行调查，利用口头询问或调查问卷的方式了解居民特征，从而有针对性地进行产品推荐和投资组合分析，吸引投资者参与。

9.2.1.6 提高社会信任水平

无论是以持有股票的直接投资方式，还是以持有理财产品、基金等间接投资

方式参与风险金融投资；无论是线下通过银行、证券等金融机构，还是通过互联网介质购买金融产品，都意味着投资者将部分家庭资产交付于他人，承担着投资失败的风险，这需要极大的信任。因此，提高社会信任水平是促进居民家庭参与金融投资和促进金融市场健康发展的重要条件。首先，就居民家庭而言，要提高自身文化水平特别是金融素养，加强对金融产品、金融机构及公司的认知，以免因不了解而不信任金融市场。其次，就金融机构而言，应对金融产品设计严格把关，并按照相关法律法规要求，严格规范从业人员行为，同时定期向投资者解读市场形势，避免因产品原因或工作人员的失误导致投资者损失，丧失投资者对金融机构的信任。最后，就决策层而言，完善产权保护制度，建设良好的契约实施环境，切实保障投资者的权益，促进企业与企业之间、企业与金融机构之间、企业与投资者之间、金融机构与投资者之间积极缔造契约，并依据法律法规合理执行契约，保障各参与方的利益，避免投资损失。督促企业完善自身信誉建设，督促上市公司实事求是地、及时地披露企业信息，包括企业年报、中报、重要事件等，保证企业信息真实透明，为居民家庭的投资选择提供有益参考。依据国务院《关于建立完善守信联合激励和失信联合惩戒制度加快推进社会诚信建设的指导意见》要求，政府应积极利用互联网大数据对居民个体和企业个体的信用行为、消费和投资数据进行监测，从而评估市场参与者的信用状况，并据此构建社会信用体系，鼓励守信行为并严惩失信行为，加大宣传诚信价值观，营造良好的社会信任氛围。此外，作为程序公平和结果公平的保障者，政府还应加强自身诚信建设，提升政府公信力。

9.2.2　政策建议

缓解社会不平衡是缓和社会各阶层矛盾、推动社会和谐发展的必要条件，同时促进家庭投资风险金融资产、鼓励家庭资产组合多元化发展是实现居民家庭财产性收入增加的有效途径。因此，决策层应积极采取措施缓解社会不平衡，实现促进社会平等和提高家庭风险金融投资参与的双赢。

9.2.2.1　深化户籍制度改革，推进城乡统筹发展

目前，虽然我国已正式取消城乡户籍属性的法律区分，推进实施居民暂住证制度，为非本地户口但持有本地暂住证的居民提供基本公共服务和社会福利，但鉴于制度实施和推进的滞后性，社会资源的分配还未完全与户籍属性剥离，同时，暂住证获取门槛也导致部分流动人口仍无法享有当地公共服务和社会福利。以医疗保险制度为例，户籍制度下的二元医疗保险制度导致相对于非农业户口身份居民而言，进城务工的农业户口身份居民医疗支出成本和不确定性风

险更大，从而阻碍其投资风险金融资产，进一步引起"马太效应"，导致贫富分化加剧。因此，为了降低甚至消除户籍身份差异因素对居民家庭金融投资决策的影响，各级各部门要在严格落实既有户籍制度改革措施的基础上，切实保障非户籍人口的权益，继续推进户籍制度的深化改革。首先，在推进城镇居民医疗保险与新型农村合作医疗保险整合为城乡居民基本医疗保险的基础上，进一步缩小直至统一城镇职工医疗保险与城乡居民基本医疗保险。目前城职保和城乡居民医疗保险在筹资额特别是保障力度上仍存在较大差异，因此需要提高城乡居民医疗保险的报销比例。此外，因为城乡居民医疗保险的居民缴费比例和报销比例固定，所以对于不同收入居民而言即使参与同一性质的医疗保险，保险缴费负担和收益仍然存在不公平现象，从而可能降低部分居民特别是农业户口居民参与保险的概率，增大未来医疗支出不确定性，阻碍其投资风险金融市场。因此，城乡居民基本医疗保险制度应采取城职保的筹资机制，根据居民的收入水平收取相应保费。其次，在属地化管理模式下，流动人口只能回原籍看病报销，增大了其医疗成本、时间成本和机会成本。因此，应提高社会医疗保险的统筹层次，在目前地市统筹的基础上，全面推进省级层面甚至更大区域层面的统筹，合理配置医疗卫生资源。积极利用互联网发展"互联网＋医疗保险"，解决跨区域保险报销难题，为基本医疗保险在更高层次的统筹奠定基础。

在劳动力市场上，农业户口求职者仍然遭遇待遇差别。由于受教育水平低，在城市的农业户口居民往往只能从事非正规行业工作，这些行业雇主为减少支出成本、提高收益，不与雇员签订合同，延长工作时间，增大劳动强度，不予雇员国家法定假期，从而榨取劳动者的劳动剩余。因此，政府应加大对农村地区的教育倾斜力度，增加农村教育财政支出，缓解农村教育经费紧缺问题。注重提高农村教育质量，如改善农村学校工作环境，提高乡村教师薪资收入，吸引优秀教师流入。与此同时，农村父母外出务工往往造成大量留守儿童由于缺乏父母陪伴和管束而辍学，进而在未来劳动力市场遭遇待遇差别形成恶性循环。因此，为缩小并最终消除两类户籍身份居民在人力资本积累上的差距，从而提高农业户口身份居民在劳动力市场上的竞争力，一方面，农村当地相关部门应采取积极的招商引资政策，创造更多就业岗位，鼓励需要外出务工谋生的农村居民在当地就业；另一方面，城市政府部门应制定相关政策，鼓励城镇学校接纳流动人口子女入学，获得同等的受教育机会。此外，根据《中华人民共和国劳动法》规定，用人单位在元旦、春节、国际劳动节、国庆节以及法律、法规规定的其他休假节日期间应当依法安排劳动者休假。要对用人单位进行严格监管，加大对不签订劳动合同的单位的惩罚力度，杜绝用人单位不与劳动者签订劳动合同的情况发生。同时应为流动人口特别是农村进城务工人员提供涵盖范围更广的法律援助，包括无偿为其解释劳动合同条款，督促用人单位修改不合理的劳动合同条款等。

9.2.2.2 多方面促进性别平等

随着市场经济的发展，以及妇女解放运动和保障妇女权益的法律法规的颁布与实施，女性的社会地位提升，但传统的"重男轻女"旧观念仍对女性教育、就业等有一定影响。性别不平等作为一种文化压力，减少居民家庭的社会资本积累和降低社会互动活力，从而阻碍其参与风险金融投资，不利于家庭财产性收入增加。因此，为了降低性别差异对家庭金融投资行为的影响，决策部门应采取措施，多方面促进两性平等。

第一，从文化观念上改变旧思想观念，建设两性平等的性别文化。学校是实施性别平等教育的重要场所，应将性别平等目标纳入各层次教育的指导大纲，在学生独立人格的形成和对性别认知的完善过程中，通过专门的性别平等教育课程设置、男性和女性的专业选择等对学生的性别刻板印象进行干预，引导其树立性别平等观念。与此同时，学校教育还应与家庭教育相结合，培养父母一视同仁对待不同性别子女，共同教育下一代。利用现代大众媒体工具大力宣传两性平等理念，提高公众对男女平等的认知。一方面要宣传促进两性平等的法治建设，对女性模范如高学历女性、女性企业家、女性尽孝事件进行报道，倡导向模范女性学习，改善公众对女性固有的负面看法；另一方面抵制侮辱和矮化女性形象的消息传播，如某些物化女性甚至以女性为主角的低俗广告应被全面禁止。

第二，大力发展经济，提高居民家庭收入，增加教育投资，改善办学条件并提升教育质量，提高女性受教育机会。要保障弱势女性群体的受教育权利，持续推进如"希望工程""春蕾计划"等类似的促进教育特别是促进女性接受教育的项目实施，增加女性人力资本积累。

第三，政府部门应制定和完善相关政策措施，保障女性在劳动力市场享有平等劳动的权利。在加大对女性学校教育投入的同时，增加对已完成学校教育女性的职业技能培训，增强女性在劳动力市场的竞争能力。建立和完善对用人单位的监督管理机制，对企业的性别歧视行为给予行政处罚，同时鼓励企业在自身发展的前提下，提拔女性进入企业决策层，各级政府可设立一定的奖励给予女性员工或女性高管达到一定比例的企业，为当地企业及全社会树立榜样。更重要的是，政府机构还应采取措施促进社会支持系统的完善。女性在劳动力市场遭遇待遇差别的重要原因是女性承担过高的生育成本，怀孕期和育儿期可能导致女性无法工作，从而增加企业雇佣女性的成本。因此，相关部门不仅应完善保障女性生育期相关权益的法律法规，还可以对其所在企业提供一定补贴，如根据当年企业员工中孕期和生产期女性人数给予一定的税收优惠。此外，建立健全社会育儿和养老机制，将女性生育成本和家庭养老成本社会化，让女性从家庭照料事务中解放出来。

第四，强化性别平等的观点，并重点关注性别不平等的区域的教育与社会互动。例如，农村地区、偏远地区等。一般而言，农村和偏远地区由于远离城市发达的市场经济，"重男轻女"旧观念仍然主导着人们的思想。因此，在制定缓解性别不平等的措施中应特别关注这些重点区域。

第五，完善生育放开及其相关配套政策措施，打击生育性别选择行为。本书在实证研究中发现，家庭子女数量降低和地区性别结构失衡对于我国家庭风险金融市场参与概率和参与程度均具有显著的负向影响。生育放开相关政策的进一步完善，一方面对于延缓我国老龄化进程能够提供一定程度的帮助；另一方面也会降低家庭进行性别选择的动力，改善我国年轻群体性别结构失衡现状。完善生育放开的配套政策也十分重要，通过女性的劳动力市场保护、产假保障、子女抚养补贴、教育机构数量和质量发展等一系列政策配套措施，降低家庭生育成本，提高居民生育意愿。与此同时，也要针对依然存在的性别选择行为进行严厉打击，避免新生儿的性别结构严重失衡。

第六，引导居民正确的婚姻价值观。本书在实证研究中发现，由于婚姻市场竞争压力，未婚男性子女数量对于家庭置业意愿具有促进作用，而地区性别结构失衡进一步加剧了婚姻市场竞争，使得家庭过于追求"地位性商品"，并因此较少参与风险金融市场。因此，应通过大学校园教育和社区宣传，全面向年轻人群和拥有未婚子女的父母传输正确的婚姻观念，抑制天价彩礼现象，减少婚姻竞争中产生的恶性攀比现象。同时严格管理住房市场，进一步完善我国住房价格管理，打击过度的住房投机行为，严格落实"房住不炒"的相关政策措施，以促进我国家庭资产结构特别是低收入家庭的资产结构合理化。

9.2.2.3　互联网公共服务的发展需要兼顾弱势群体

本书在实证研究中发现，老龄人群和低教育水平群体存在着互联网接入概率低、互联网技术应用能力差和不利用或少利用互联网进行经济活动等特点，并因此较少参与风险金融市场。因此，为从数字接入及应用水平方向提高我国居民家庭金融市场参与，可以从以下几个方面进行政策尝试。首先，进一步推进我国互联网向老龄群体和低教育水平群体的普及进程，完善偏远地区互联网设施建设，降低互联网使用的经济门槛。其次，在社区开展互联网使用的公益课程，针对互联网基础使用和常用金融软件展开公益科普，提高居民整体互联网应用水平。再次，鼓励互联网企业特别是互联网金融相关企业的产品设计向多元化、人性化和适老化方向发展，降低互联网金融相关信息技术在老龄人群中的应用难度。最后，充分利用平台优势，在居民常用娱乐和社交应用程序中推送普及金融知识和投资理念，提高低教育水平和老龄人群接触正规金融信息的概率。

另外，应注重教育发展和教育公平，关注低文化程度群体。本书在实证研究中发现，户主文化程度的提升促进了所在家庭对于风险金融投资的参与。进一步发展我国教育产业，促进相对落后地区的教育公平，既符合社会经济发展和人民意愿的现实需要，又对于提高我国家庭总体风险金融投资参与，改善家庭资产配置格局具有重要意义。所以，应通过健全完善我国高等教育体系，促进初等教育与中等教育资源相对公平分配，完善学区划片政策，学生课业压力减负政策与教学质量优化统筹兼顾和提供低收入群体子女教育补助等一系列政策措施，进一步优化我国人口教育结构。

9.2.2.4　促进全民健康，缩小各群体间健康水平差异

决策层应进一步关注健康不均等程度加剧可能带来的各种潜在影响，缩小各群体间健康水平差异，制定相应的政策措施适当引导居民家庭的金融投资行为。本书的研究结果表明，在我国存在亲富人的健康不均等的背景下，亲富人健康不均等程度加剧反而会促使家庭为获得未来收入提高当前教育人力资本投资，从而在未来收入增加的预期下提高对风险金融资产的投资。在这样一种情况下，投资可能在很大程度上没有考虑到当前家庭经济状况，往往比较盲目。

一方面，针对亲富人健康不均等，决策层应在"共建共享、全民健康"的战略主题下提高国民收入水平，缩小群体间收入差距。鼓励创新创造就业岗位，加强职业技能培训，促进居民就业，建立合理的工资增长机制，完善国民收入分配制度，加大财政支出向低收入群体倾斜，进一步改革税收制度，发挥累进税收控制过高收入的作用。扩大基本医疗保险的覆盖面，包括对人群的覆盖和对更多疾病种类的覆盖，保障低收入群体对医疗卫生资源和服务的可及性。在此基础上，政府应完善商业保险的顶层设计，鼓励发展与社会基本医疗保险相互补充的商业医疗保险，满足居民在实现基本医疗需求的前提下获得更高层次的医疗服务保障。鼓励增设更具针对性的商业保险险种，如为特定年龄、特定性别、特定学历层次、特定收入水平居民等设计的保险产品。与此同时，政府相关机构应采取措施促进医疗资源在各区域均衡分配，打破医疗资源集中分布在大城市、发达地区，而三、四线城市以及农村地区医疗资源紧缺的僵局，扩大医疗资源紧缺区域的医院规模，增加住院床位，完善医疗科室和硬件设施，改善医生工作环境，吸引优秀人才，从而提高这些地区的医疗服务水平，提高当地居民对高层次医疗服务的可及性，改善其健康状况，降低区域健康不均等程度。

另一方面，虽然亲富人健康不均等促进家庭投资风险金融资产，有利于增加家庭的财产性收入，但并不意味着要通过提高亲富人健康不均等程度来达到促进金融投资的目的。决策层应将居民家庭因改善健康状况的愿望而调整家庭资产组

合的行为模式纳入决策考虑，对其进行有效引导，避免家庭在健康状况不佳的情况下过多投资风险资产从而增加家庭的财务风险，一旦投资失败可能导致陷入财务困境，从而出现"健康困境—财务困境"的恶性循环。本书的研究结果表明低收入水平、低学历水平、处于中西部地区的家庭，其金融投资行为受亲富人的健康不均等的影响更大，相关部门可以考虑对健康状况不佳且经济困难的家庭进行重点关注，在教育上精准扶助，保障这些家庭的受教育机会，从而促进居民健康改善和家庭财富积累的双赢发展。

9.3　研究局限和展望

尽管本书构建和分析了社会不平衡影响家庭风险金融资产投资的理论分析框架，分别探讨了户籍身份差异、性别差异、数字不对等、健康不均等影响家庭风险金融资产投资行为的传导机制。但本书还存在诸多研究不足与值得进一步探索的问题，主要包括如下方面。

第一，社会不平衡是一个多维度概念，内涵广泛，包括但不仅限于本书所提到的户籍身份差异、性别差异、数字不对等、健康不均等，还有如教育不平等、消费不平等、财富不平等、住房不平等维度。对此，未来研究可考察家庭在不同维度下的社会不平衡对家庭投资决策的影响，或通过构建一个复杂的、包含各层面的社会不平衡指数来考察社会多维不平衡对家庭资产配置的影响。

第二，在实证研究数据的使用上，本书存在进一步改进的空间。一方面，由于本书所需的研究数据可得性的原因，在实证研究中，本书仅使用了混合截面数据展开分析。因此，随着社会对家庭金融的关注程度提高，当能够获得更加完善微观的家庭追踪样本数据时，可以利用面板数据针对研究问题展开进一步探讨，并提高结论可靠程度。另一方面，由于缺乏合适的样本数据作为研究变量，本书仅尝试从应用能力、应用目的和应用设备三个维度衡量家庭数字应用水平。当未来获得更详细数据时，可以进一步构建家庭数字应用水平指标，并展开进一步分析。

第三，大多数研究往往把社会不平衡作为一种结果进行研究，缺乏对社会不平衡的宏微观影响的考察。部分家庭在面临社会不平衡时，可能并不会改变家庭资产配置，未来研究可以尝试从其他视角深入探究社会不平衡对微观家庭的经济行为的影响，以及对宏观经济发展的影响。

第四，由于缺乏现实市场中异质性家庭投资风险金融资产的收益均值与风险的估计数据，本书关于家庭金融行为的研究主要集中于风险金融投资参与阶段，并未针对异质性家庭如何确定最优家庭资产配置结构展开探讨，未来在获得合适数据时，可以针对这些问题展开进一步探讨与分析，对家庭金融投资参与的相关研究形成有益补充。

参 考 文 献

边燕杰，张文宏，程诚. 2012. 求职过程的社会网络模型：检验关系效应假设[J]. 社会，32（3）：24-37.

蔡昉，都阳，王美艳. 2020. 劳动力流动的政治经济学[M]. 上海：上海人民出版社.

陈斌开，曹文举. 2013. 从机会均等到结果平等：中国收入分配现状与出路[J]. 经济社会体制比较，（6）：44-59.

陈东，张郁杨. 2015. 与收入相关的健康不平等的动态变化与分解：以我国中老年群体为例[J]. 金融研究，（12）：1-16.

陈刚. 2019. 独生子女的资产配置：基于信任和风险态度的预期及检验[J]. 财经研究，（3）：34-46.

陈晓华，刘慧. 2015. 出口技术复杂度演进加剧了就业性别歧视？——基于跨国动态面板数据的系统 GMM 估计[J]. 科学学研究，33（4）：549-560.

陈永伟，陈立中. 2016. 早年经历怎样影响投资行为：以"大饥荒"为例[J]. 经济学报，（4）：155-185.

陈永伟，史宇鹏，权五燮. 2015. 住房财富、金融市场参与和家庭资产组合选择：来自中国城市的证据[J]. 金融研究，（4）：1-18.

陈钊，陆铭，佐藤宏. 2009. 谁进入了高收入行业：关系、户籍与生产率的作用[J]. 经济研究，（10）：121-132.

程诚，边燕杰. 2014. 社会资本与不平等的再生产以农民工与城市职工的收入差距为例[J]. 社会，（4）：67-90.

邓曲恒. 2007. 城镇居民与流动人口的收入差异：基于 Oaxaca-Blinder 和 Quantile 方法的分解[J]. 中国人口科学，（2）：8-16，95.

丁从明，董诗涵，杨悦瑶. 2020. 南稻北麦、家庭分工与女性社会地位[J]. 世界经济，（7）：3-25.

丁从明，周颖，梁甄桥. 2018. 南稻北麦、协作与信任的经验研究[J]. 经济学（季刊），（2）：579-608.

杜春越，韩立岩. 2013. 家庭资产配置的国际比较研究[J]. 国际金融研究，（6）：44-55.

段军山，崔蒙雪. 2016. 信贷约束、风险态度与家庭资产选择[J]. 统计研究，（6）：62-71.

恩格斯. 2005. 社会主义从空想到科学的发展[M]//马克思恩格斯全集：第 19 卷. 北京：北京人民出版社：201-247.

冯旭南，李心愉. 2013. 参与成本、基金业绩与投资者选择[J]. 管理世界，（4）：48-58.

甘犁，尹志超，贾男，等. 2013. 中国家庭资产状况及住房需求分析[J]. 金融研究，（4）：1-14.

高梦滔. 2002. 美国健康经济学研究的发展[J]. 经济学动态，（8）：61-64.

高楠，梁平汉，何青. 2019. 过度自信、风险偏好和资产配置：来自中国城镇家庭的经验证据[J]. 经济学（季刊），（3）：1081-1100.

葛玉好，邓佳盟，张帅. 2018. 大学生就业存在性别歧视吗？——基于虚拟配对简历的方法[J]. 经济学（季刊），17（4）：1289-1304.

呙玉红，彭浩然.2017. 中国城镇职工基本养老保险的性别不平等研究[J]. 保险研究，(6)：85-92.

郭冬梅，胡毅，林建浩.2014. 我国正规就业者的教育收益率[J]. 统计研究，31（8）：19-23.

郭凯明，颜色.2015. 劳动力市场性别不平等与反歧视政策研究[J]. 经济研究，(7)：42-56.

郭凯明，张全升，龚六堂.2011. 公共政策、经济增长与不平等演化[J]. 经济研究，(S2)：5-15.

郭士祺，梁平汉.2014. 社会互动、信息渠道与家庭股市参与：基于 2011 年中国家庭金融调查
的实证研究[J]. 经济研究，(S1)：116-131.

郭新强，汪伟，杨坤.2013. 刚性储蓄、货币政策与中国居民消费动态[J]. 金融研究，(2)：46-59.

韩茂莉.2012. 中国历史农业地理[M]. 北京：北京大学出版社.

何盛明.2013. 财经大辞典[M]. 2 版. 北京：中国财政经济出版社.

何兴强，史卫，周开国.2009. 背景风险与居民风险金融资产投资[J]. 经济研究，44（12）：119-130.

赫国胜，柳如眉.2015. 人口老龄化、数字鸿沟与金融互联网[J]. 南方金融，(11)：11-18，37.

胡琳琳.2005. 我国与收入相关的健康不平等实证研究[J]. 卫生经济研究，(12)：13-16.

胡振，臧日宏.2016. 收入风险、金融教育与家庭金融市场参与[J]. 统计研究，(12)：67-73.

黄少安，郭俊艳.2019. 性别不平等观念对幸福感的影响：基于世界价值观调查数据的实证分
析[J]. 社会科学战线，(11)：35-42.

黄潇.2012. 与收入相关的健康不平等扩大了吗[J]. 统计研究，29（6）：51-59.

纪祥裕，卢万青.2017. 户籍属性、住房拥有与家庭金融资产投资[J]. 金融发展研究，(9)：10-17.

江静琳，王正位，廖理.2018. 农村成长经历和股票市场参与[J]. 经济研究，(8)：84-99.

蓝嘉俊，杜鹏程，吴泓苇.2018. 家庭人口结构与风险资产选择：基于 2013 年 CHFS 的实证研
究[J]. 国际金融研究，(11)：87-96.

雷晓燕，周月刚.2010. 中国家庭的资产组合选择：健康状况与风险偏好[J]. 金融研究，(1)：31-45.

李超.2016. 老龄化、抚幼负担与微观人力资本投资：基于 CFPS 家庭数据的实证研究[J]. 经济
学动态，(12)：61-74.

李实，邢春冰.2016. 农民工与城镇流动人口经济状况分析[M]. 北京：中国工人出版社.

李升.2006. "数字鸿沟"：当代社会阶层分析的新视角[J]. 社会，(6)：81-94，210.

李涛.2006. 社会互动、信任与股市参与[J]. 经济研究，(1)：34-45.

李涛，张文韬.2015. 人格特征与股票投资[J]. 经济研究，(6)：103-116.

李伟男.2019. 户籍、借贷约束与家庭资产配置决策[D]. 湘潭：湘潭大学硕士学位论文.

李心丹，肖斌卿，俞红海，等.2011. 家庭金融研究综述[J]. 管理科学学报，14（4）：74-85.

厉旦，周忠良，赵丹彤.2022. 陕西省农村地区老年人健康不平等性分析[J]. 中国公共卫生，
38（2）：198-202.

联合国开发计划署.2019.2019 年人类发展报告[R]. 纽约：联合国开发计划署.

林博.2018. 宏观经济政策与家庭金融资产选择[D]. 北京：对外经济贸易大学博士学位论文.

林靖，周铭山，董志勇.2017. 社会保险与家庭金融风险资产投资[J]. 管理科学学报，(2)：94-107.

林南.2005. 社会资本：关于社会结构与行动的理论[M]. 张磊，译. 上海：上海人民出版社.

刘畅，刘冲，马光荣.2017. 中小金融机构与中小企业贷款[J]. 经济研究，52（8）：65-77.

刘铠豪，刘渝琳.2015. 破解中国高储蓄率之谜：来自人口年龄结构变化的解释[J]. 人口与经
济，(3)：43-56.

刘生龙.2008. 教育和经验对中国居民收入的影响：基于分位数回归和审查分位数回归的实证研
究[J]. 数量经济技术经济研究，(4)：75-85.

刘文，罗润东. 2010. 人力资本投资风险理论研究新进展[J]. 经济学动态，（1）：91-96.

刘阳阳，王瑞. 2017. 寒门难出贵子？——基于"家庭财富-教育投资-贫富差距"的实证研究[J].
　　南方经济，（2）：40-61.

刘永平，陆铭. 2008. 放松计划生育政策将如何影响经济增长：基于家庭养老视角的理论分析[J].
　　经济学（季刊），（4）：1271-1300.

卢梭 J J. 2015. 论人类不平等的起源和基础[M]. 邓冰艳，译. 杭州：浙江文艺出版社.

卢亚娟，张雯涵，孟丹丹. 2019. 社会养老保险对家庭金融资产配置的影响研究[J]. 保险研究，（12）：
　　108-119.

陆益龙. 2008. 户口还起作用吗：户籍制度与社会分层和流动[J]. 中国社会科学，（1）：149-162，
　　207-208.

路晓蒙，甘犁. 2019. 中国家庭财富管理现状及对银行理财业务发展的建议[J]. 中国银行业，（3）：
　　94-96.

路晓蒙，李阳，甘犁，等. 2017. 中国家庭金融投资组合的风险：过于保守还是过于冒进[J]. 管
　　理世界，（12）：92-108.

马光荣，杨恩艳. 2011. 社会网络、非正规金融与创业[J]. 经济研究，（3）：83-94.

马克思，恩格斯. 1961. 德意志意识形态[M]. 北京：人民出版社：145.

毛捷，赵金冉. 2017. 政府公共卫生投入的经济效应：基于农村居民消费的检验[J]. 中国社会科
　　学，（10）：70-89，205，206.

孟亦佳. 2014. 认知能力与家庭资产选择[J]. 经济研究，（S1）：132-142.

潘静，杨扬. 2020. 城市家庭住房不平等：户籍、禀赋还是城市特征？——基于广义有序模型与
　　Oaxaca-Blinder 分解[J]. 贵州财经大学学报，（6）：64-74.

彭晓博，王天宇. 2017. 社会医疗保险缓解了未成年人健康不平等吗[J]. 中国工业经济，（12）：
　　59-77.

齐良书，李子奈. 2011. 与收入相关的健康和医疗服务利用流动性[J]. 经济研究，（9）：83-95.

齐亚强，牛建林. 2012. 新中国成立以来我国婚姻匹配模式的变迁[J]. 社会学研究，（1）：
　　106-129，244.

齐雁，赵斌. 2020. 人力资本投资效应与性别不平等[J]. 经济问题探索，（6）：179-190.

邱泽奇，张樹沁，刘世定，等. 2016. 从数字鸿沟到红利差异：互联网资本的视角[J]. 中国社会
　　科学，（10）：93-115，203-204.

饶育蕾，张媛，刘晨. 2012. 区域文化差异对个人决策偏好影响的调查研究[J]. 统计与决策，（22）：
　　93-98.

申曙光. 2014. 全民基本医疗保险制度整合的理论思考与路径构想[J]. 学海，（1）：52-58.

石智雷，顾嘉欣，傅强. 2020. 社会变迁与健康不平等：对第五次疾病转型的年龄-时期-队列分
　　析[J]. 社会学研究，（6）：160-185，245.

宋扬. 2019. 户籍制度改革的成本收益研究：基于劳动力市场模型的模拟分析[J]. 经济学（季
　　刊），（3）：813-832.

孙婧芳. 2017. 城市劳动力市场中户籍歧视的变化：农民工的就业与工资[J]. 经济研究，（8）：
　　171-186.

孙猛，芦晓珊. 2019. 空气污染、社会经济地位与居民健康不平等：基于 CGSS 的微观证据[J]. 人
　　口学刊，（6）：103-112.

孙宁华，堵溢，洪永淼. 2009. 劳动力市场扭曲、效率差异与城乡收入差距[J]. 管理世界，（9）：44-52.

孙淑清. 1996. 当代中国妇女家庭财产继承权的微观研究[J]. 人口与经济，（6）：48-53.

谭宏泽，杜胜臣. 2020. 不平等、阶级与全球化：反思当代美国新马克思主义社会不平等研究[J]. 南开学报（哲学社会科学版），（5）：86-96.

谭琳，李军峰. 2002. 婚姻和就业对女性意味着什么？——基于社会性别和社会资本观点的分析[J]. 妇女研究论丛，（4）：5-11.

佟新. 2011. 社会性别研究导论[M]. 2版. 北京：北京大学出版社.

王聪，柴时军，田存志，等. 2015. 家庭社会网络与股市参与[J]. 世界经济，（5）：105-124.

王聪，姚磊，柴时军. 2017. 年龄结构对家庭资产配置的影响及其区域差异[J]. 国际金融研究，（2）：76-86.

王甫勤. 2011. 社会流动有助于降低健康不平等吗？[J] 社会学研究，（2）：78-102.

王洪亮，朱星姝，陈英哲. 2018. 与收入相关的健康不平等及其动态分解：基于中国老年群体的实证研究[J]. 南京审计大学学报，（6）：29-38.

王美艳，蔡昉. 2008. 户籍制度改革的历程与展望[J]. 广东社会科学，（6）：19-26.

王慕文，卢二坡. 2017. 户籍身份、社会资本与家庭金融投资：基于中介效应与交互效应的微观研究[J]. 南方金融，（8）：11-20.

王术坤，董永庆，许悦. 2020. 宗教信仰与农村居民社会网络：信教者的朋友更多吗？——基于CLDS数据的实证研究[J]. 世界经济文汇，（2）：36-55.

王稳，孙晓珂. 2020. 医疗保险、健康资本与家庭金融资产配置研究[J]. 保险研究，（1）：87-101.

王小章. 2009. 从"生存"到"承认"：公民权视野下的农民工问题[J]. 社会学研究，（1）：121-138.

王燕，高玉强. 2018. 家庭金融服务获得性、金融市场参与和风险资产投资：基于中国家庭金融调查数据的实证研究[J]. 南方金融，（12）：21-31.

韦艳，蔡文祯. 2014. 农村女性的社会流动：基于婚姻匹配的认识[J]. 人口研究，（4）：75-86.

韦艳，张力. 2011. 农村大龄未婚男性的婚姻困境：基于性别不平等视角的认识[J]. 人口研究，（5）：58-70.

魏下海，万江滔. 2020. 人口性别结构与家庭资产选择：性别失衡的视角[J]. 经济评论，（5）：152-164.

魏有兴，杨佳惠. 2020. 后扶贫时期教育扶贫的目标转向与实践进路[J]. 南京农业大学学报（社会科学版），20（6）：97-104，114.

温兴祥，郑凯. 2019. 户籍身份转换如何影响农村移民的主观福利：基于CLDS微观数据的实证研究[J]. 财经研究，（5）：58-71.

温忠麟，叶宝娟. 2014. 中介效应分析：方法和模型发展[J]. 心理科学进展，（5）：731-745.

吴彬彬，章莉，孟凡强. 2020. 就业机会户籍歧视对收入差距的影响[J]. 中国人口科学，（6）：100-111，128.

吴洪，徐斌，李洁. 2017. 社会养老保险与家庭金融资产投资：基于家庭微观调查数据的实证分析[J]. 财经科学，（4）：39-51.

吴贾，姚先国，张俊森. 2015. 城乡户籍歧视是否趋于止步：来自改革进程中的经验证据：1989—2011[J]. 经济研究，（11）：148-160.

吴卫星, 李雅君. 2016. 家庭结构和金融资产配置: 基于微观调查数据的实证分析[J]. 华中科技大学学报（社会科学版）,（2）：57-66.

吴卫星, 齐天翔. 2007. 流动性、生命周期与投资组合相异性: 中国投资者行为调查实证研究[J]. 经济研究,（2）：97-110.

吴卫星, 沈涛. 2015. 学历的年代效应与股票市场投资者参与[J]. 金融研究,（8）：175-190.

吴卫星, 谭浩. 2017. 夹心层家庭结构和家庭资产选择: 基于城镇家庭微观数据的实证研究[J]. 北京工商大学学报（社会科学版）, 32（3）：1-12.

吴卫星, 尹豪. 2019. 工作时长与风险金融市场参与[J]. 国际金融研究,（6）：77-86.

吴卫星, 荣苹果, 徐芊. 2011. 健康与家庭资产选择[J]. 经济研究,（S1）：43-54.

吴卫星, 汪勇祥, 梁衡义. 2006. 过度自信、有限参与和资产价格泡沫[J]. 经济研究,（4）：115-127.

吴卫星, 易尽然, 郑建明. 2010. 中国居民家庭投资结构: 基于生命周期、财富和住房的实证分析[J]. 经济研究,（S1）：72-82.

吴晓瑜, 李力行. 2011. 母以子贵: 性别偏好与妇女的家庭地位: 来自中国营养健康调查的证据[J]. 经济学（季刊）,（3）：869-886.

肖作平, 张欣哲. 2012. 制度和人力资本对家庭金融市场参与的影响研究: 来自中国民营企业家的调查数据[J]. 经济研究,（S1）：94-104.

萧浩辉, 陆魁宏, 唐凯麟. 1995. 决策科学辞典[M]. 北京: 人民出版社.

解垩. 2009. 与收入相关的健康及医疗服务利用不平等研究[J]. 经济研究, 44（2）：92-105.

谢嗣胜, 姚先国. 2006. 农民工工资歧视的计量分析[J]. 中国农村经济,（4）：49-55.

熊瑞梅. 2001. 性别、个人网络与社会资本[M]//边燕杰, 涂肇庆, 苏耀昌. 华人社会的调查研究: 方法与发现. 香港: 牛津大学出版社.

熊跃根. 2012. 中国的社会转型与妇女福利的发展: 本土经验及其反思[J]. 学海,（5）：70-76.

熊跃根. 2015. 论社会政策发展与我国性别不平等机制的变化[J]. 社会发展研究,（3）：128-150, 244.

徐梅, 于慧君. 2015. 宏观经济波动与微观家庭决策对居民金融资产选择的影响效果分析[J]. 中央财经大学学报,（8）：87-93.

许信胜, 景晓芬. 2005. 土族女性非农就业中的社会资本研究: 以青海互助 XZ 村为例[J]. 社科纵横,（6）：3-6.

严予若. 2012. 婚姻、就业及退休对健康影响的性别差异: 西方的视角及其研究进展[J]. 人口学刊,（2）：43-48.

晏艳阳, 周志. 2014. 引入信息成本的信息结构与股权融资成本[J]. 中国管理科学, 22（9）：10-17.

杨翠迎, 汪润泉. 2016. 城市社会保障对城乡户籍流动人口消费的影响[J]. 上海经济研究,（12）：97-104.

杨菊华. 2011. 城乡差分与内外之别: 流动人口劳动强度比较研究[J]. 人口与经济,（3）：78-86.

杨谱, 刘军, 常维. 2018. 户籍制度扭曲及放松对经济的影响: 理论与实证[J]. 财经研究,（2）：44-57.

杨汝岱, 陈斌开, 朱诗娥. 2011. 基于社会网络视角的农户民间借贷需求行为研究[J]. 经济研究,（11）：116-129.

杨雪燕, 李树苗, 龚怡. 2010. 经济增长、社会发展与男孩偏好: 基于治理的视角[J]. 妇女研究论丛, 19（6）：27-33.

叶文振, 刘建华, 杜鹃, 等. 2003. 中国女性的社会地位及其影响因素[J]. 人口学刊, (5): 22-28.

叶紫烟. 2018-01-01. 促进流动人口经济收入与健康水平双提高[N]. 中国人口报 (3).

尹志超, 宋全云, 吴雨. 2014. 金融知识、投资经验与家庭资产选择[J]. 经济研究, 49 (4): 62-75.

尹志超, 吴雨, 甘犁. 2015. 金融可得性、金融市场参与和家庭资产选择[J]. 经济研究, (3): 87-99.

于海. 1991. 林南教授在复旦谈"社会资源"的观点[J]. 复旦学报(社会科学版), (4): 66-67.

于镇嘉, 李实. 2018. 高端服务业就业中的户籍歧视: 基于 2007 年、2013 年 CHIPS 数据的分析[J]. 广西财经学院学报, (6): 70-80.

喻家驹, 徐晖. 2018. 金融资产配置有效性对我国城市家庭高等教育投资决策的影响[J]. 江西师范大学学报 (自然科学版), (5): 544-550.

袁迎春. 2016. 不平等的再生产: 从社会经济地位到健康不平等: 基于 CFPS2010 的实证分析[J]. 南方人口, 31 (2): 1-15, 25.

湛文婷, 李昭华. 2015. 中国劳动力市场中工资差异的户籍歧视变化趋势[J]. 城市问题, (11): 91-97.

张安全, 张立斌, 郭丽丽. 2017. 性别比例失衡对房价的影响及其门槛特征[J]. 财经科学, (5): 93-103.

张号栋, 尹志超. 2016. 金融知识和中国家庭的金融排斥: 基于 CHFS 数据的实证研究[J]. 金融研究, (7): 80-95.

张路, 龚刚, 李江一. 2016. 移民、户籍与城市家庭住房拥有率: 基于 CHFS2013 微观数据的研究[J]. 南开经济研究, (4): 115-135.

张书博, 曹信邦. 2017. 正规就业与非正规就业中户籍歧视力度探究: 基于倾向值匹配的分析[J]. 南京财经大学学报, (1): 72-80.

张文宏, 杨辉英. 2009. 城市职业女性的社会网络[J]. 江苏行政学院学报, (3): 68-74.

张学敏, 吴振华. 2019. 教育性别公平的多维测度与比较[J]. 教育与经济, (1): 16-24.

章莉, 吴彬彬. 2019. 就业户籍歧视的变化及其对收入差距的影响: 2002—2013 年[J]. 劳动经济研究, 7 (3): 84-99.

章莉, 李实, Darity Jr W A, 等. 2016. 中国劳动力市场就业机会的户籍歧视及其变化趋势[J]. 财经研究, (1): 4-16.

赵翠霞. 2015. 城郊失地农民的家庭资产选择: 以山东济南为例[D]. 沈阳: 沈阳农业大学博士学位论文.

赵海涛. 2015. 流动人口与城镇居民的工资差异: 基于职业隔离的角度分析[J]. 世界经济文汇, (2): 91-108.

赵颖, 石智雷. 2017. 城镇集聚、户籍制度与教育机会[J]. 金融研究, (3): 86-100.

郑秉文. 2011. "中等收入陷阱"与中国发展道路: 基于国际经验教训的视角[J]. 中国人口科学, (1): 2-15, 111.

郑功成, 黄黎若莲, 等. 2007. 中国农民工问题与社会保护[M]. 北京: 人民出版社.

郑加梅, 卿石松. 2014. 家务分工与性别收入差距: 基于文献的研究[J]. 妇女研究论丛, (1): 107-114.

郑加梅, 卿石松. 2016. 非认知技能、心理特征与性别工资差距[J]. 经济学动态, (7): 135-145.

郑莉, 曾旭晖. 2016. 社会分层与健康不平等的性别差异 基于生命历程的纵向分析[J]. 社会, 36 (6): 209-237.

周广肃，梁琪. 2018. 互联网使用、市场摩擦与家庭风险金融资产投资[J]. 金融研究，（1）：84-101.

周广肃，边晓宇，吴清军. 2020. 上山下乡经历与家庭风险金融资产投资：基于断点回归的证据[J]. 金融研究，（1）：150-170.

周广肃，樊纲，李力行. 2018. 收入差距、物质渴求与家庭风险金融资产投资[J]. 世界经济，（4）：53-74.

周弘. 2015. 风险态度、消费者金融教育与家庭金融市场参与[J]. 经济科学，（1）：79-88.

周俊山，尹银. 2011. 中国计划生育政策对居民储蓄率的影响：基于省级面板数据的研究[J]. 金融研究，（10）：61-73.

周铭山，孙磊，刘玉珍. 2011. 社会互动、相对财富关注及股市参与[J]. 金融研究，（2）：172-184.

周文，赵方，杨飞，等. 2017. 土地流转、户籍制度改革与中国城市化：理论与模拟[J]. 经济研究，（6）：183-197.

朱光伟，杜在超，张林. 2014. 关系、股市参与和股市回报[J]. 经济研究，（11）：87-101.

Acemoglu D，Johnson S，Robinson J A. 2002. Reversal of fortune：geography and institutions in the making of the modern world income distribution[J]. The Quarterly Journal of Economics，117（4）：1231-1294.

Albiston C. 2009. Institutional inequality[J]. Wisconsin Law Review，（5）：1093-1167.

Alesina A F，Giuliano P，Nunn N. 2013. On the origins of gender roles：women and the plough[J]. The Quarterly Journal of Economics，128（2）：469-530.

Almenberg J，Dreber A. 2015. Gender，stock market participation and financial literacy[J]. Economics Letters，137：140-142.

Almlund M，Duckworth A，Heckman J，et al. 2011. Personality psychology and economics[J]. Handbook of the Economics of Education，4：1-81.

Altonji J G，Elder T，Taber C. 2005. Selection on observed and unobserved variables：assessing the effectiveness of Catholic schools[J]. Journal of Political Economy，113（1）：151-184.

Antzoulatos A A，Tsoumas C. 2010. Financial development and household portfolios—evidence from Spain，the UK and the US[J]. Journal of International Money and Finance，（2）：300-314.

Apergis N. 2015. Financial portfolio choice：do business cycle regimes matter？Panel evidence from international household surveys[J]. Journal of International Financial Markets，Institutions and Money，34：14-27.

Apicella C L，Dreber A，Campbell B，et al. 2008. Testosterone and financial risk preferences[J]. Evolution and Human Behavior，29（6）：384-390.

Arrondel L，Masson A. 2002. Stockholding in France[R]. DELTA Working Papers.

Atella V，Brunetti M，Maestas N. 2012. Household portfolio choices，health status and health care systems：a cross-country analysis based on SHARE[J]. Journal of Banking & Finance，36：1320-1335.

Athreya K B，Ionescu F，Neelakantan U. 2017. College or the stock market，or college and the stock market？[R]. FEDS Notes.

Atkinson A B. 1999. Income inequality in the UK[J]. Health Economics，8（4）：283-288.

Attewell P. 2001. The first and second digital divides[J]. Sociology of Education，74（3）：252-259.

Auyeung B，Lombardo M V，Baron-Cohen S. 2013. Prenatal and postnatal hormone effects on the human brain and cognition[J]. European Journal of Physiology, 465: 557-571.

Ayyagari P, He D F. 2017. The role of medical expenditure risk in portfolio allocation decisions[J]. Health Economics, 26: 1447-1458.

Bai C E, Wu B Z. 2014. Health insurance and consumption: evidence from China's new cooperative medical scheme[J]. Journal of Comparative Economics, 42 (2): 450-469.

Bajtelsmit V L, Bernasek A, Jianakoplos N A. 1999. Gender differences in defined contribution pension decisions[J]. Financial Services Review, 8: 1-10.

Baliamoune-Lutz M, McGillivray M. 2015. The impact of gender inequality in education on income in Africa and the Middle East[J]. Economic Modelling, 47: 1-11.

Banks J, Blundell R, Smith J P. 2004. Wealth portfolios in the United Kingdom and the United States[M]//Wise D A. Perspectives on the Economics of Aging. Chicago: University of Chicago Press.

Barber B M, Odean T. 2001. Boys will be boys: gender, overconfidence, and common stock investment[J]. The Quarterly Journal of Economics, 116: 261-292.

Bateup H S, Booth A, Shirtcliff E A, et al. 2002. Testosterone, cortisol, and women's competition[J]. Evolution and Human Behavior, 23 (3): 181-192.

Becker G S. 1991. A note on restaurant pricing and other examples of social influences on price[J]. Journal of Political Economy, 99: 1109-1116.

Behrman J R, Mitchell O S, Soo C K, et al. 2012. How financial literacy affects household wealth accumulation[J]. American Economic Review, 102: 300-304.

Bekaert G, Hoyem K, Hu W Y, et al. 2017. Who is internationally diversified? Evidence from the 401 (k) plans of 296 firms[J]. Journal of Financial Economics, 124 (1): 86-112.

Ben-Porath Y. 1967. The production of human capital and the life cycle of earnings[J]. Journal of Political Economy, 75: 352-365.

Benzoni L, Chyruk O. 2009. Investing over the life cycle with long-run labor income risk[J]. Economic Perspectives, 33: 29-43.

Berkowitz M K, Qiu J P. 2006. A further look at household portfolio choice and health status[J]. Journal of Banking & Finance, 30: 1201-1217.

Bernasek A, Shwiff S. 2001. Gender, risk, and retirement[J]. Journal of Economic Issues, 35: 345-356.

Bertaut C C. 1998. Stockholding behavior of US households: evidence from the 1983-1989 survey of consumer finances[J]. Review of Economics and Statistics, 80 (2): 263-275.

Bertocchi G, Brunetti M, Torricelli C. 2011. Marriage and other risky assets: a portfolio approach[J]. Journal of Banking & Finance, 35 (11): 2902-2915.

Beyer S, Bowden E M. 1997. Gender differences in self-perception: convergent evidence from three measures of accuracy and bias[J]. Personality and Social Psychology Bulletin, 23: 157-172.

Black D. 1981. Inequalities in health[J]. British Medical Journal (Clinical Research Edition), 282: 1468.

Blau F D, Kahn L M. 2017. The gender wage gap: extent, trends, and explanations[J]. Journal of Economic Literature, 55 (3): 789-865.

Bodie Z，Merton R C，Samuelson W F. 1992. Labor supply flexibility and portfolio choice in a life-cycle model[J]. Journal of Economic Dynamics and Control，16：427-449.

Bogan V. 2008. Stock market participation and the Internet[J]. Journal of Financial and Quantitative Analysis，43（1）：191-211.

Bogan V L. 2015. Household asset allocation，offspring education，and the sandwich generation[J]. American Economic Review，105（5）：611-615.

Bollen K A，Glanville J L，Stecklov G. 2001. Socioeconomic status and class in studies of fertility and health in developing countries[J]. Annual Review of Sociology，27：153-185.

Bollen N P B，Posavac S. 2018. Gender，risk tolerance，and false consensus in asset allocation recommendations[J]. Journal of Banking & Finance，87：304-317.

Bollerslev T，Chou R Y，Kroner K F. 1992. ARCH modeling in finance：a review of the theory and empirical evidence[J]. Journal of Econometrics，52：5-59.

Bonaparte Y，Korniotis G M，Kumar A. 2014. Income hedging and portfolio decisions[J]. Journal of Financial Economics，113（2）：300-324.

Bonfadelli H. 2002. The Internet and knowledge gaps：a theoretical and empirical investigation[J]. European Journal of Communication，17（1）：65-84.

Bonsang E，Dohmen T. 2015. Risk attitude and cognitive aging[J]. Journal of Economic Behavior & Organization，112：112-126.

Booth A L，Fan E，Meng X，et al. 2019. Gender differences in willingness to compete：the role of culture and institutions[J]. The Economic Journal，129：734-764.

Booth A L，Nolen P. 2012. Gender differences in riskbehaviour: does nurture matter[J]. The Economic Journal，122（558）：F56-F78.

Borrowman M，Klasen S. 2019. Drivers of gendered sectoral and occupational segregation in developing countries[J]. Feminist Economics，26（2）：62-94.

Bossaerts P，Ghirardato P，Guarnaschelli S，et al. 2010. Ambiguity in asset markets：theory and experiment[J]. Review of Financial Studies，23：1325-1359.

Brooks C，Sangiorgi I，Hillenbrand C，et al. 2019. Experience wears the trousers：exploring gender and attitude to financial risk[J]. Journal of Economic Behavior & Organization，163：483-515.

Brooks B，Welser H T，Hogan B，et al. 2011. Socioeconomic status updates: family SES and emergent social capital in college student Facebook networks[J]. Information，Communication & Society，14（4）：529-549.

Brown S，Taylor K. 2014. Household finances and the 'Big Five' personality traits[J]. Journal of Economic Psychology，45：197-212.

Browning C，Finke M. 2015. Cognitive ability and the stock reallocations of retirees during the great recession[J]. Journal of Consumer Affairs，49（2）：356-375.

Burdett K，Coles M G. 1997. Marriage and class[J]. The Quarterly Journal of Economics，112（1）：141-168.

Buss D. 1999. Evolutionary Psychology：The New Science of the Mind[M]. Boston：Allyn & Bacon.

Cagetti M，de Nardi M C. 2008. Wealth inequality：data and models[J]. Macroeconomic Dynamics，12（S2）：285-313.

Calvet L E, Campbell J Y, Sodini P. 2007. Down or out: assessing the welfare costs of household investment mistakes[J]. Journal of Political Economy, 115（5）: 707-747.

Cameron L, Erkal N, Gangadharan L, et al. 2013. Little emperors: behavioral impacts of China's one-child policy[J]. Science, 339（6122）: 953-957.

Campbell J Y. 2006. Household finance[J]. The Journal of Finance, 61: 1553-1604.

Campbell J Y, Viceira L M. 1998. Who should buy long-term bonds? [R]. NEBR Working Paper.

Campbell J Y, Viceira L M. 2002. Strategic Asset Allocation: Portfolio Choice for Long-Term Investors[M]. Oxford: Oxford University Press.

Cao H H, Wang T, Zhang H H. 2005. Model uncertainty, limited market participation and asset prices[J]. The Review of Financial Studies, 18: 1219-1251.

Cardak B A, Wilkins R. 2009. The determinants of household risky asset holdings: australian evidence on background risk and other factors[J]. Journal of Banking & Finance, 33: 850-860.

Chiappori P A, Samphantharak K, Schulhofer-Wohl S, et al. 2014. Heterogeneity and risk sharing in village economies[J]. Quantitative Economics, 5（1）: 1-27.

Chafetz J S. 1984. Sex and Advantage : A Comparative Macro-Structural Theory of Sex Stratification[M]. Totowa: Rowman & Littlefield.

Chan K W. 2010. The household registration system and migrant labor in China: notes on a debate[J]. Population and Development Review, 36（2）: 357-364.

Charness G, Gneezy U. 2012. Strong evidence for gender differences in risk taking[J]. Journal of Economic Behavior & Organization, 83（1）: 50-58.

Chen G D, Lee M J, Nam T Y. 2020. Forced retirement risk and portfolio choice[J]. Journal of Empirical Finance, 58: 293-315.

Chen X Y, Ji X H. 2017. The effect of house price on stock market participation in China: evidence from the CHFS microdata[J]. Emerging Markets Finance and Trade, 53（5）: 1030-1044.

Chen Y, Katuščák P, Ozdenoren E. 2013. Why can't a woman bid more like a man[J]. Games and Economic Behavior, 77: 181-213.

Cheng M Y, Liu Y S, Zhou Y. 2019. Measuring the symbiotic development of rural housing and industry: a case study of Fuping County in the Taihang Mountains in China[J]. Land Use Policy, 82: 307-316.

Chetty R, Szeidl A. 2010. The effect of housing on portfolio choice[R]. New York: NBER Working Paper.

Chetty R, Sándor L, Szeidl A. 2017. The effect of housing on portfolio choice[J]. The Journal of Finance, 72（3）: 1171-1212.

Choi J J, Laibson D, Metrick A. 2002. How does the internet affect trading? Evidence from investor behavior in 401（k）plans[J]. Journal of Financial Economics, 64（3）: 397-421.

Christiansen C, Joensen J S, Rangvid J. 2015. Understanding the effects of marriage and divorce on financial investments: the role of background risk sharing[J]. Economic Inquiry, 53（1）: 431-447.

Christelis D, Jappelli T, Padula M. 2010. Cognitive abilities and portfolio choice[J]. European Economic Review, 54（1）: 18-38.

Cocco J F, Gomes F J, Maenhout P J. 2005. Consumption and portfolio choice over the life cycle[J].

The Review of Financial Studies, 18 (2): 491-533.

Cole S, Paulson A, Shastry G K. 2014. Smart money? The effect of education on financial outcomes[J]. The Review of Financial Studies, 27 (7): 2022-2051.

Conley T G, Hansen C B, Rossi P E. 2012. Plausibly exogenous[J]. Review of Economics and Statistics, 94 (1): 260-272.

Conti G, Heckman J, Urzua S. 2010. The education-health gradient[J]. The American Economic Revew, 100 (2): 234-238.

Cupples S, Rasure E, Grable J E. 2013. Educational achievement as a mediator between gender and financial risk tolerance: an exploratory study[J]. Ewha Journal of Social Sciences, 29: 151-179.

Dahl E. 1996. Social mobility and health: cause or effect? [J]. BMJ: British Medical Journal, 313 (7055): 435-436.

DiMaggio P, Bonikowski B. 2008. Make money surfing the web? The impact of internet use on the earnings of U.S. workers[J]. American Sociological Review, 73 (2): 227-250.

DiMaggio P, Hargittai E. 2001. From the 'Digital Divide' to 'Digital Inequality': studying internet use as penetration increases[R]. Princeton University.

DiMaggio P, Hargittai E, Neuman W R, et al. 2001. Social implications of the Internet[J]. Annual Review of Sociology, 27 (1): 307-336.

Davis S J, Kubler F, Willen P. 2006. Borrowing costs and the demand for equity over the life cycle[J]. Review of Economics and Statistics, 88 (2): 348-362.

de Looze M, Elgar F J, Currie C, et al. 2019. Gender inequality and sex differences in physical fighting, physical activity, and injury among adolescents across 36 countries[J]. Journal of Adolescent Health, 64: 657-663.

Deaton A A, Paxson C. 1994. Saving, growth, and aging in Taiwan[C]//Wise D A. Studies in the Economics of Aging. Chicago: University of Chicago Press.

Démurger S, Gurgand M, Li S, et al. 2009. Migrants as second-class workers in urban China? A decomposition analysis[J]. Journal of Comparative Economics, 37 (4): 610-628.

Deng W J, Hoekstra J S C M, Elsinga M G. 2019. Why women own less housing assets in China? The role of intergenerational transfers[J]. Journal of Housing and the Built Environment, 34: 1-22.

Dimmock S G, Kouwenberg R. 2010. Loss-aversion and household portfolio choice[J]. Journal of Empirical Finance, 17: 441-459.

Dohmen T, Falk A, Huffman D, et al. 2010. Are risk aversion and impatience related to cognitive ability? [J]. American Economic Review, 100 (3): 1238-1260.

Dohmen T, Falk A, Huffman D, et al. 2011. Individual risk attitudes: measurement, determinants, and behavioral consequences[J]. Journal of the European Economic Association, 9 (3): 522-550.

Domar E D, Musgrave R A. 1944. Proportional income taxation and risk-taking[J]. The Quarterly Journal of Economics, 58 (3): 388-422.

Ebenstein A. 2014. Patrilocality and missing women[R]. Hebrew University.

Eichner T. 2008. Mean variance vulnerability[J]. Management Science, 54 (3): 586-593.

Eichner T, Wagener A. 2009. Multiple risks and mean-variance preferences[J]. Operations Research,

57（5）：1142-1154.

Elenbaas L，Rizzo M T，Cooley S，et al. 2016. Rectifying social inequalities in a resource allocation task[J]. Cognition，155：176-187.

Ellsberg D. 1961. Risk，ambiguity，and the savage axioms[J]. The Quarterly Journal of Economics，75：643-669.

Elmendorf D W，Kimball M S. 2000. Taxation of labor income and the demand for risky assets[J]. International Economic Review，41（3）：801-832.

Engen E M，Gruber J. 2001. Unemployment insurance and precautionary saving[J]. Journal of Monetary Economics，47（3）：545-579.

Erreygers G. 2009. Correcting the concentration index[J]. Journal of Health Economics，28（2）：504-515.

Fagereng A，Gottlieb C，Guiso L. 2017. Asset market participation and portfolio choice over the life-cycle[J]. The Journal of Finance，72（2）：705-750.

Fan E，Zhao R Y. 2009. Health status and portfolio choice：causality or heterogeneity？[J]. Journal of Banking & Finance，33（6）：1079-1088.

Feinstein J S，Lin C. 2006. Elderly asset management[R]. SSRN Working.

Felton J，Gibson B，Sanbonmatsu D M. 2003. Preference for risk in investing as a function of trait optimism and gender[J]. Journal of Behavioral Finance，4：33-40.

Fichera E，Gathergood J. 2016. Do wealth shocks affect health？New evidence from the housing boom[J]. Health Economics，25（S2）：57-69.

Fincher L H. 2014. Residential real estate wealth，'leftover' women（'shengnü'），and gender inequality in urban China[R]. Tsinghua University.

Fisher P J，Yao R. 2017. Gender differences in financial risk tolerance[J]. Journal of Economic Psychology，61：191-202.

Flavin M，Yamashita T. 2002. Owner-occupied housing and the composition of the household portfolio[J]. American Economic Review，92（1）：345-362.

Fratantoni M. 1998. Homeownership and investment in risky assets[J]. Journal of Urban Economics，44（1）：27-42.

Gao H，Lin Y，Ma Y. 2015. Sex discrimination and female top managers：evidence from China[J]. Journal of Business Ethics，138：683-702.

Gaye A，Klugman J，Kovacevic M，et al. 2010. Measuring key disparities in human development：the gender inequality index[R]. Human Development Research Papers.

Gentry W M，Hubbard R G. 2004. Entrepreneurship and household saving[J]. Advances in Economic Analysis & Policy，4（1）：1053.

Goldthorpe J H. 2010. Analysing social inequality：a critique of two recent contributions from economics and epidemiology[J]. European Sociological Review，26（6）：731-744.

Goldman D P，Maestas N A. 2013. Medical expenditure risk and household portfolio choice[J]. Journal of Applied Econometrics，28（4）：527-550.

Gomes F，Michaelides A. 2008. Asset pricing with limited risk sharing and heterogeneous agents[J]. Review of Financial Studies，21（1）：415-448.

Grable J E, Joo S. 1999. Factors related to risk tolerance: a further examination[J]. Consumer Interests Annual, 45: 53-58.

Grinblatt M, Keloharju M, Linnainmaa J. 2011. IQ and stock market participation[J]. The Journal of Finance, 66 (6): 2121-2164.

Guiso L, Sodini P. 2012. Household finance: an emerging field[R]. EIEF.

Guiso L, Haliassos M, Jappelli T. 2000. Household portfolios: an international comparison[R]. CSEF.

Guiso L, Sapienza P, Zingales L. 2004. The role of social capital in financial development[J]. American Economic Review, 94: 526-556.

Guiso L, Jappelli T. 2005. Awareness and stock market participation[J]. Review of Finance, 9 (4): 537-567.

Guiso L, Sapienza P, Zingales L. 2008. Trusting the stock market[J]. The Journal of Finance, 63: 2557-2600.

Guiso L, Sapienza P, Zingales L. 2018. Time varying risk aversion[J]. Journal of Financial Economics, 128 (3): 403-421.

Guo H. 2001. A simple model of limited stock market participation[J]. Review, 83: 37-47.

Haliassos M, Bertaut C C. 1995. Why do so few hold stocks?[J]. The Economic Journal, 105 (432): 1110-1129.

Halko M L, Kaustia M, Alanko E. 2012. The gender effect in risky asset holdings[J]. Journal of Economic Behavior & Organization, 83: 66-81.

Hallahan T A, Faff R W, Mckenzie M D. 2004. An empirical investigation of personal financial risk tolerance[J]. Financial Services Review, 13 (1): 57-78.

Hardeweg B, Menkhoff L, Waibel H. 2013. Experimentally validated survey evidence on individual risk attitudes in rural Thailand[J]. Economic Development and Cultural Change, 61(4): 859-888.

Hargittai E. 2001. Second-level digital divide: mapping differences in people's online skills[R]. 29th TPRC Conference.

Harris C R, Jenkins M. 2006. Gender differences in risk assessment: why do women take fewer risks than men?[J]. Judgment and Decision Making, 1 (1): 48-63.

He Z K, Shi X Z, Lu X M, et al. 2019. Home equity and household portfolio choice: evidence from China[J]. International Review of Economics & Finance, 60: 149-164.

Heaton J, Lucas D. 2000. Portfolio choice in the presence of background risk[J]. The Economic Journal, 110 (460): 1-26.

Heinz A, Catunda C, van Duin C, et al. 2020. Patterns of health-related gender inequalities-a cluster analysis of 45 countries[J]. The Journal of Adolescent Health, 66: S29-S39.

Hilgert M A, Hogarth J M, Beverly S G. 2003. Household financial management: the connection between knowledge and behavior[J]. Federal Reserve Bulletin, 106: 309-322.

Hillesland M. 2019. Gender differences in risk behavior: an analysis of asset allocation decisions in Ghana[J]. World Development, 117: 127-137.

Hoff K, Stiglitz J E. 2016. Striving for balance in economics: toward a theory of the social determination of behavior[J]. Journal of Economic Behavior & Organization, 126: 25-57.

Hoffmann A O I, Post T, Pennings J M E. 2013. Individual investor perceptions and behavior during the financial crisis[J]. Journal of Banking & Finance, 37: 60-74.

Hofstede G. 1991. Cultures and Organizations: Software of the Mind[M]. London: Mcgraw-Hill.

Hong H, Kubik J D, Stein J C. 2004. Social interaction and stock-market participation[J]. The Journal of Finance, 59: 137-163.

Hu H M, Duncan R P, Radcliff T A, et al. 2006. Variations in health insurance coverage for rural and urban nonelderly adult residents of Florida, Indiana, and Kansas[J]. The Journal of Rural Health, (2): 147-150.

Iacobucci D. 2012. Mediation analysis and categorical variables: the final frontier[J]. Journal of Consumer Psychology, 22 (4): 582-594.

Idler E L, Benyamini Y. 1997. Self-rated health and mortality: a review of twenty-seven community studies[J]. Journal of Health and Social Behavior, 38 (1): 21-37.

Inoue J I, Ghosh A, Chatterjee A, et al. 2015. Measuring social inequality with quantitative methodology: analytical estimates and empirical data analysis by Gini and k indices[J]. Physica A: Statistical Mechanics and Its Applications, 429 (1): 184-204.

Iwaisako T. 2009. Household portfolios in Japan[J]. Japan and the World Economy, 21 (4): 373-382.

Jacobsen B, Lee J B, Marquering W, et al. 2014. Gender differences in optimism and asset allocation[J]. Journal of Economic Behavior & Organization, 107: 630-651.

Jayachandran S. 2015. The roots of gender inequality in developing countries[J]. Annual Review of Economics, 7: 63-88.

Jianakoplos N A, Bernasek A. 1998. Are women more risk averse?[J]. Economic Inquiry, 36 (4): 620-630.

Stepheens Jr M, Ward-Batts J. 2004. The impact of separate taxation on the intra-household allocation of assets: evidence from the UK[J]. Journal of Public Economics, 88 (9/10): 1989-2007.

Kahneman D, Tversky A. 1979. Prospect theory: an alysis of decision under risk [J]. Econometrica, (2): 263-292.

Kaustia M, Torstila S. 2011. Stock market aversion? Political preferences and stock market participation[J]. Journal of Financial Economics, (1): 98-112.

Kendler K S, Myers J, Prescott C A. 2002. The etiology of phobias: an evaluation of the stress-diathesis model[J]. Archives of General Psychiatry, 59 (3): 242-248.

Kimball M S. 1990. Precautionary saving in the small and in the large[J]. Econometrica, 58 (1): 53-73.

Kinari Y. 2016. Properties of expectation biases: optimism and overconfidence[J]. Journal of Behavioral and Experimental Finance, 10: 32-49.

Kis-Katos K, Pieters J, Sparrow R. 2018. Globalization and social change: gender-specific effects of trade liberalization in Indonesia[J]. IMF Economic Review, 66 (4): 763-793.

Klasen S. 2020. From 'MeToo' to Boko Haram: a survey of levels and trends of gender inequality in the world[J]. World Development, 128: 104862.

Knight J, Yueh L. 2002. The role of social capital in the labour market in China[R]. Department of Economics Discussion Paper, Oxford University.

Korniotis G M, Kumar A. 2013. Do portfolio distortions reflect superior information or psychological biases? [J]. Journal of Financial and Quantitative Analysis, 48 (1): 1-45.

Kullmann C, Siegel S. 2005. Real estate and its role in household portfolio choice[R]. SSRN Electronic Journal.

Lee L. 2012. Decomposing wage differentials between migrant workers and urban workers in urban China's labor markets[J]. China Economic Review, 23 (2): 461-470.

Levy M. 2015. An evolutionary explanation for risk aversion[J]. Journal of Economic Psychology, 46: 51-61.

Li S. 2008. Rural migrant workers in China: scenario, challenges and public policy[R/OL]. http://www.ilo.org/wcmsp5/groups/public/---dgreports/---integration/documents/publication/wcms_09 7744.pdf[2023-10-13].

Liang P H, Guo S Q. 2015. Social interaction, internet access and stock market participation—an empirical study in China[J]. Journal of Comparative Economics, 43 (4): 883-901.

Lin L H, Ho Y L. 2010. Guanxi and OCB: the Chinese cases[J]. Journal of Business Ethics, 96 (2): 285-298.

Lin J P, Yi C C. 2013. A comparative analysis of intergenerational relations in East Asia[J]. International Sociology, 28 (3): 297-315.

Lintner J. 1965. The valuation of risk assets and the selection of risky investments in stock portfolios and capital budgets [J]. The Review of Economics and Statistics, 47 (1): 13-37.

Liu J Y. 2014. Ageing, migration and familial support in rural China[J]. Geoforum, 51 (1): 305-312.

Liu Y S, Li Y H. 2017. Revitalize the world's countryside[J]. Nature, 548: 275-277.

Lopes L. 1987. Between hope and fear: the psychology of risk[J]. Advances in Experimental Social Psychology, (20): 255-295.

Love D A. 2010. The effects of marital status and children on savings and portfolio choice[J]. The Review of Financial Studies, 23 (1): 385-432.

Lowe J M, Sen A. 1996. Gravity model applications in health planning: analysis of an urban hospital market[J]. Journal of Regional Science, 36 (3): 437-461.

Lowry D, Xie Y. 2009. Socioeconomic status and health differentials in China: convergence or divergence at older ages? [R]. Population studies center, University of Michigan.

Lu X M, Guo J J, Gan L. 2020. International comparison of household asset allocation: micro-evidence from cross-country comparisons[J]. Emerging Markets Review, 43: 100691.

Luo J, Wang X X. 2020. Hukou identity and trust—evidence from a framed field experiment in China[J]. China Economic Review, 59: 101383.

Lupton J P, Smith J P. 2003. Marriage, assets and savings[C]//Grossbard-Shechtman S. Marriage and the Economy: Theory and Evidence from Advanced Industrial Societies. Cambridge: Cambridge University Press.

Lusardi A, Mitchell O S. 2011. Financial literacy and retirement planning in the United States[J]. Journal of Pension Economics and Finance, 10 (4): 509-525.

Ma X X. 2018. Labor market segmentation by industry sectors and wage gaps between migrants and local urban residents in urban China[J]. China Economic Review, 47: 96-115.

Malmendier U, Nagel S. 2011. Depression babies: do macroeconomic experiences affect risk taking? [J]. The Quarterly Journal of Economics, 126（1）: 373-416.

Manski C F. 2000. Economic analysis of social interactions[J]. Journal of Economic Perspectives, 14: 114-136.

Markowitz H. 1952. Portfolio selection [J]. The Journal of Finance, 7（1）: 77-91.

Marmot M. 2007. Achieving health equity: from root causes to fair outcomes[J]. Lancet, 370 （9593）: 1153-1163.

Marmot M, Wilkinson R. 1999. Social Determinants of Health[M]. Oxford: Oxford University Press.

McCarthy D. 2004. Household portfolio allocation: a review of the literature[R]. Imperial College.

McCartney G, Popham F, McMaster R, et al. 2019. Defining health and health inequalities[J]. Public Health, 172: 22-30.

Merton R C. 1969. Lifetime portfolio selection under uncertainty: the continuous-time case[J]. The Review of Economics and Statistics, 51: 247-257.

Merton R C. 1980. On estimating the expected return on the market: an exploratory investigation[J]. Journal of Financial Economics, 8（4）: 323-361.

Merton R C. 1990. Continuous-Time Finance[M]. Cambridge: Blackwell Publishers.

Merton R C. 1971. Optimum consumption and portfolio rules in a continuous-time model[J]. Journal of Economic Theory, 3（4）: 373-413.

Money J. 1955. Hermaphroditism, gender and precocity in hyperadrenocorticism: psychologic findings[J]. Bulletin of the Johns Hopkins Hospital, 96（6）: 253-264.

Morin R A, Suarez A F. 1983. Risk aversion revisited[J]. The Journal of Finance, 38: 1201-1216.

Morris J, Winn M. 1990. Housing and Social Inequality[M]. London: Hilary Shipman.

Mossin J.1966. Equilibrium in a capital asset market[J]. Econometrica, 34（4）: 768-783.

Munshi K, Rosenzweig M. 2010. Why is mobility in India so low? Social insurance, inequality, and growth[R]. NBER working paper.

Neckerman K. 2004. Social Inequality[M]. New York: Russell Sage Foundation.

Neckerman K M, Torche F. 2007. Inequality: causes and consequences[J]. Annual Review of Sociology, 33: 335-357.

Niederle M. 2016. Gender[C]//Kagel J H, Roth A E. The Handbook of Experimental Economics. 2nd ed. Princeton: Princeton University Press.

Niederle M, Vesterlund L. 2007. Do women shy away from competition? Do men compete too much? [J]. The Quarterly Journal of Economics, 122（3）: 1067-1101.

Nofsinger J R. 2012. Household behavior and boom/bust cycles[J]. Journal of Financial Stability, 8: 161-173.

Nunn N, Wantchekon L. 2011. The slave trade and the origins of mistrust in Africa[J]. American Economic Review, 101（7）: 3221-3252.

Oostendorp R H. 2009. Globalization and the gender wage gap[J]. The World Bank Economic Review, 23（1）: 141-161.

Pak T Y, Chatterjee S. 2016. Aging, overconfidence, and portfolio choice[J]. Journal of Behavioral and Experimental Finance, 12: 112-122.

Pak T Y, Babiarz P. 2018. Does cognitive aging affect portfolio choice? [J]. Journal of Economic

Psychology, 66: 1-12.

Palència L, Malmusi D, De Moortel D, et al. 2014. The influence of gender equality policies on gender inequalities in health in Europe[J]. Social Science & Medicine, 117: 25-33.

Pearlin L I. 1999. The stress process revisited : reflections on concepts and their interrelationships[M]//Aneshensel C S, Phelan J C. Handbook of the Sociology of Mental Health. New York: Kluwer Academic Press.

Pelizzon L, Weber G. 2009. Efficient portfolios when housing needs change over the life cycle[J]. Journal of Banking & Finance, 33: 2110-2121.

Poterba J M, Samwick A A. 2003. Taxation and household portfolio composition: US evidence from the 1980s and 1990s[J]. Journal of Public Economics, 87 (1): 5-38.

Rao Y L, Mei L X, Zhu R. 2016. Happiness and stock-market participation: empirical evidence from China[J]. Journal of Happiness Studies, 17 (1): 271-293.

Ritzen J, Easterly W, Woolcock M. 2000. On "good" politicians and "bad" policies—social cohesion, institutions, and growth[R]. Policy Research Working Paper Series.

Roberts B W. 2009. Back to the future: personality and assessment and personality development[J]. Journal of Research in Personality, 43 (2): 137-145.

Roberts B W, Walton K E, Viechtbauer W. 2006. Patterns of mean-level change in personality traits across the life course: a meta-analysis of longitudinal studies[J]. Psychological Bulletin, 132(1): 1-25.

Rosen H S, Wu S. 2004. Portfolio choice and health status[J]. Journal of Financial Economics, 72: 457-484.

Rosenfield S. 2012. Triple jeopardy? Mental health at the intersection of gender, race, and class[J]. Social Science & Medicine, 74 (11): 1791-1801.

Ross S A. 1976. The arbitrage theory of capital asset pricing[J]. Journal of Economic Theory, 13 (3): 341-360.

Salvini S. 2014. Gender discrimination[M]//Michalos A C. Encyclopedia of Quality of Life and Well-Being Research. Dordrecht: Springer Netherlands.

Samuelson P A. 1969. Lifetime portfolio selection by dynamic stochastic programming[J]. The Review of Economics and Statistics, 51: 239-246.

Samwick A A. 1998. Tax reform and target saving[J]. National Tax Journal, 51 (3): 621-635.

Sargeson S. 2012. Why women own less, and why it matters more in rural China's urban transformation[J]. China Perspectives, (4): 35-42.

Schrover M, van der Leun J, Quispel C. 2007. Niches, labour market segregation, ethnicity and gender[J]. Journal of Ethnic and Migration Studies, 33 (4): 529-540.

Schwartz C R. 2013. Trends and variation in assortative mating: causes and consequences[J]. Annual Review of Sociology, 39: 451-470.

Seguino S. 2000. Gender inequality and economic growth: a cross-country analysis[J]. World Development, 28 (7): 1211-1230.

Sen A. 1999. Development as Freedom[M]. New York: Alfred A. Knopf, Inc.

Sen A. 2002. Why health equity[J]. Health Economics, 11 (8): 659-666.

Sharpe W F. 1964. Capital asset prices: a theory of market equilibrium under conditions of risk[J]. The Journal of Finance, 19 (3): 425-442.

Shefrin H, Statman M. 1994. Behavioral capital asset pricing theory[J]. Journal of Financial and Quantitative Analysis, 29 (3): 323-349.

Shefrin H, Statman M. 2000. Behavior portfolio theory[J]. Journal of Financial and Quantitative Analysis, 35 (2): 127-151.

Shum P, Faig M. 2006. What explains household stock holdings? [J]. Journal of Banking & Finance, 30 (9): 2579-2597.

Simon H A. 1955. A behavioral model of rational choice[J]. The Quarterly Journal of Economics, (1): 99-118.

Skinner G W. 2002. Family and reproduction in East Asia: China, Korea, and Japan compared[R]. The Sir Edwrd Youde Memorial lecture, Hong Kong University.

Song Y, Wu W X, Zhou G S. 2020. Inequality of opportunity and household risky asset investment: evidence from panel data in China[J]. China Economic Review, 63: 101513.

Stiglitz J E. 2012. The Price of Inequality: How Today's Divided Society Endangers Our Future[M]. New York: W. W. Norton & Company.

Subramanian S V, Kawachi I. 2004. Income inequality and health: what have we learned so far? [J]. Epidemiologic Reviews, 26: 78-91.

Tanaka T, Camerer C F, Nguyen Q. 2010. Risk and time preferences: linking experimental and household survey data from Vietnam[J]. American Economic Review, 100: 557-571.

Thakurata I. 2021. Optimal portfolio choice with stock market entry costs and human capital investments: a developing country model[J]. International Review of Economics & Finance, 73: 175-195.

Thornton A, Lin H S. 1994. Social Change and the Family in Taiwan[M]. Chicago: University of Chicago Press.

Tobin J. 1958. Liquidity preference as behavior towards risk[J]. The Review of Economic Studies, 25 (2): 65-86.

Valla J, Ceci S J. 2011. Can sex differences in science be tied to the long reach of prenatal hormones? Brain organization theory, digit ratio (2D/4D), and sex differences in preferences and cognition[J]. Perspectives on Psychological Science, 6 (2): 134-136.

van Doorslaer E K A, Wagstaff A, Bleichrodt H, et al. 1997. Income-related inequalities in health: some international comparisons[J]. Journal of Health Economics, 16 (1): 93-112.

van Doorslaer E, Gerdtham U G. 2003. Does inequality in self-assessed health predict inequality in survival by income? Evidence from Swedish data[J]. Social Science & Medicine, 57 (9): 1621-1629.

van Doorslaer E, Jones A M. 2003. Inequalities in self-reported health: validation of a new approach to measurement[J]. Journal of Health Economics, 22 (1): 61-87.

van Ginneken W. 1999. Social security for the informal sector: a new challenge for the developing countries[J]. International Social Security Review, 52 (1): 49-69.

van Rooij M, Lusardi A, Alessie R. 2011. Financial literacy and stock market participation[J]. Journal of Financial Economics, 101 (2): 449-472.

Viceira L M. 2001. Optimal portfolio choice for long-horizon investors with nontradable labor income[J]. The Journal of Finance, 56 (2): 433-470.

Victora C G, Wagstaff A, Schellenberg J A, et al. 2003. Applying an equity lens to child health and mortality: more of the same is not enough[J]. Lancet, 362 (9379): 233-241.

Vissing-Jørgensen A. 2002. Limited asset market participation and the elasticity of intertemporal substitution[J]. Journal of Political Economy, 110 (4): 825-853.

Vissing-Jørgensen A. 2003. Perspectives on behavioral finance: does "irrationality" disappear with wealth? Evidence form expectations and actions[R]. NBER Macroeconomics Annual.

Von Siements F A. 2015. Team production, gender diversity, and male courtship behavior[R]. Cesifo WorkingPaper.

Vuoksimaa E, Kaprio J, Kremen W S, et al. 2010. Having a male co-twin masculinizes mental rotation performance in females[J]. Psychological Science, 21: 1069-1071.

Vu T H P, Li C S, Liu C C. 2021. Effects of the financial crisis on household financial risky assets holdings: empirical evidence from Europe[J]. International Review of Economics & Finance, 71: 342-358.

Wachter J A, Yogo M. 2010. Why do household portfolio shares rise in wealth?[J]. The Review of Financial Studies, 23 (11): 3929-3965.

Wang J X, Houser D, Xu H. 2018. Culture, gender and asset prices: experimental evidence from the U.S. and China[J]. Journal of Economic Behavior & Organization, 155: 253-287.

Wagstaff A, Paci P, van Doorslaer E. 1991. On the measurement of inequalities in health[J]. Social Science & Medicine, 33: 545-557.

Wagstaff A, van Doorslaer E. 1994. Measuring inequalities in health in the presence of multiple-category morbidity indicators[J]. Health Economics, 3 (4): 281-289.

Wagstaff A, van Doorslaer E. 2000. Income inequality and health: what does the literature tell us?[J]. Annual Review of Public Health, 21 (1): 543-567.

Wagstaff A, Lindelow M, Gao J, et al. 2009. Extending health insurance to the rural population: an impact evaluation of China's new cooperative medical scheme[J]. Journal of Health Economics, 28 (1): 1-19.

Wei S J, Zhang X B. 2011. The competitive saving motive: evidence from rising sex ratios and savings rates in China[J]. Journal of Political Economy, 119 (3): 511-564.

World Health Organization. 2013. Global and regional estimates of violence against women: prevalence and health effects of intimate partner violence and non-partner sexual violence[R]. World Health Organization.

Whyte M K. 2010. One Country, Two Societies: Rural-Urban Inequality in Contemporary China[M]. Cambridge: Harvard University Press.

Wood W, Eagly A H. 2002. A cross-cultural analysis of the behavior of women and men: implications for the origins of sex differences[J]. Psychological Bulletin, 128 (5): 699-727.

World Bank. 2011. World development report 2012: gender equality and development[R]. Washington: World Bank.

World Bank. 2019. Women，business and the law 2019[R]. Washington：World Bank.

Wooldridge J M. 2006. Introductory Econometrics：A Modern Approach[M]. Mason：South-Western Cengage Learning.

Xia T，Wang Z W，Li K P. 2014. Financial literacy overconfidence and stock market participation[J]. Social Indicators Research，119（3）：1233-1245.

Xie Y. 2012. The use's guide of the China family panel studies（2010）[R]. Beijing：Institute of Social Science Survey，Peking University.

Yang Q H，Guo F. 1996. Occupational attainments of rural to urban temporary economic migrants in China，1985-1990[J]. International Migration Review，30（3）：771-787.

Yao R，Gutter M S，Hanna S D. 2005. The financial risk tolerance of Blacks，Hispanics，and Whites[J]. Journal of Financial Counseling and Planning，16：51-62.

Yiengprugsawan V，Lim L L Y，Carmichael G A，et al. 2010. Decomposing socioeconomic inequality for binary health outcomes：an improved estimation that does not vary by choice of reference group[J]. BMC Research Notes，3（1）：57.

Yoo P S. 1994. Age dependent portfolio selection[R]. Federal Reserve Bank of Saint Louis Working Paper.

Yoong J. 2011. Financial illiteracy and stock market participation：evidence from the rand American life panel[M]//Mitchell O S，Lusardi A. Financial Literacy：Implications for Retirement Security and the Financial Marketplace. Oxford：Oxford University Press.

Zhang Y J. 2018. Culture，institutions，and the gender gap in competitive inclination：evidence from the communist experiment in China[J]. The Economic Journal，129（617）：509-552.

Zhao Z Q，Zhao J D，Wang X L，et al. 2011. Gender differences is important in the China mutual fund industry[R]. 2011 International Conference on Management and Service Science.

Zuckerman M. 1994. Behavioral expressions and biosocial bases of sensation seeking[M]. Cambridge：Cambridge University Press.